JN093687

中田 亨 著

最初からそう教えてくれればいいのに！

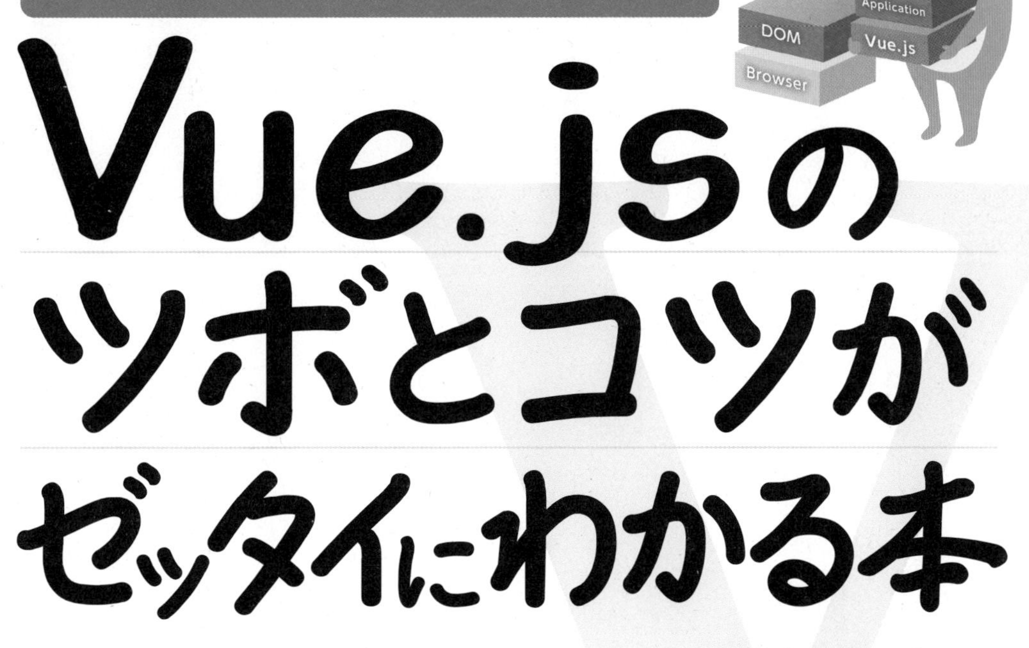

Vue.jsのツボとコツがゼッタイにわかる本

［第2版］

秀和システム

はじめに

その昔、ウェブページのメニューやボタンを操作したときJavaScriptでちょっとしたアニメーションを添えることが大流行しました。JavaScriptは、ウェブページの表示スタイルを自由自在に変更することができ、サーバーが無くてもブラウザで動かすことができるという言語仕様があるため、プログラミングの初心者にとって、とても手軽で魅力的な言語でした。

しかし、ウェブページの重要な部分は、サーバー側のプログラムによって配信される画像や文章であり、JavaScriptはウェブページに彩りを添える「おまけ」でしかありませんでした。

時は流れ、モバイル環境の普及によって再びJavaScriptの重要性が見直されるようになり、純粋なJavaScriptだけでは、操作性に優れたインタラクティブなウェブページを構築することが困難になってきました。

そこで、日付の計算やグラフの描画などといった、よく使われる機能をシンプルな記述で利用できるようにしたライブラリや、開発を効率化するためにJavaScriptの書き方に一定のルールを付け加えたフレームワークと呼ばれる仕組みが登場しました。Vue.jsもその一つです。

Vue.jsは他のフレームワークと比べると学習しやすいと言われています。書き方に一定のルールがあるとはいえ、使う言語はJavaScriptなので、JavaScriptの経験者にとって馴染みやすいフレームワークであることは確かです。

しかし、インターネット上で見かけるVue.jsに関する技術情報には、フロントエンド開発の最前線では当たり前になっているJavaScriptの最新仕様（ES6+）に準拠した構文や、各種ライブラリを使うことを前提にしたソースコードや解説が多く見られます。すでに開発を行っている本職のプログラマーにはありがたいことですが、はじめてVue.jsを学習する人にとっては、かえって難しく感じてしまいます。Vue.js以外に学ばなければならないことが多すぎるからです。

そこで本書では、学習に必要な前提知識がなるべく少なくて済むように、JavaScriptのソースコードについては、少しだけES6+を使い、それ以外は初心者でも馴染みやすいES5の構文を敢えて使いました。Vue.jsの機能のうち、中規模以上のアプリケーション開発でしか使わないような機能は思い切って解説を省き、ブラウザさえあればすぐに体験できる描画機能に解説の的を絞りました。

また、本書の第３章からは、JavaScriptで作成した小さなアプリケーションを段階的にVue.jsに置き換えていくアプローチを採りました。その過程で、初心者が理解に苦しみそうなデータの流れを中心に解説を行いました（図）。

▼図　本書のアプローチ

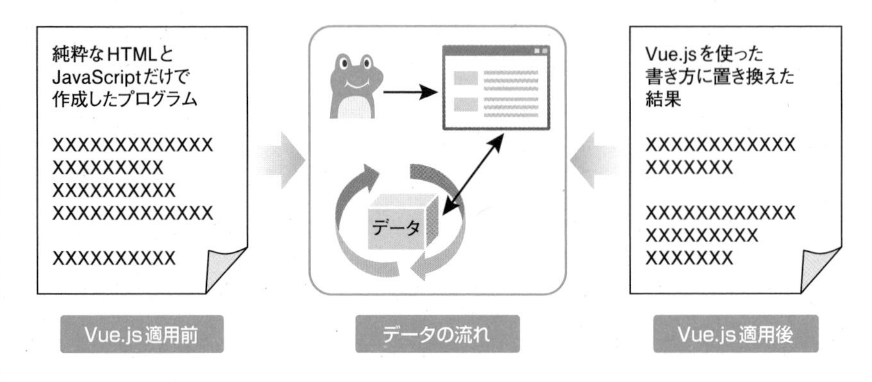

なお、本書の構成は次のようになっています。

第１章　Vue.jsとフレームワークの基礎
第２章　Vue.jsをはじめよう！
第３章　Vue.jsで商品一覧を描画してみよう！
第４章　Ajaxで商品データを外部ファイルから読み込もう！
第５章　Vue.jsで自動見積フォームを作ってみよう！
第６章　Vue.jsのコンポーネントをモジュール化してみよう！

第１章～第２章では、描画を中心とするVue.jsの基本的な機能と、ローカルPCでVue.jsを使うための環境設定について解説しています。第３章～第４章ではECサイトの商品一覧ページ、第５章～第６章では自動見積りフォームをJavaScriptで作成してからVue.jsに置き換えていく流れを解説しています。また、第４章では、アプリケーションの外部にあるデータを取り込む方法も解説していますので、XAMPPなどを使ってローカルPCにウェブサーバーの環境を構築できる方や、レンタルサーバーを契約されている方は、ぜひ挑戦してみてください。

本書との出会いによって、JavaScriptへの苦手意識や挫折経験を乗り越えて、Vue.jsの魅力の一端を実感していただければ幸いです。

中田　亨

本書で学べる範囲

本書はJavaScriptの初心者にVue.jsの入口を体験してもらう本です。そのため、**Vue.jsの中心的な機能である「描画機能」の解説に重点を置き、本格的な開発でよく利用される高度な機能は解説していませんので、ご注意ください。**

▼表　Vue.jsの主な機能と本書での取り扱い

機能	本書での取り扱い
描画機能	データバインディング、イベントの操作、フォームの操作など、基本的な機能を解説します。
コンポーネント	第６章で基本的な使い方を解説します。
ミックスイン	本書の難易度を超えるため、取り扱いません。
カスタムディレクティブ	本書の難易度を超えるため、取り扱いません。
プラグイン	本書の難易度を超えるため、取り扱いません。
Composition API	本書の難易度を超えるため、取り扱いません。
Vuex、Store	本書の難易度を超えるため、取り扱いません。
Vue Router	本書の難易度を超えるため、取り扱いません。
Teleport	本書の難易度を超えるため、取り扱いません。
Render関数	本書の難易度を超えるため、取り扱いません。
データベースとの連携	第４章のコラムで少し解説します。
Vue CLI	第６章で基本的な使い方を解説します。
単一ファイルコンポーネント（SFC）	第６章で基本的な使い方を解説します。

Vue.jsは、作成するアプリケーションの規模に合わせて必要な機能だけを選択して利用できる柔軟性（スケーラビリティ）を備えたフレームワークなので、Vue.jsの全てを学ばないと何も作れないわけではありません。まずは本書で基本的な描画機能を理解して使えるようになることを目指し、十分に慣れたら他の機能の学習に手を伸ばしていくと良いでしょう。

本書の環境

本書は以下の環境（2022年1月）を使って解説しています。ご使用の環境やバージョンによってプログラムの書き方や動作が変わる場合がありますので、公式サイト等で最新の情報を確認してください。

●解説で使用している環境

- OS.................. Windows 10
- ブラウザ.............. Google Chrome（バージョン: 97.0.4692.99）
- ウェブサーバー .... XAMPP for Windows（バージョン: 8.1.2）

● Vue.js本体（）内はバージョン

- Vue.js（最新).............. 常に最新バージョンがリンクされます。
  【URL】 https://unpkg.com/vue@next
- Vue.js（3.2.29）........... 2022年1月時点の最新バージョンです。
  【URL】 https://unpkg.com/vue@3.2.29/dist/vue.global.js

●その他ライブラリ（）内はバージョン

- jQuery（3.6.0）........ クロスブラウザ対応のJavaScript用ライブラリです。
  【URL】 https://code.jquery.com/jquery-3.6.0.min.js
- Bootstrap（5.1.3）..... ウェブページのUI構築に便利なCSSフレームワークです。
  【URL】 https://cdn.jsdelivr.net/npm/bootstrap@5.1.3/dist/css/bootstrap.min.css
- axios(0.25.0) .... 非同期のHTTP通信が行えるライブラリです。
  【URL】 https://unpkg.com/axios@0.25.0/dist/axios.min.js

●本書で扱うJavaScriptのバージョン

JavaScriptは一般的な通称であり、言語仕様はECMAScript（エクマスクリプト）といいます。IEを除くほとんどのモダンブラウザがECMAScriptのバージョン6以降（通称ES6+）をサポートしていますが、本書では学習のハードルを下げるために、基本的には文法の理解が容易なES5の構文を使い、少しだけES6+の構文を取り入れています。

●本書の対象外のブラウザ

IEはES6＋をサポートしておらず、2022年内にサポートが終了する予定であることから、本書の対象外とします。

本書の使い方

本書では、Vue.jsの学習を進める中で、「商品一覧」および「自動見積りフォーム」という2つのアプリケーションを作成していきます。各章の各節終了時点でのアプリケーションを用意しましたので、秀和システムのサポートページからダウンロードして学習の参考にしてください。

なお、著作権の関係で、ダウンロードデータに含まれる画像は本書に掲載している画像と異なる場合がありますので、必要に応じてご自身で用意した画像に置き換えてください。

●秀和システムホームページ

ホームページから本書のサポートページへ移動して、ダウンロードしてください。

【URL】https://www.shuwasystem.co.jp/

●ダウンロード可能なアプリケーションの一覧

- chapter3 .... 第3章のアプリケーションが収録されています。
- chapter4 .... 第4章のアプリケーションが収録されています。
- chapter5 .... 第5章のアプリケーションが収録されています。
- chapter6 .... 第6章のアプリケーションが収録されています。

※サンプルプログラムの取り扱いに関しては、ダウンロードデータに含まれる「Readme.txt」を参照してください。

●準備するもの

無料で使えるプログラミング用のエディターをご用意ください。本書ではVisual Studio Code（通称VS Code）を推奨しています。公式サイトから環境にあったものをダウンロードしてインストールしておきましょう。

- VS Code公式サイト.... https://code.visualstudio.com/

●サンプルプログラムのファイル名

本書で扱うVue.jsアプリケーションは、特に断りがない限り以下のファイル名とします。

- HTML .... main.html（ブラウザに表示するページ）
- CSS .... main.css（ページの表示スタイルを定義するCSS）
- JavaScript........... main.js（JavaScriptで記述するプログラム）

最初からそう教えてくれればいいのに！

Vue.jsのツボとコツがゼッタイにわかる本［第2版］

Contents

第1章　Vue.jsとフレームワークの基礎

第2章　Vue.jsをはじめよう！

第3章 Vue.jsで商品一覧を描画してみよう！

第5章 Vue.jsで自動見積フォームを作ってみよう！

第6章 Vue.jsのコンポーネントをモジュール化してみよう！

Column

第1章 Vue.jsとフレームワークの基礎

本章では、Vue.jsの理解に欠かせない「フレームワーク」の概念を解説し、簡単なサンプルプログラムを使って、Vue.jsの特徴であるリアクティブシステムとデータバインディングを紹介します。

1-1 Vue.jsとは？

Vue.jsとは？

Vue.js（ビュー・ジェイエス）とは、ウェブアプリケーションのUI（ユーザーインターフェース）を構築するための、オープンソースのJavaScriptフレームワークです。2014年にVer1が登場し、2016年に登場したVer2で飛躍的にパフォーマンスが向上したことで人気が急上昇しました。最新版は2020年に正式リリースされたVer3です。

IBM、Adobe、任天堂、LINEなどの有名企業もVue.jsを採用しており、トレンドの移り変わりが激しいフロントエンド開発において、Vue.jsは、ReactやAngularと並ぶJavaScriptフレームワークの3強と言われています。

2022年1月時点のGitHub（ソフトウェア開発のプラットフォーム）におけるスターの数（評価）も、Vue.jsが約19万強、Reactが約18万強、Angularが8万弱となっており、非常に高い人気を誇っています。

フレームワークとは？

フレームワーク（framework）とは、アプリケーションの開発を効率化するために用意された**枠組み**のことです。ルールや決まりごとと言い換えてもよいでしょう。

アプリケーションを車にたとえてイメージしてみましょう。自動車の組み立て工場では、ハンドルやエンジン、ドアや窓ガラス、タイヤなどといった部品を、ロボットが流れ作業で骨格（シャーシ）に組み込んで車を完成させます。車を効率的に大量生産できるのは、車の種類ごとに骨格が決まっていて、組み込む部品の大きさや材質などが細かく決まっているからです。それぞれの部品を作る工場では、決められたルールを守っていれば問題なく車は完成するので、部品を作ることだけに専念できます。

アプリケーションの場合、フレームワークがプログラムの書き方やファイルを置く場所などについて独自のルールを定めます。

なぜフレームワークを使うのか？

フレームワークが定めるルールを守ってプログラムの部品（モジュール）を作成すれば、フレームワークが部品同士を連携してくれるので、開発者はアプリケーションの枠組みを作る作業から解放され、中身（コンテンツ）の作成に集中できるメリットがあります。

また、複数人で1つのアプリケーションを開発する場合、全員にフレームワークのルールを守ることを強制できるので、個人の癖を排除することができます。その結果、誰がプログラムを作っても書き方や構造を統一できるので、一定の保守性を維持することに役立ちます。保守性は、アプリケーションのバグ（不具合）が発生する頻度や、機能の追加や改善のしやすさにも関わります。開発・運用コストにも直結する重要な要素です（図1）。

図1 フレームワークあり／なしの違い

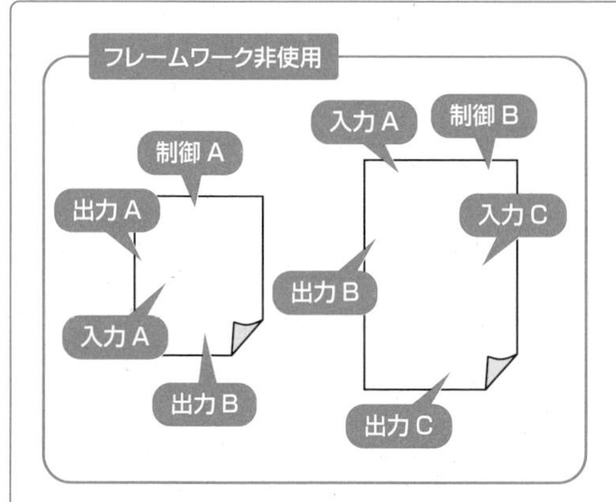

フレームワーク使用

入力処理はここに書く
出力処理はここに書く
制御処理はここに書く

入力系
出力系
制御系
フレームワーク

- 1つのファイルに各種記述が混在
- 人によって書き方が異なり統一性がない
- メンテナンスしにくく不具合が起こりやすい

- ファイルごとに役割があるので記述が混在しない
- 誰が書いても一定の統一性が確保できる
- メンテナンスしやすく不具合が起こりにくい

逆に、フレームワークのルールから外れたオリジナリティの高いプログラムを組み込んだ場合、フレームワークは面倒を見てくれません。そのため、本来ならフレームワークに任せられる複雑で緻密な処理を、開発者が自分で考えて実装しなければならず、開発効率や保守性が低下します。アプリケーションの全ての機能をフレームワークのルールに当てはめることができるとは限りませんが、なるべくルールの範囲内でアプリケーションの目的が達成できるように、フレームワークの特徴や機能を踏まえてアプリケーションを設計することが大切です。

Vue.jsの特徴

Vue.jsの圧倒的な人気を支えているのは、Vue.jsの3つの特徴が理由と考えられています。

【特徴1】幅広い規模の開発に対応できる柔軟性（スケーラビリティ）を備えている

Vue.jsの重要な機能として、作成したUIをコンポーネント化して、HTMLタグとそっくりな構文でページに配置できることが挙げられます。ウェブサイトの一部分だけにVue.jsを利用したい場合は、それだけで足りるかもしれません。

しかし、複雑なアプリケーションのUIを構築したい場合は、画面単位で開発できるようにしたり、画面の遷移方法やデータの管理方法を統一したりすることが重要になります。幸い、Vue.jsには大規模開発に耐えられる拡張ライブラリが数多く用意されています。そのため、アプリケーションの規模にあわせて、Vue.jsの機能をスケールアップ／スケールダウンすることができます。

【特徴2】環境設定が簡単で学習コストが低い

一般に、大規模なアプリケーション開発では、ソースコードを書くためのエディタや、プログラムを実行可能な形式に変換するコンパイル機能など、様々な機能を統合したIDE (Integrated Development Environment：統合開発環境) と呼ばれる開発環境を利用します。そのため、画面に「Hello!」と表示するだけの簡単なアプリケーションを作る場合でも、開発環境を導入し、初期設定を行う必要があります。プログラムやフレームワークだけでなく、開発環境の使い方も勉強しなければならないので、初心者を悩ませます。

Vue.jsにも、Vue CLIというGUIベースの（ウィンドウを備えた）開発ツールがあり、アプリケーションを構成するモジュールの分割や統合を自動化してくれるので、大規模なアプリケーション開発に役立ちます。しかし、学習用に小規模なアプリケーションから始める場合には必須ではありません。Vue.js本体は単なるJavaScriptファイルなので、ウェブサイトでよく使われるjQueryなどのライブラリと全く同じように、HTMLに<script>タグを追加してVue.js本体を読み込むだけで利用できます（2-1節36ページで解説します）。

専門的な開発経験のない初心者でも、手軽にVue.jsを体験できるのが特徴です。

【特徴3】丁寧な日本語ドキュメントがある

一般に、開発者向けのドキュメントは、日本語化がされていなかったり、ある程度の経験と知識がないと理解できなかったりする場合が少なくありません。しかし、Vue.jsの日本語公式ガイドには、とても丁寧な解説と豊富なサンプルが載っています。書籍と併用すると学習効果が高まるでしょう。

Vue.js日本語公式ガイド

https://v3.ja.vuejs.org/guide/introduction.html

Point Vue.jsの特徴

- ウェブページのUI（ユーザーインターフェース）を構築するためのフレームワーク。
- 小規模なウェブサイトから大規模なアプリケーション開発まで幅広く利用できる。
- <script>タグでHTMLに読み込むだけですぐ利用できる。
- 日本語ドキュメントが充実している。

1-2 Vue.jsを学ぶメリット

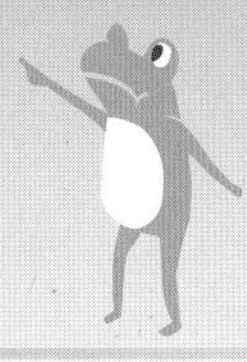

UI構築はフロントエンドの役目になった

ウェブアプリケーションは、ブラウザ側（フロントエンド）で行う処理とサーバー側（バックエンド）で行う処理が連動して成り立ちます。たとえばECサイトで目的の商品を探すとき、価格帯や表示順を選択して検索ボタンを押すと、<form>タグを通して検索条件がサーバー側に伝わり、バックエンドのプログラムが条件に該当する商品をデータベースから探し出し、検索結果に表示するHTMLをフロントエンドへ送り返します。

このとき、ブラウザはバックエンドから受け取ったHTMLを表示するだけなので、フロントエンドは特に何もする必要がありません。それに比べて、バックエンドはとても複雑な処理を行っています。検索結果にセール中の商品があれば「Sale!」の文字が入ったバッジをHTMLに含めなければならないかもしれませんし、在庫切れの商品には「在庫なし」のラベルを表示しなければならないかもしれません。このように、バックエンドは長い間、ページの表示に関する処理を肩代わりしてきました（図1）。

図1 バックエンドは大忙し

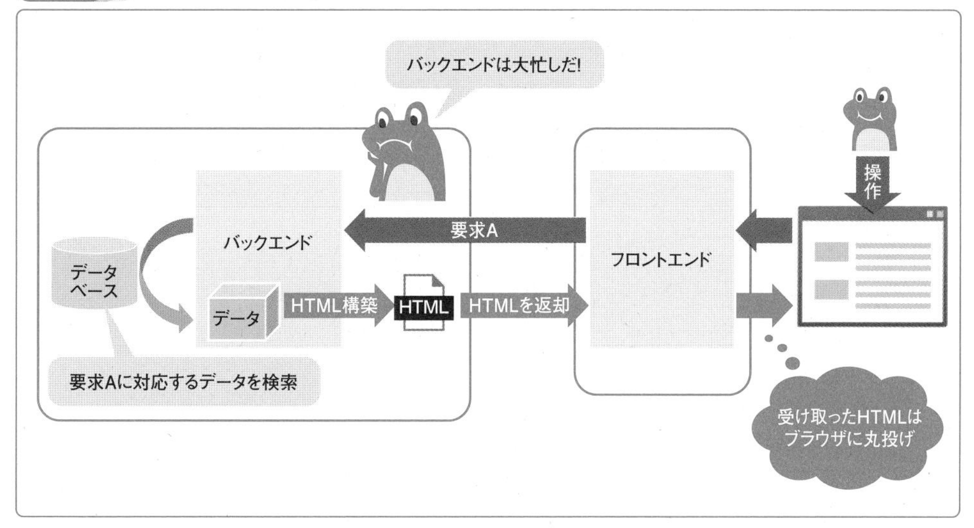

しかし、このアプリケーション構造では、ページの表示が変わるタイミングで毎回フロントエンドとバックエンドの間で通信が発生し、ページ全体が再読み込みされるので、画面のチラつきや表示の遅さにユーザーはストレスを抱えてしまいます。処理速度よりも正確さが重視される業務用システムならともかく、インタラクティブ性が求められるモバイル向けのウェブアプリケーションには適しません。

この問題を解決するために、Ajaxという非同期通信技術が取り入れられ、バックエンドからフロントエンドに役割をバトンタッチする流れが加速しました。バックエンドでは、フロントエンドが要求した結果データだけを送り返す機能をAPI（アプリケーション・プログラミング・インターフェース）として実装し、あとのことはフロントエンドに任せるのが主流になりました（図2）。

図2 フロントエンドが大忙し

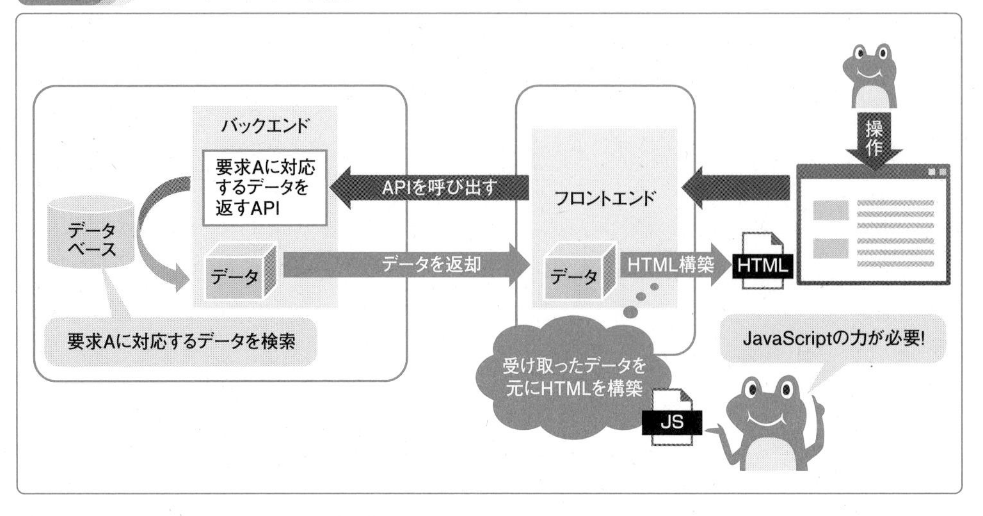

すると、今度はフロントエンドが忙しくなります。バックエンドから受け取ったデータを読み取って、データの内容に応じたHTMLをブラウザの中で動的に生成しなければなりません。このようなことができるのはJavaScriptしかありません。HTMLやCSSは、言語仕様的に自分自身の内容を動的に変更することができないからです。

DOMがウェブページとJavaScriptをつなぐ

ブラウザは読み込んだHTMLをツリー状のデータ構造としてメモリ上に保持します。これを**DOM**（Document Object Model）と呼び、ツリーの節に相当するHTML要素のことを「ノード」と呼びます（図3）。

図3 DOMの階層構造

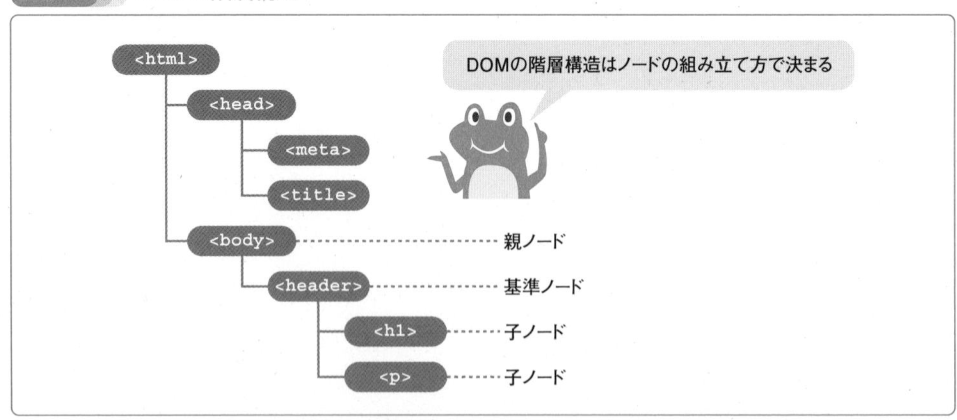

たとえば、図3のDOM構造を持つHTMLに対して次のJavaScriptを実行すると、<h1>タグで囲まれた文字列が赤色に変わります（リスト1）。

リスト1 JavaScriptでDOMを操作する例

```
let nodes = document.getElementsByTagName("h1");
nodes[0].style.color = 'red';
```

しかし、この方法は複雑な変更を行うには適していません。多くの変更を一度に行うとプログラムが複雑になるからです。そこで、より簡単にノードへのアクセスができるように、2013年にSelectors APIが登場しました。Selectors APIには、CSSと同様のセレクタを使ってノードにアクセスできる2つのメソッドが用意されています。

書式

```
let element = baseElement.querySelector(セレクタ);
let elementList = baseElement.querySelectorAll(セレクタ);
```

querySelector()はセレクタに該当する最初のノードを返し、querySelectorAllは該当する全てのノードを配列によく似たリストに格納して返します。

Selectors APIのおかげでDOMの操作は少しだけ楽になりましたが、それでもまだ大変です。ノードにアクセスし、内容を変更するという二段階の処理を書かなければならないからです。

jQueryでは間に合わない

jQueryはJavaScriptの拡張ライブラリで、DOMの操作だけでなく、ブラウザ内で発生するイベント（キーボードやマウスの操作、スクロールなど）を処理する方法に至るまで、かなりシンプルな構文で実装できるのが特徴です。要素のスタイルを連続的に変化させる簡易なアニメーション機能も備えているため、プログラムに不慣れな方にも親しみやすく、ウェブサイト制作の現場で広く使われています。

しかし、純粋なJavaScriptに比べて構文がシンプルだといっても、階層構造をもったノードの集合としてHTMLを捉えることに慣れていないと、DOMを操作するためのロジックを組み立てるのは難しいでしょう。

また、ノードにアクセスし、内容を変更するという二段階の処理を書かなければならないという事情はjQueryも同じなので、複数のメンバーで開発するような規模のアプリケーションでは、人によってプログラムの書き方に癖があったり、同じ処理でも記述する場所が異なったりして、読み辛くわかりにくくなってしまいがちです。そのため、フロントエンドでやるべきことが多いアプリケーション開発ではjQueryは万能ではありません。

データ駆動のVue.jsがDOM操作の問題を解決

DOMの操作を簡単にするというアプローチでは、どうしても限界があることをおわかりいただけたでしょうか。しかし、Vue.jsなら、煩雑なDOM操作を根本的に解決してくれます。

Vue.jsを使うと、私たちはDOMを操作する必要がほとんどなくなります。Vue.jsアプリケーションでは、ページの描画内容をHTML形式のテンプレートで定義し、描画に使うデータはJavaScriptで管理します。そして、JavaScriptでデータを更新すると、Vue.jsが自動的にDOMを更新してページの表示が変わります。このように、データの更新がきっかけとなって表示や動作が変わるアプリケーション設計の考え方を、**データ駆動**と呼びます。

ECサイトの商品ページの一部分をイメージした、簡単なVue.jsアプリケーションを見ておきましょう（リスト2）。

リスト2 簡単なVue.jsアプリケーション（main.html）

```
<!DOCTYPE html>
<html>
<head>
  <meta charset="utf-8">
  <title>サンプル</title>
</head>
<body>
  <div id="sample">
    {{price}}円
  </div>
  <script src="https://unpkg.com/vue@next"></script>
  <script>
  const app = Vue.createApp({
    data() {
      return {
        price: 1000      // 価格（※）
      }
    }
  })
  const vm = app.mount('#sample');
  </script>
</body>
</html>
```

priceは商品の価格を表すデータだとします。（※）でpriceに割り当てる値を1000にするとページには「1000円」と表示され、2000にすると「2000円」と表示されます（図4）。

図4 データに応じて表示がかわる

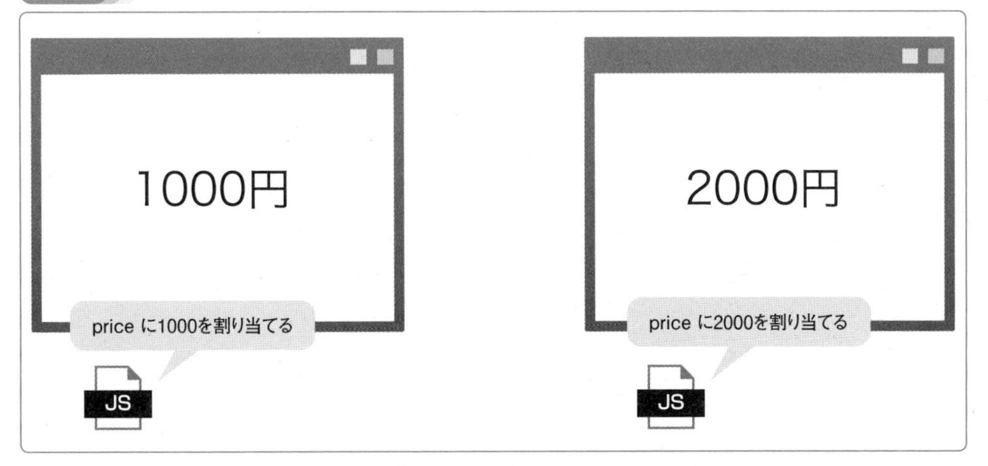

具体的なVue.jsアプリケーションの書き方は第2章から解説するので、ここでは**「Vue.jsを使うとJavaScriptのデータとDOMが自動的につながる」**ということだけ覚えておいてください。

DOMを操作するプログラムを書かなくてもページの表示を変更できるなんて、素晴らしいと思いませんか？　この機能だけでも、Vue.jsを使う価値があります。HTMLが動的に変化するインタラクティブなページを実現するにはDOMを操作しなければなりませんが、Vue.jsを使えばDOMの操作をフレームワークに任せることができるので、開発の効率がアップします。また、テンプレートの構文はHTMLベースなので、HTMLを作成するデザイナーとJavaScriptを作成するプログラマーとで分業がしやすいというメリットもあります。

Vue.jsから利用できるUIコンポーネント

インターネット上には、日付選択のカレンダーやグラフなどといった、再利用性の高いUIコンポーネントが多数公開されています。その中で、Vue.jsから利用できるUIコンポーネント集を2つ紹介します。

Vue Material

```
https://vuematerial.io/
```

Vue Materialはマテリアルデザインのコンポーネント集です（画面1）。

▼画面1　Vue MaterialのUIコンポーネント（https://vuematerial.io/ より）

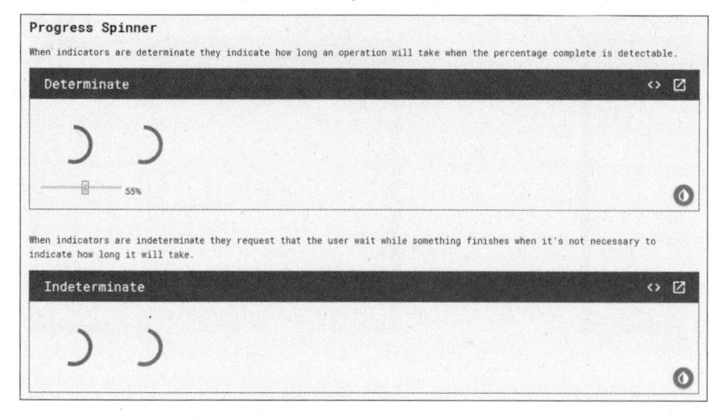

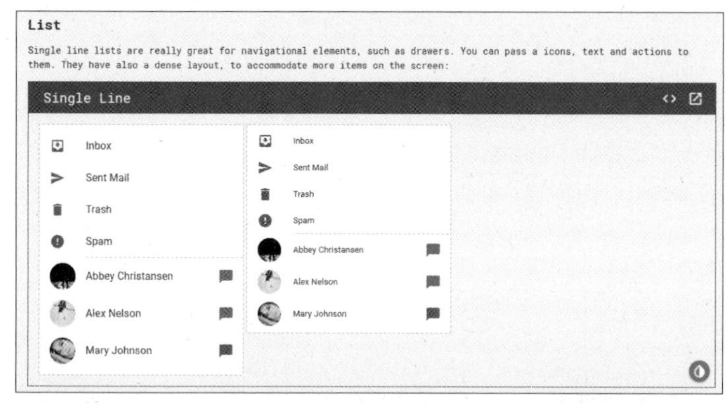

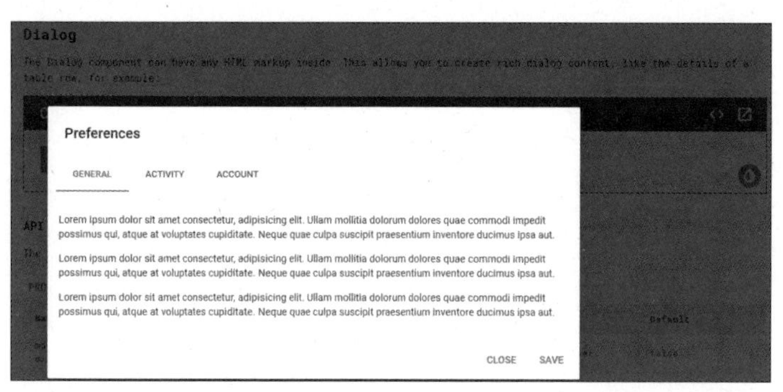

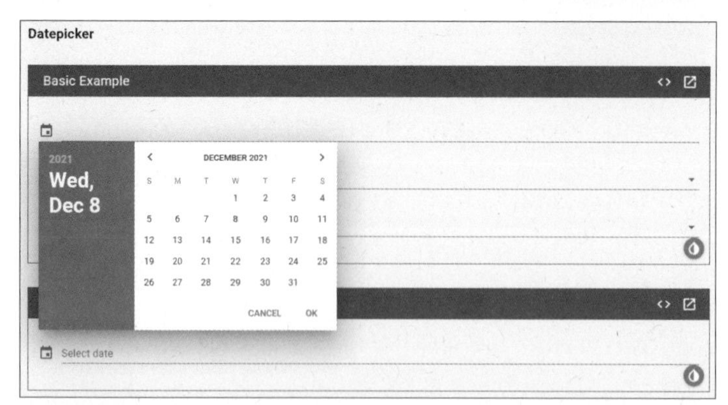

Vue.jsとフレームワークの基礎

BootstrapVue3

https://cdmoro.github.io/bootstrap-vue-3/

BootstrapVue3は、CSSとJavaScriptのフレームワークとして有名なBootstrapを、Vue.jsに対応させたものです（画面2）。

▼画面2　BootstrapVue3のUIコンポーネント（https://cdmoro.github.io/bootstrap-vue-3/より）

Alignment

By default the pagination component is left aligned. Change the alignment to center, end or fill by setting the prop align to the appropriate value.

Left alignment (default)

« ‹ 1 2 3 4 5 › »

Center alignment

« ‹ 1 2 3 4 5 › »

Right (end) alignment

« ‹ 1 2 3 4 5 › »

Fill alignment

« ‹ 1 2 3 4 5 › »

Progress

Documentation and examples for using Bootstrap custom progress bars featuring support for stacked bars, animated backgrounds, and text labels.

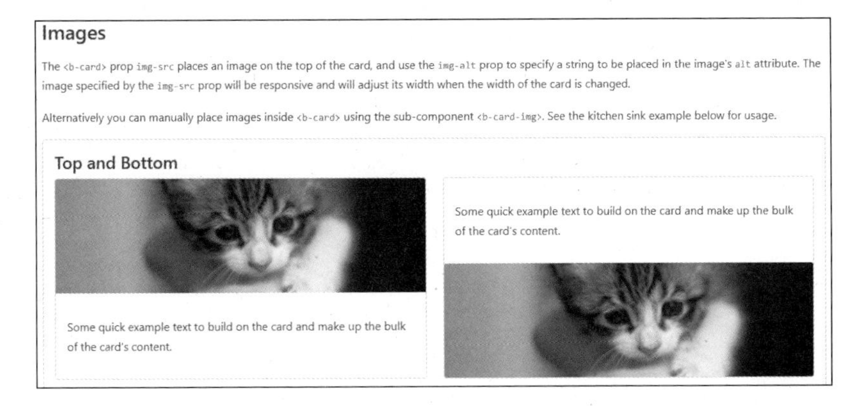

Email address:

Enter email

We'll never share your email with anyone else.

Your Name:

Enter name

Food:

Submit Reset

Vue MaterialはCDN（Content Delivery Network）で公開されているので、CSSやJavaScriptのファイルをHTMLに読み込むのと全く同じように、<link>タグおよび<script>タグでURLを指定するだけで利用できます。

Vue.js公式サイトからリンクされている「Awesome Vue」に移動すると、Vue.jsで利用できるUIコンポーネントやライブラリがたくさん収録されているので、Vue.jsに慣れてきたら、好みのコンポーネントを探して組み込んでみるとよいでしょう。

Awesome Vue

https://github.com/vuejs/awesome-vue#components--libraries

☑ Point Vue.jsを学ぶメリット

- 煩雑なDOM操作から解放されるので、インタラクティブなUIが構築しやすい。
- Vue.jsはデータ駆動なので、開発者はデータの操作に専念できる。
- Vue.jsから利用できるUIコンポーネントが手軽に利用できる。

1-3 Vue.jsの概要

Vue.jsの描画機能

Vue.jsは以下の描画機能をサポートしています（表1）。

▼表1　Vue.jsの描画機能

テンプレート構文	HTMLタグとよく似た構文でDOMのテンプレートを定義する機能
データバインディング	アプリケーションのデータをDOMと結びつける機能
条件付きレンダリング	データの状態に応じて表示・非表示を切り替える機能
リストレンダリング	複数のデータを繰り返し描画する機能
イベントハンドリング	ブラウザで発生したイベントをアプリケーションに通知する機能
フォーム入力バインディング	フォームへの入力とDOMを結びつける機能
トランジション/アニメーション	要素の表示スタイルを連続的に変化させることで表示効果を与える機能

Vue.jsには描画機能の他にもアプリケーション開発に役立つ様々な機能がありますが、それらの多くはプログラミングに慣れてからでないと理解が難しいものです。まずは基本的な描画機能を学んでVue.jsの書き方や考え方に慣れましょう。

描画機能を役割で分けると、ページを構成する部品を描画する機能（テンプレートやレンダリング）と、ユーザーの操作をアプリケーション側で検知する機能（イベントやフォーム）があり、この2つによって柔軟なUIコンポーネントが作成できるようになっています。

具体的な構文は第2章で解説するので、ここでは描画機能の中核である「データバインディング」について、簡単な例を見ておきましょう。

リアクティブシステムとデータバインディング

1-2節リスト2（22ページ）で作成したHTMLファイルをブラウザで表示させた状態で、ブラウザのコンソールに「vm.price = 980」と打ち込んでみましょう（Google Chromeの場合、F12キーでデベロッパーツールが起動するので、ConsoleウィンドウからJavaScriptの入力と実行が可能です）。

すると、ページの表示が「1000円」から「980円」に変わります。このとき、デベロッパーツールのElementsタブに表示されるHTMLを見ると、DOMが更新されていることがわかります（画面1）。

▼画面1　データが変化するとDOMが自動で更新される

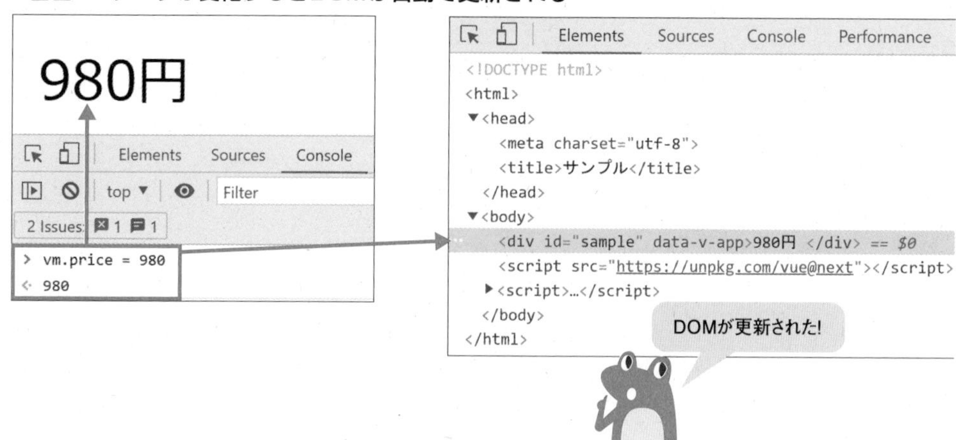

Vue.jsアプリケーションでは、データの変化がリアルタイムでDOMに反映されます。Vue.jsのフレームワークが備えているこのような仕組みを**リアクティブシステム**と呼び、リアクティブシステムの監視下に置かれたデータのことを**リアクティブデータ**と呼びます。

リアクティブシステムは、アプリケーションのデータとDOMの結びつきが常にフレームワークの監視下に置かれていることによって実現されています（図1）。

図1　リアクティブシステム

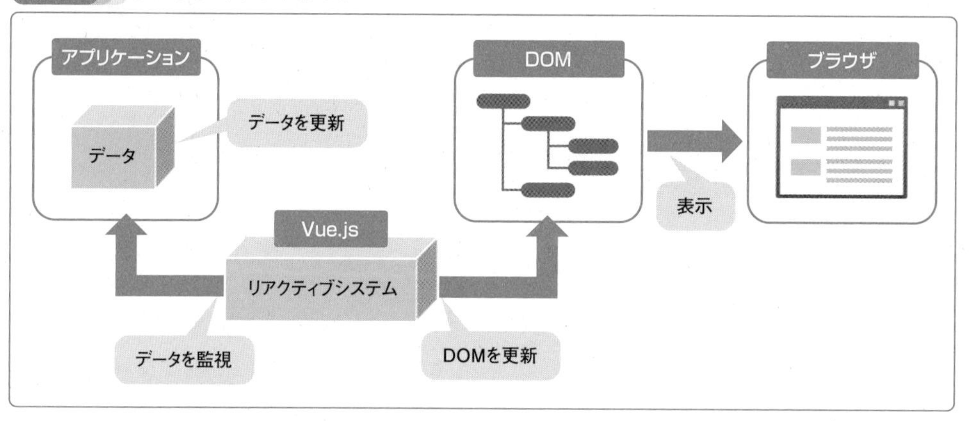

元のHTMLに目を向けると、表示が変わったのは{{price}}と記述した部分で、ここにpriceの値が挿入されます。{{…}}はVue.jsの**テンプレート構文**の1つで、**マスタッシュ**と呼びます（mustache：口ひげ）。

このように、アプリケーションのデータをDOMと結びつけることを**データバインディング**と呼びます。Vue.jsのテンプレート構文は、データバインディングをサポートしています。

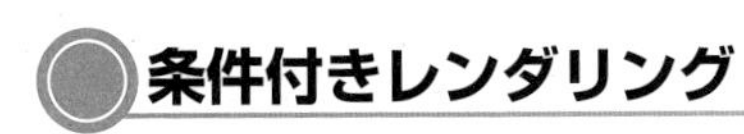

条件付きレンダリング

1-2節リスト2（22ページ）を次のように書き換えてみましょう（リスト1）。

リスト1 条件付きレンダリング（main.html）

```
<!DOCTYPE html>
<html>
<head>
  <meta charset="utf-8">
  <title>サンプル</title>
</head>
<body>
  <div id="sample">
    <div v-if="stock === 0">売り切れです。</div> <!--在庫切れの場合の表示-->
    <div v-else>{{price}}円</div> <!--在庫がある場合の表示-->
  </div>
  <script src="https://unpkg.com/vue@next"></script>
  <script>
  const app = Vue.createApp({
    data() {
      return {
        price: 1000,
        stock: 10
      }
    }
  })
  const vm = app.mount('#sample');
  </script>
</body>
</html>
```

このHTMLをブラウザで表示させ、デベロッパーツールのコンソールに「vm.stock = 0」を打ち込むと、ページの表示が「1000円」から「売り切れです。」に変わります（画面2）。

▼画面2　データの条件に応じてDOMを切り替える

stockの値が0以外のときは、「在庫がある場合の表示」とコメントをつけたdiv要素が出力され、stockの値が0のときは、「在庫切れの場合の表示」とコメントをつけたdiv要素が出力されます。

このように、v-ifというテンプレート構文を使うと、HTML要素をDOMに出力するかどうかをデータの状態に応じて切り替えることができます。わざわざJavaScriptのプログラムでif文を書かなくても済みます。

リストバインディング

繰り返しのテンプレート構文を使うと、アプリケーションの配列データをDOMにバインドできます。1-2節リスト2（22ページ）を次のように書き換えてみましょう（リスト2）。

リスト2 リストバインディング（main.html）

```
<!DOCTYPE html>
<html>
<head>
  <meta charset="utf-8">
  <title>サンプル</title>
</head>
<body>
  <div id="sample">
    <ul>
      <li v-for="item in list">{{item.name}}  {{item.price}}円</li>
    </ul>
```

```
  </div>
  <script src="https://unpkg.com/vue@next"></script>
  <script>
  const app = Vue.createApp({
    data() {
      return {
        list: [
          {name: '商品A', price: 1000},
          {name: '商品B', price: 2000},
          {name: '商品C', price: 980}
        ]
      }
    }
  })
  const vm = app.mount('#sample');
  </script>
</body>
</html>
```

このHTMLをブラウザで表示させると、listの配列要素が繰り返し出力されます（画面3）。

▼画面3　配列を繰り返し出力する

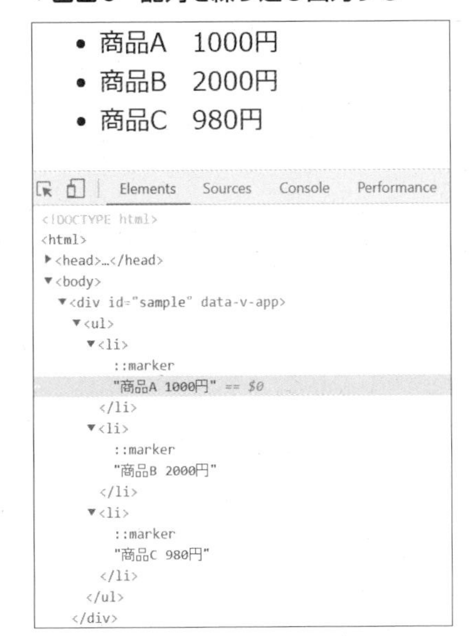

リストバインディングはアプリケーションのデータを一覧形式で表示する場面で役立ちます。配列要素が増えてもHTMLタグの記述量は増えないので、テンプレートがすっきりとします。

Point Vue.jsの描画機能

- データ駆動のリアクティブシステム。
- ページを構成する部品を描画する機能（テンプレートやレンダリング）。
- ユーザーの操作をアプリケーション側で検知する機能（イベントやフォーム）。

Column ブラウザのコンソールをデバッグに活用しよう！

Vue.jsのようにJavaScriptで動作するアプリケーションでは、ブラウザのコンソールを使うと、プログラムの実行を一時停止させて途中のデータを確認したり書き換えたりできるので、デバッグに役立ちます。

Google Chromeでは、ブラウザのツールバーにある「≡」アイコンから「その他のツール > デベロッパーツール」を選択するか、ショートカットキーのF12キーを押すと、デベロッパーツールが起動します（画面1）。

▼画面1　Google Chromeでデベロッパーツールを起動する

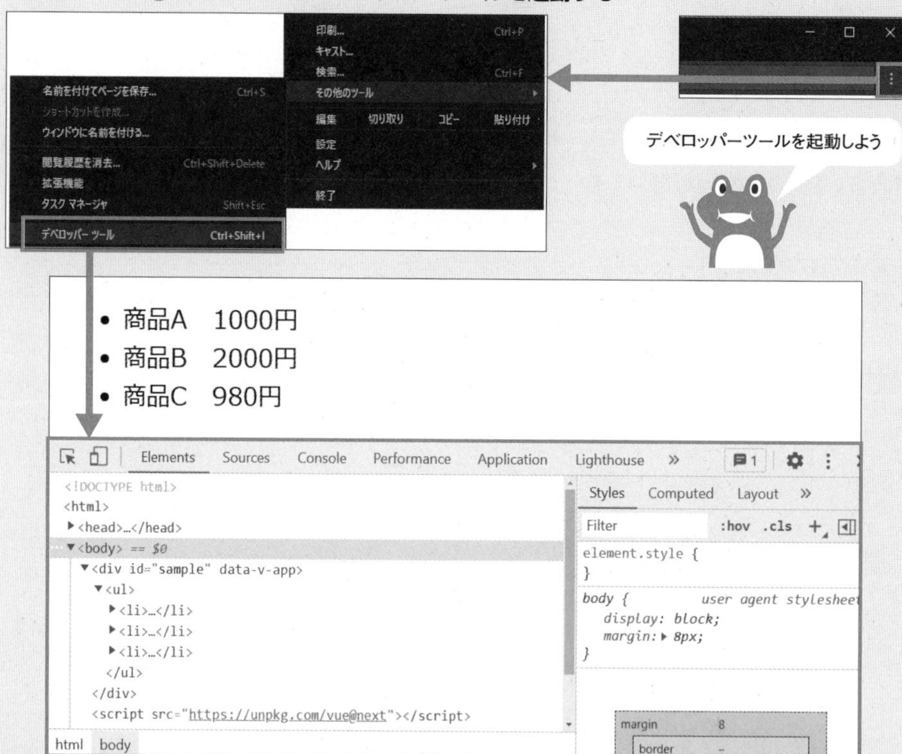

デベロッパーツールには開発に役立つウィンドウがたくさんありますが、Elementsタブに切り替えると、ブラウザに表示されているページのDOMを目視確認できます。アプリケーションのプログラムによってDOMが動的に更新されても、常に「いま現在の」DOMを確認できるので、想定したとおりにDOMが更新できているかどうかを確認するのに役立ちます（画面2）。

▼画面2　ElementsタブとConsoleタブ

Elementsタブ

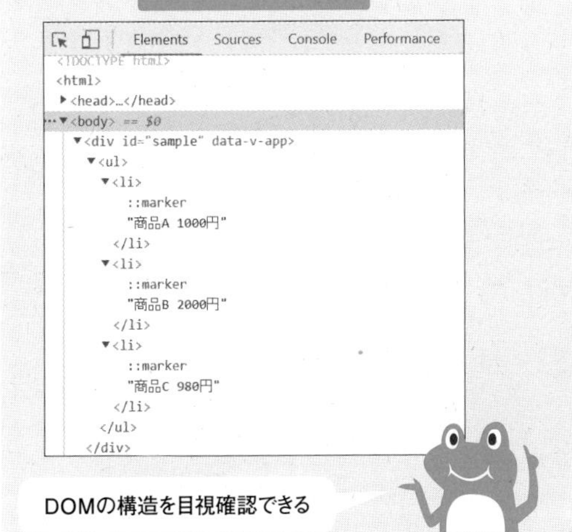

DOMの構造を目視確認できる

Consoleタブ

- 商品A　1980円
- 商品B　2000円
- 商品C　980円

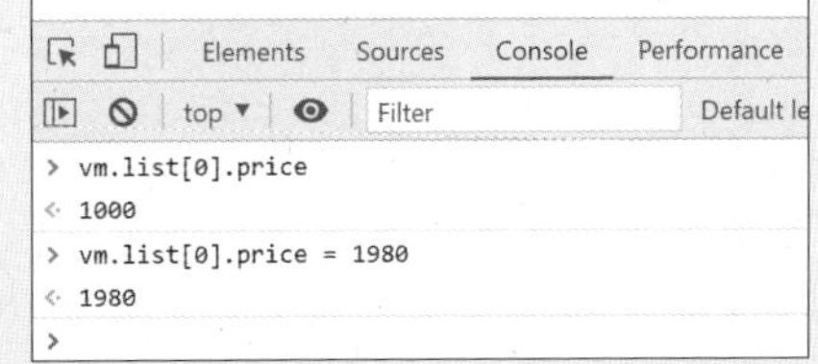

データの中身を確認したり
書き換えたりできる

Consoleタブのウィンドウでは、直接JavaScriptのプログラムを打ち込んで実行することができます。アプリケーションのデータに付けた変数名を打ち込むと、実行結果として現在の値が表示されます。変数に任意の値を代入して実行中のデータを書き換えることもできます。「もしもデータの値がこうだったら、アプリケーションの動作はどうなるだろう？」といった予想を確認したいときに便利です。

また、JavaScriptのプログラム内でconsole.log()メソッドを使うと、ブラウザの画面にではなくConsoleタブのウィンドウの中に任意のデータを出力できます。プログラムの中で加工したデータをコンソールに出力するようにしておけば、プログラムが実行されるたびに加工後のデータがログとして出力されるので、正しく加工できているかを確認するのに便利です(画面3)。

▼画面3　console.log()でプログラムの実行ログを出力する

```
<script>
const today = new Date();

const year = today.getFullYear();
const month = today.getMonth() + 1;
const day = today.getDate();

console.log( year + '年' + month + '月' + day + '日');
</script>
```

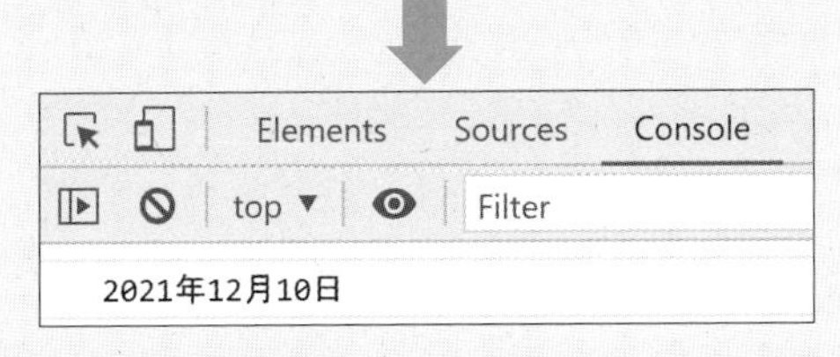

プログラムの実行ログを確認できる

さらに、Chrome拡張機能の「Vue.js devtools」をインストールすると、デベロッパーツールに「Vue」タブが追加され、より手軽に素早くVue.jsアプリケーションをデバッグできるようになります。Chrome ウェブストアで「Vue.js devtools」を検索すると見つかるので、インストールしておくと役立つでしょう（画面4）。

▼**画面4　Vue.js devtoolsをインストールしたデベロッパーツール**

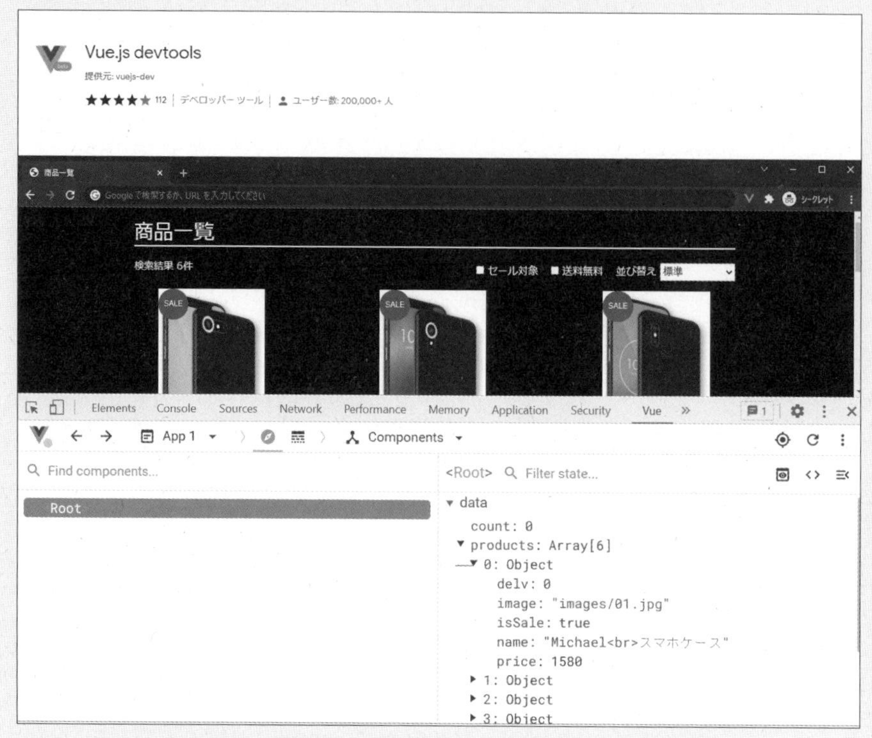

（※注）Vue.js devtoolsには正式版とベータ版があります。正式版が動かない場合、正式版を削除してからベータ版をインストールすると動く場合があります。

HTMLやCSSと違って、JavaScriptのプログラムは、ブラウザの画面に表示された結果だけを見ても、実行途中の状態を確認することができません。「途中のデータがどうなっているのかが目に見えない」ということが、プログラムの学習で挫折してしまう大きな要因だと筆者は考えています。ぜひ、デベロッパーツールを活用して、学習や開発に役立ててください。

第2章 Vue.jsをはじめよう！

本章では、Vue.jsを利用するための環境設定の方法と、アプリケーションの基本的なファイル構成を示します。次に、Vue.jsの基本機能のうち、第３章以降のサンプルアプリケーション作成に必要なものについて、具体的な構文を解説します。

2-1 Vue.jsのインストール

Vue.js本体を入手しよう

Vue.js本体は、「vue.global.js」または「vue.global.prod.js」という名前のスクリプトファイルです。「vue.global.js」は開発用で、アプリケーションの実行中に発生するエラーや陥りやすい間違いに気付きやすいように、様々な警告をコンソールに出力してくれます。「vue.global.prod.js」はリリース用で、警告出力の機能が付いていない代わりにファイルサイズが小さく、開発用に比べてアプリケーションの実行パフォーマンスが最適化されています。

そのため、開発中は「vue.global.js」を使用し、開発を終えたアプリケーションを運用する環境では「vue.global.prod.js」を使用するとよいでしょう。

CDNを利用する

開発用とリリース用の最新版は以下のURLにあります。

```
https://unpkg.com/vue@next （開発用の最新版）
https://unpkg.com/vue@next/dist/vue.global.prod.js （リリース用の最新版）
```

CDNとは、コンテンツデリバリーネットワーク（Content Delivery Network）の略で、デジタルコンテンツをインターネット上で大量配信するためのネットワークのことです。オリジナルのサーバーにコンテンツを配置すると、ネットワーク上にある他のサーバーへコンテンツがコピーされ、コンテンツにアクセスした利用者の端末に最も近いサーバーから配信されます。そのため、コンテンツを安定的に速く読み込むことができ、ウェブアプリケーションの利用者に快適な環境を提供するのに役立ちます。

特定のバージョンを利用する

CDNから読み込む場合、URLでVue.jsのバージョン番号を指定できます。URLの「@」の後ろにバージョン番号をつけると、そのバージョンを読み込むことができます。

利用するバージョンを変更すると、開発していたプログラムが正しく動かなくなる可能性があるので、開発を終えてリリース（公開）するときは、開発用に使っていたものと同じバージョンのリリース用に変更しましょう。

バージョン3の最新版（バージョン3.x.xのx.xが最新のもの）

```
https://unpkg.com/vue@3 （開発用）
https://unpkg.com/vue@3/dist/vue.global.prod.js （リリース用）
```

バージョン3.2.29（2022年1月時点の最新版）

```
https://unpkg.com/vue@3.2.29/dist/vue.global.js （開発用）
https://unpkg.com/vue@3.2.29/dist/vue.global.prod.js （リリース用）
```

Vue.jsをアプリケーションに読み込もう

使用したいバージョンのURLを<script>タグでHTMLに読み込むだけで利用できます(1-2節、22ページ参照)。開発用の最新バージョンを読み込む場合、次のように記述します。

```
<script src="https://unpkg.com/vue@next"></script>
```

<script>タグを記述する場所は、<head></head>の中でも構いませんし、</body>の直前でも構いませんが、**Vue.jsアプリケーションのプログラムを記述する場所よりも先に記述する**ことに注意してください(図1)。

図1 Vue.jsを読み込む順番に注意

正しい順番

```
<script src="https://unpkg.com/vue@next"></script>
<script>
const app = Vue.createApp({...});   ← OK
</script>
```

Vue.jsが読み込まれているので実行できる

間違った順番

```
<script>
const app = Vue.createApp({...});   ← エラー
</script>
<script src="https://unpkg.com/vue@next"></script>
```

Vue.jsが読み込まれていないので実行できない

Point Vue.jsのインストール

- Vue.js本体はスクリプトファイル。
- スクリプトファイルは開発用とリリース用がある。
- 開発環境では開発用を使い、運用環境ではリリース用を使う。
- アプリケーションのHTMLに<script>タグで読み込む。

2-2 基本のファイル構成

一般的なアプリケーションの設計モデル

一般的に、アプリケーションは3つの構成要素で成り立っています。アプリケーションの画面を描画し、ユーザーの入力を受け付けるインターフェースを提供するビュー(View)、データの更新や計算処理を行うモデル（Model)、ユーザーの入力に応じたモデルを呼び出して処理の実行を指示するコントローラー(Controller）の3つです（図1)。

図1 MVCモデル

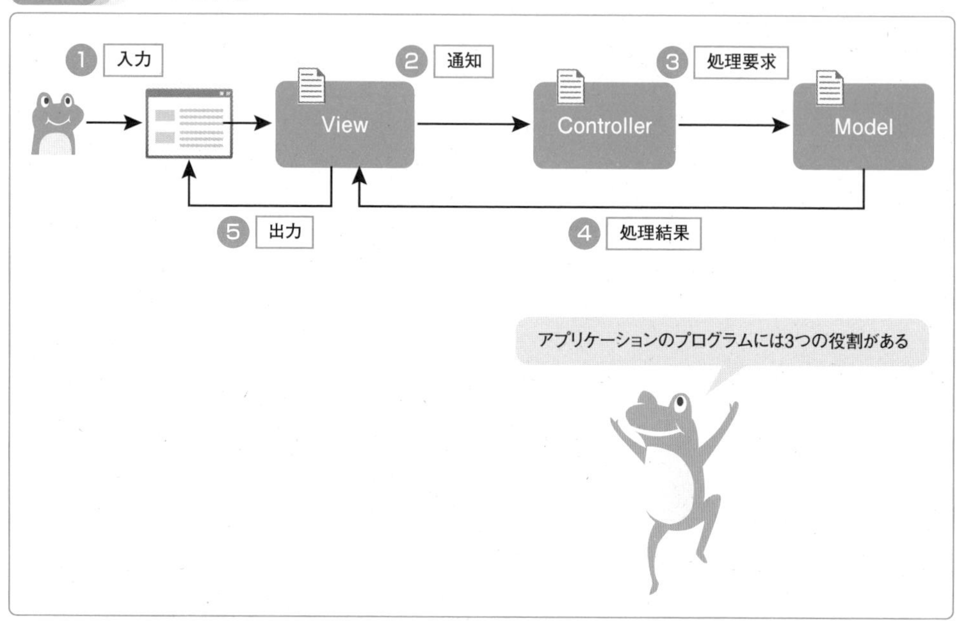

アプリケーションのプログラムをこのように分けて設計・実装する考え方を、3つの役割の頭文字をとって**MVCモデル**と呼びます。役割ごとにプログラムを分けることによって、複数のメンバーでの分業が可能になり、開発後の保守や拡張もしやすくなります。

MVC以外にもさまざまな設計モデルがありますが、基本となる役割はこの3つなので、図1の概念図をしっかり理解しておきましょう。

Vue.jsアプリケーションの設計モデル

Vue.jsアプリケーションは、MVCモデルから派生したMVVM（Model-View-ViewModel）モデルです（図2)。

図2 MVVMモデル

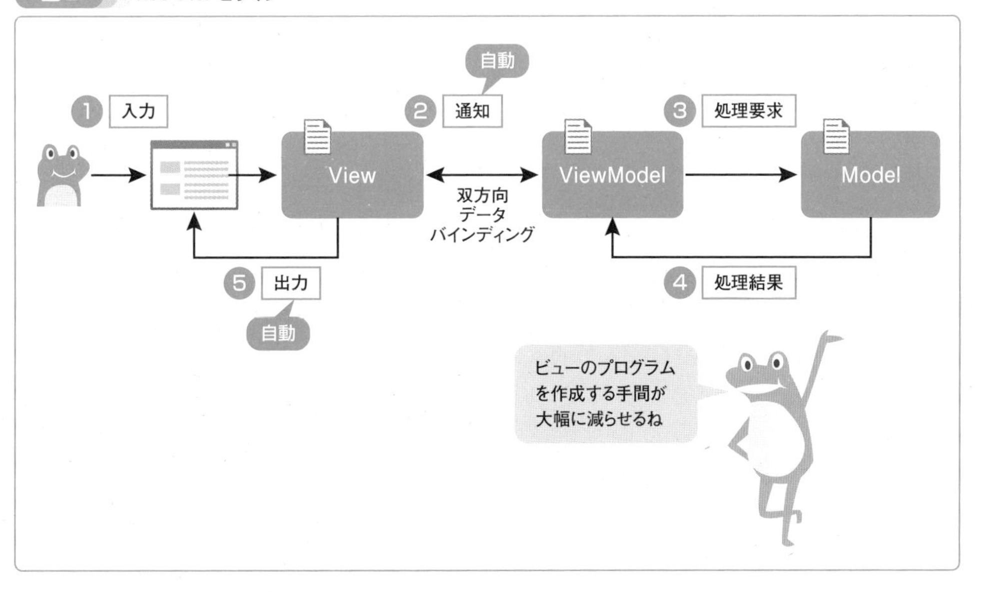

ビューモデル（ViewModel）の役割は、ビューから受け取った入力情報をモデルに伝え、モデルから処理結果を受け取ってビューに伝えることです。ビューとモデルをつなぐ仲介役を担うという点ではMVCモデルのコントローラーと似ていますが、コントローラーは描画処理に介入しないのに対して、ビューモデルはデータバインディング（1-3節、27ページ）を通してモデルとビューを自動的に結びつける点が大きな違いです。

Vue.jsアプリケーションのファイル構成

Vue.jsアプリケーションでは、ビューはHTMLとCSS、モデルはJavaScript、ビューモデルはVue.js本体が担当します。そのため、一般的なウェブサイトと同様に、基本的なファイル構成は次のようになります（図3）。

図3 Vue.jsアプリケーションのファイル構成

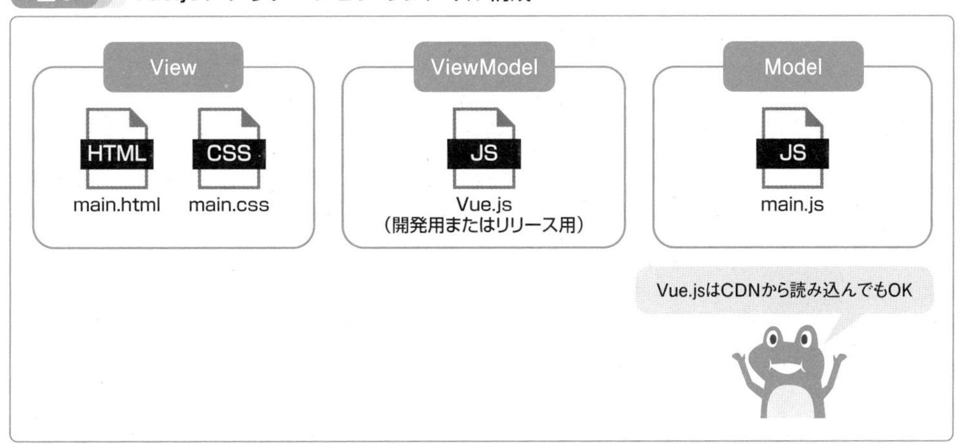

Vue.jsアプリケーションの雛形

本書の解説では次の雛形を使用します（リスト1、リスト2）。

リスト1 HTML（main.html）

```
<!DOCTYPE html>
<html>
<head>
  <meta charset="utf-8">
  <title>サンプル</title>
  <link rel="stylesheet" href="main.css">
</head>
<body>
  <div id="app">
    {{message}}
  </div>
  <script src="https://unpkg.com/vue@next"></script>
  <script src="main.js"></script>
</body>
</html>
```

リスト2 JavaScript（main.js）

```
const app = Vue.createApp({
  data() {
    return {
      message: 'Hello Vue!'
    }
  }
})
const vm = app.mount('#app');
```

HTMLの<div id="app">と</div>で囲まれた部分が、アプリケーションのビューに相当するテンプレートを記述する場所です。id属性の値は"app"でなくても構いませんが、main.jsの中にある'#app'と同じ名前にしなければならないことに注意しましょう。フレームワークは'#app'をCSSのセレクタのようにみなして、アプリケーションと結びつけるDOMノードを探し出そうとするからです。

main.cssは第3章以降のサンプルアプリケーションで使用しますが、本章では空のファイルで構いません。Vue.jsは開発用の最新バージョン（36ページ）を使用します。

main.htmlをブラウザで表示してみましょう。図3の各ファイルが正しく読み込めていれば、画面に「Hello Vue!」が表示され、コンソールに次のようなログが出力されます（画面1）。

▼画面1　アプリケーションが動作していることを確認

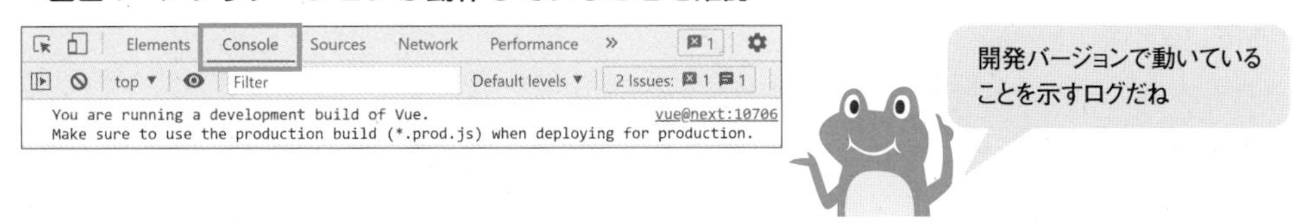

Vue.js devtools（34ページ）を有効化している場合、Vueタブを開くと次のように表示されます（画面2）。

▼画面2　Vueタブの表示

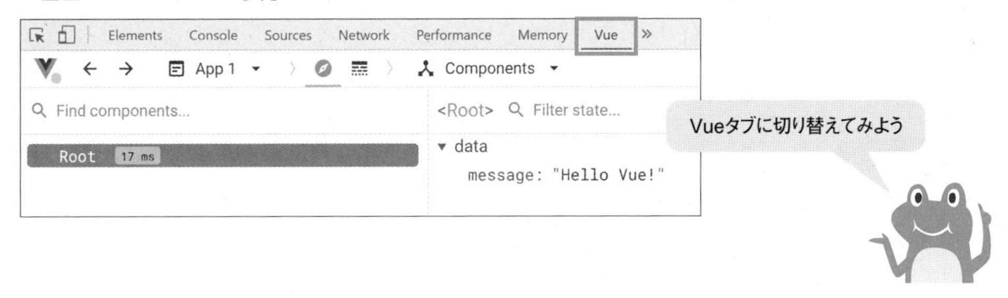

Point　Vue.jsアプリケーションの構成

- MVVMモデルの考え方に従ってプログラムを分ける。
- 一般的なウェブサイトと同様に、HTMLにJavaScriptを読み込む。

これで、実際に動作するアプリケーションを作成する準備が整ったので、具体的な使い方と構文を学んでいきましょう。

2-3 Vue.jsのオプション構成

Vue.jsアプリケーションはオプションと呼ばれる代表的なプロパティで構成されており、それらはJavaScriptのオブジェクト構文で記述します。そのため、Vue.jsの学習に入る前にオブジェクトの概念と表記を知っておく必要があります。

オブジェクトとは？

100個のボールが画面内を飛び跳ねる様子をJavaScriptで表現しようと思ったとき、どのような変数が必要でしょうか？　ボールの現在位置を表す座標値（X座標とY座標）と、次の瞬間の位置を計算するために速度（X成分とY成分）が必要です。これら4つの変数がボールの個数だけ必要なので、全部で400個の変数を扱うことになりますが、次のような記述は現実的ではありません（リスト1）。

リスト1 データを全部バラバラに定義する

JavaScript

```
let x1, x2, x3, …, x100;  // X座標
let y1, y2, y3, …, y100;  // Y座標
let sx1, sx2, sx3, …, sx100;  // 速度のX成分
let sy1, sy2, sy3, …, sy100;  // 速度のY成分
```


配列を使って、同じ意味のデータを1つの変数に詰め込むことを思いつくかもしれません(リスト2)。

リスト2 データを配列で定義する

JavaScript

```
let x = [], y = [], sx = [], sy = [];  // 座標と速度
```

配列にすると、for (let i=0; i<x.length; i++) {x[i]+=sx[i]} のようにして、100個分のX座標をまとめて更新できるようになり、100個が100000個に増えたとしてもソースコードの変更を最小限に抑えることができるでしょう。

しかし、このままでは可読性に問題が生じます。ボールの大きさや色なども扱えるようにしたり、ボール以外にも動かすモノを増やしたりしようと思うと、新しく変数を増やさなければなりません。すると、変数の名前が重複しないように、「ball_xはボールのX座標」「car_xは自動車のX座標」といったように、名前の規則が増えていき、管理が難しくなっていきます（リスト3）。

リスト3 モノの種類だけ変数が必要になる

```
JavaScript
let ball_x = [], ball_y = [], ball_sx = [], ball_sy = [];  // ボールの座標と速度
let ball_color = [], ball_size = [];  // ボールの色とサイズ
let car_x = [], car_y = [], car_sx = [], car_sy = [];  // 自動車の座標と速度
let car_maker = [], car_number = []; // 自動車のメーカーとナンバー
・・・どんどん増えていく・・・
```


ボールと自動車は現実世界では別モノですが、プログラム的にはどちらも「動くモノ」とみなせる点では共通しています。このような場合、ボールも自動車も「動くモノ」という共通の性質を持った**オブジェクト（Object：物体、モノ）**であると考えます。プログラムの世界では、座標や速度、色や大きさなどといった、モノの属性を表す量を**プロパティ**と呼び、走ったり跳ねたり鳴いたり笑ったりといった、モノが行う動作を**メソッド**と呼びます（図1）。

図1 オブジェクトの概念

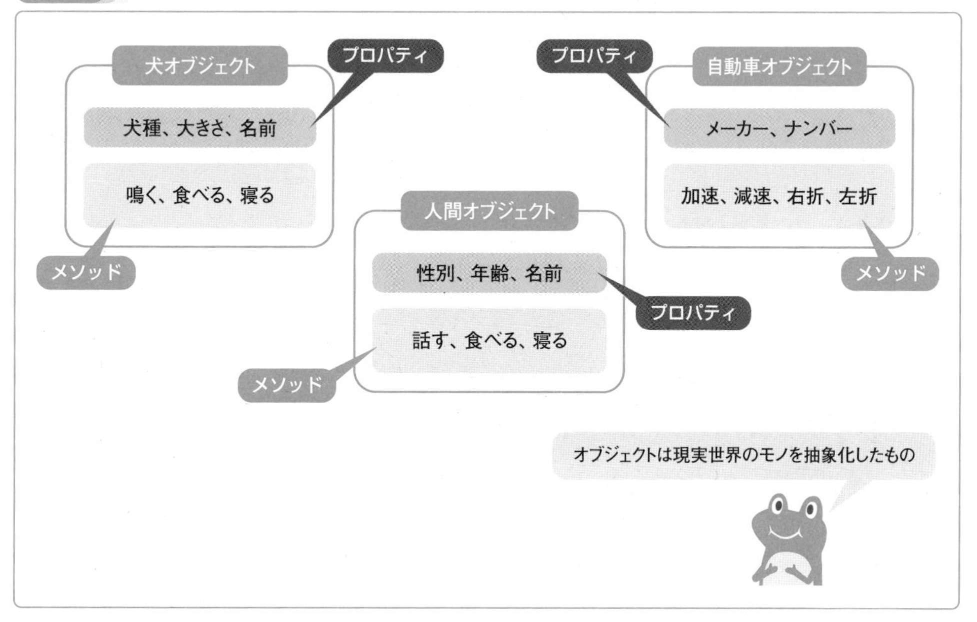

JavaScriptのオブジェクト構文を使えば、オブジェクトが持つプロパティやメソッドを1つのオブジェクト変数で扱えるようになり、プログラムがすっきりします。

JavaScriptのオブジェクト構文

プロパティの定義

オブジェクトのプロパティは次のように定義します。

書式

```
let obj = { プロパティ名: 値 };
```

オブジェクトを変数に代入することで、プロパティが参照できるようになります。

書式

```
obj.プロパティ名
```

オブジェクトが複数のプロパティを持つ場合は、プロパティ名と値の組み合わせを、半角カンマ「,」で区切ります。

書式

```
let obj = { プロパティ名: 値, プロパティ名: 値, プロパティ名: 値 };
```

座標値（X、Y）をプロパティに持つボールオブジェクトは次のように表せます（リスト4）。

リスト4 プロパティを持つオブジェクト

JavaScript

```
// 元の書式
// let ball = {x:10, y:50}
// 改行とインデントを使って見やすく記述
let ball = {
  x: 10,
  y: 50
}
// 座標をブラウザのコンソールに出力する
console.log(ball.x); // => 10 が出力される
console.log(ball.y); // => 50 が出力される
```

関数を定義する場合と同様に、オブジェクトも内部の構造を見やすくするために改行や字下げ（インデント）を使って記述する慣習があります。慣れないうちは元の書式と同じだということを見失いがちですが、コロン「:」やカンマ「,」、セミコロン「;」、波括弧「{ }」の位置に注意して改行を外していくと、元の書式に戻ります。

オブジェクトの階層化

リスト4のxプロパティとyプロパティは、「座標」という1つのオブジェクトとみなすこともできます。この座標オブジェクトにposという名前をつけると、posプロパティとしてまとめることができます（リスト5）。

リスト5 オブジェクトの階層化

```
JavaScript
// 元の書式
// let ball = {pos:{x:10, y:50}}
// 改行とインデントを使って見やすく記述
let ball = {
  pos : {
    x: 10,
    y: 50
  }
}
// 座標をブラウザのコンソールに出力する
console.log(ball.pos.x); // => 10 が出力される
console.log(ball.pos.y); // => 50 が出力される
```

このように、オブジェクトを使う側のプログラムからは、「ボール.座標.X成分」のように左から右へプロパティが階層化されているように見えるので、可読性が向上します。Vue.jsの構文においても、階層化された表記が頻繁に登場するので、ここでしっかり慣れておきましょう。

メソッドの定義

オブジェクトのメソッドは次のように定義します。

```
書式
let obj = { メソッド名(引数){処理} };
let obj = { メソッド名: function(引数){処理} };
```

上の2行はプログラム的には等価で、前者は後者を少し短縮した書き方です。どちらも同じ意味だということを押さえておきましょう。

オブジェクトのメソッドは次のように実行します。

```
書式
obj.メソッド名(引数);
```

ボールオブジェクトに、ボールを移動させるmoveメソッドを追加してみましょう(リスト6)。

リスト6 オブジェクトのメソッド

```
JavaScript
let ball = {
  pos : {
```

```
    x: 10,
    y: 50
  },
  move(x,y) {
    this.pos.x += x;
    this.pos.y += y;
  }
}
// 座標をブラウザのコンソールに出力する
console.log(ball.pos.x); // => 10 が出力される
console.log(ball.pos.y); // => 50 が出力される
// ボールをx方向に5、y方向に3動かす
ball.move(5, 3);
// 座標をブラウザのコンソールに出力する
console.log(ball.pos.x); // => 15 が出力される
console.log(ball.pos.y); // => 53 が出力される
```


move(x,y){...}はmove: function(x,y){...}と書くこともできます。言い換えると、function(x,y){...}というオブジェクトをmoveという名前のプロパティに代入しています。これは、リスト5で{x:10,y:50}というオブジェクトをposという名前のプロパティに代入しているのと同じことです。つまり、JavaScriptでは関数もオブジェクトとして扱うことができます。

関数をオブジェクトとして捉えるとき、**関数オブジェクト**と呼ぶことがあります。

オブジェクトの設計図（クラス）

ここまでくると、ballは単なる変数ではなく、プロパティやメソッドを持ったオブジェクトらしい存在と見なせるでしょう。

しかし、まだ不十分です。このままでは、100個のボール全てについてリスト6のようなオブジェクトを宣言しなくてはならないので、とても現実的ではありません。

この問題は、オブジェクトの設計図を作っておくことで解決できます。あらかじめオブジェクトが持つプロパティやメソッドの振る舞いを定義した設計図のようなものを1つだけ作っておいて、それを複製すれば全く同じボールをいくつでも作れるというわけです。

このような考え方を**オブジェクト指向**と呼び、オブジェクトの設計図となる定義を**クラス**と呼びます。クラスを元に生成したオブジェクトの実体を**インスタンス**、インスタンスを生成することを**インスタンス化**と呼びます。

リスト6のボールオブジェクトの設計図となる「ボール」クラスを考えてみましょう（リスト7）。

リスト7 「ボール」クラス

JavaScript
```
//「ボール」クラスの定義
class Ball {
  // コンストラクタ
  constructor(x,y) {
    this.pos = {
      x : x,
      y : y
    }
  }
  // 移動メソッド
  move(x,y) {
    this.pos.x += x;
    this.pos.y += y;
  }
}
```

this（和訳：これ）は、クラスから生成したオブジェクトのインスタンスを指すキーワードです。this.posは、Ballクラスがposという名前のプロパティを持つことの宣言です。同様に、moveは、Ballクラスがmoveという名前のメソッドを持つことの宣言です。

Ballクラスを Ball(10,50) のように2つの引数を与えて宣言すると、constructorという特殊な関数が実行され、引数のxとyがそのままposプロパティのxとyに代入されます。つまり、Ballクラスから生成したあたらしいオブジェクトのposプロパティに初期値を設定したことになります。

リスト7のBallクラスから1つのボールインスタンスを生成してみましょう（リスト8)。

リスト8 Ballクラスから1個のボールを生成する

JavaScript
```
//「ボール」クラスの定義
class Ball {
  // コンストラクタ
  constructor(x,y) {
    this.pos = {
      x : x,
      y : y
    }
  }
  // 移動メソッド
```

```
  move(x,y) {
    this.pos.x += x;
    this.pos.y += y;
  }
}
// ボールオブジェクトのインスタンスを生成する
let ball = new Ball(10,50); // => 最初の座標値を指定
// ボールをx方向に5、y方向に3動かす
ball.move(5, 3);
// 座標をブラウザのコンソールに出力する
console.log(ball.pos.x); // => 15 が出力される
console.log(ball.pos.y); // => 53 が出力される
```

クラスからオブジェクトのインスタンスを生成するには、クラス名と同じ名前の関数にnewをつけて実行します。このように、インスタンスを生成する特別な役割を持つ関数を**コンストラクタ（Constructor：構築する人やもの）**と呼びます。newで生成したインスタンスは、それ以降のプログラム内で使うので、変数に代入しておきます。

書式

```
let obj = new クラス名(引数);
```

コンストラクタが引数を持つかどうかは、クラスの仕様によりますが、多くの場合、インスタンス化したオブジェクトが持つプロパティに初期値を与える目的で引数が使われます。

ブラウザの画面のランダムな位置に100個のボールを描画してみましょう。ボールは<div>●</div>で表現し、位置はCSSでオブジェクトのプロパティと結びつけます（リスト9）。

リスト9　Ballクラスから100個のボールを生成する

JavaScript

```
//「ボール」クラスの定義
class Ball {
  // コンストラクタ
  constructor(x,y) {
    this.pos = {
      x : x,
      y : y
    }
  }
  // 移動メソッド
  move(x,y) {
```

```
    this.pos.x += x;
    this.pos.y += y;
  }
}
// ボールオブジェクトを格納する空の配列を用意する
let ball = [];
// 100個分の繰り返し
for (let i=0; i<=100; i++) {
  // ボールオブジェクトのインスタンスを生成する
  ball[i] = new Ball(
    Math.floor(Math.random()*window.innerWidth),
    Math.floor(Math.random()*window.innerHeight)
  );
}
// ボールをブラウザに描画する
for (let i=0; i<=100; i++) {
  document.write('<div class="ball" style="top:' + ball[i].pos.y +
'px;left:' + ball[i].pos.x + 'px;">●</div>');
}
```

CSS
```
.ball { position: absolute; }
```

実際の描画は次のようになります（図2）。

図2 100個のボールオブジェクト

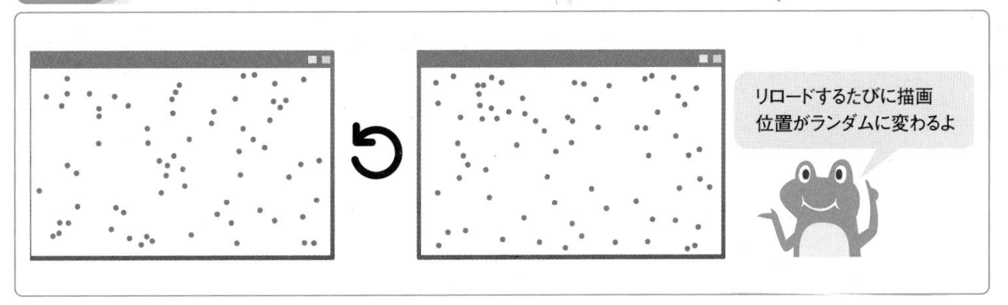

それ単体ではプログラムとして完成しない部品のことを**コンポーネント**と呼び、一般にアプリケーションは1つ以上のコンポーネントを組み合わせて構築します。以後、コンポーネントと呼んだ場合、1個のボールオブジェクトのことをイメージしてください。

Vue.jsのオプション構成

Vue.jsアプリケーションはVue.createApp({...})でアプリケーションのインスタンスを生成することで始まります。Vueはフレームワーク側で定義されているオブジェクトです。

アプリケーションの中で使うデータやメソッドは、オブジェクトに詰め込んでcreateAppメソッドの引数として渡します。createAppメソッドは生成したアプリケーションのインスタンスを返すので、変数（または定数）に代入して保持しておきます。

書式

```
const app = Vue.createApp({オブジェクト});
```

createAppメソッドの引数に指定できる重要なプロパティは次の通りです（表1）。

▼表1　createAppメソッドの引数（オブジェクト）に指定できる重要なプロパティ

プロパティ名	役割
methods	コンポーネントが持つメソッド（本節51ページ）を定義する
computed	コンポーネントが持つ算出プロパティ（2-6節73ページ）を定義する
watch	コンポーネントが持つウォッチャ（2-8節84ページ）を定義する
data()	コンポーネントが保持するデータを定義する

具体的には次のように改行とインデントで整えた形をとります（リスト10）。

リスト10　基本的なオプション構成

JavaScript
```
const app = Vue.createApp({
  data() {
    return {
      // アプリケーションが保持するデータをここに定義する
      message: 'Hello Vue!'
    }
  },
  methods: {
    // アプリケーションが持つメソッドをここに定義する
  },
  computed: {
    // アプリケーションが持つ算出プロパティをここに定義する
  },
  watch: {
    // アプリケーションが持つウォッチャをここに定義する
  }
})
const vm = app.mount('#app');
```

他にも、コンポーネント間でデータを受け渡しするためのpropsや、独自のディレクティブ(v-*で始まる独自の属性)を定義できるdirectivesなど、多くのプロパティがサポートされています。これらのプロパティを特に**オプション**と呼びます。本書での学習を終えたら、公式ガイドなどで用法を確認してみるとよいでしょう。

dataオプション

dataオプションは関数です。data関数は、**アプリケーションに保持したいデータを詰め込んだオブジェクトを戻り値として返すように記述**します。

現在位置、大きさ(半径)の2つのプロパティを持つボールコンポーネントを表してみましょう(リスト11)。

リスト11 dataオプションにデータを定義する

JavaScript
```
const app = Vue.createApp({
  data() {
    return {
      pos: { x: 0, y: 0 },
      radius: 20
    }
  }
})
const ball = app.mount('#app');
```

methodsオプション

methodsオプションには、コンポーネントが持つメソッドを定義します。1つ1つのメソッドは、45ページのようにメソッド名(引数){...}で定義します。

ボールコンポーネントにmoveメソッドを追加してみましょう(リスト12)。

リスト12 methodsオプションにメソッドを定義する

JavaScript
```
const app = Vue.createApp({
  data() {
    return {
      pos: { x: 0, y: 0 },
      radius: 20
    }
  },
  methods: {
    move(x, y) {
```

```
      this.pos.x += x;
      this.pos.y += y;
    }
  },
})
const ball = app.mount('#app');
```


ライフサイクルフック

ライフサイクルフックは、コンポーネントの初期化が完了した瞬間や、DOMと結びついた瞬間など、コンポーネントのライフサイクルにおけるいくつかの重要なタイミングでVue.jsが自動的にコンポーネントへ通知を送ってくれる仕組みです（図3）。

図3 ライフサイクルフック

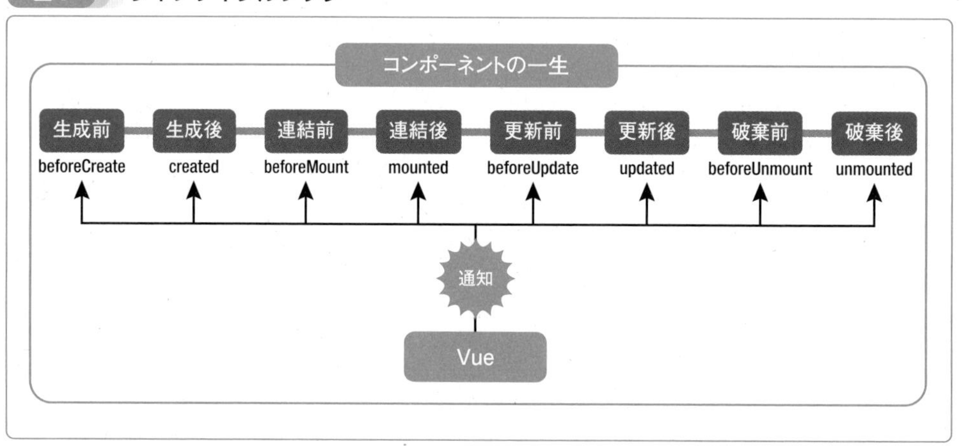

Vue.jsには8つのライフサイクルフックが用意されています（表2）。

▼表2 コンポーネントのライフサイクルフック

フック名	発生するタイミング
beforeCreate	コンポーネントのインスタンスが生成された直後（dataオプションに定義したデータはまだリアクティブになっていない）
created	コンポーネントのインスタンスが生成され、dataオプションに定義したデータがリアクティブになったとき
beforeMount	コンポーネントのインスタンスがDOMと結びつく直前
mounted	コンポーネントのインスタンスがDOMと結びついた直後（アプリケーションのDOMにアクセスできるようになったとき）
beforeUpdate	コンポーネントが持つリアクティブデータが更新され、DOMに反映される直前
updated	コンポーネントが持つリアクティブデータが更新され、DOMに反映された直後
beforeUnmount	コンポーネントのインスタンスが破棄される直前
unmounted	コンポーネントのインスタンスが破棄された直後

ライフサイクルフックを使うには、dataオプションと同じように、フック名と同じ名前のメソッドを定義します。

たとえばコンポーネントが持っているデータを初期化したいとき、単純な数値や文字列ならdataオプションに直接記述すれば済みますが、サーバーから読み込んだデータを初期値にしたい場合は、dataオプションに最初から記述しておくことができません。そのような場合、createdやmountedライフサイクルフックに初期化処理を記述します（リスト13）。

リスト13 ライフサイクルフックを使った初期化

JavaScript
```
const app = Vue.createApp({
  data() {
    return {
      products: []
    }
  },
  created() {
    // 商品リストをサーバーから読み込み、this.productsに代入する
  }
})
const vm = app.mount('#app');
```


アプリケーションをマウントする

createAppメソッドで生成したアプリケーションは、mountメソッドを実行することによってDOM（HTMLのツリー構造）と関連付けます。

書式
```
const vm = app.mount('#app');
```

#appの部分には、HTMLの中でフレームワークの監視下に置いてアプリケーションやコンポーネントと関連付けたい要素のセレクタを記述します。<div id="app"></div>の場合、#appです。このようにDOMと関連付けることを**「マウントする」**と呼びます。

mountメソッドは、マウント後のコンポーネントのインスタンスを返します。後からインスタンスを利用できるように、変数（または定数）に代入して保持しておきます。慣習的にvm（ViewModelの略）という名前が使われます。

2-4 レンダリング（ページを描画する）

テキストにバインドする

HTMLのテキスト部分にマスタッシュ（28ページ）で{{プロパティ名}}を記述すると、dataオプションに定義したプロパティの値が、その場所に置き換わって出力されます。

書式
```
{{プロパティ名}}
```

次の例では、<div id="app">こんにちは!</div>と出力されます（リスト1）。

リスト1 テキストの出力

HTML
```
<div id="app">
  {{message}}
</div>
```

JavaScript
```
const app = Vue.createApp({
  data() {
    return {
      message: 'こんにちは!'
    }
  }
})
const vm = app.mount('#app');
```

{{…}}には、JavaScriptの式を記述することもできます。次のリストは、三項演算子を使った例です（リスト2）。

リスト2 式を使った出力

HTML
```
<div id="app">
  {{lang == 'ja' ? message_ja : message_en}}
</div>
```

JavaScript
```
const app = Vue.createApp({
```

```
  data() {
    return {
      message_en: 'Hello!',
      message_ja: 'こんにちは!',
      lang: 'ja'
    }
  }
})
const vm = app.mount('#app');
```

三項演算子はif～else文と等価で、「もし～ならば～、そうでなければ～」という条件分岐を表します。JavaScriptだけでなく多くのプログラム言語でサポートされています。

書式

条件式 ? 条件式が成立した場合に実行する式 : 条件式が不成立の場合に実行する式

リスト2の式は、langの値が'ja'の場合はmessage_jaプロパティの値を返し、それ以外の場合はmessage_enプロパティの値を返します。そのため、{{…}}にはlangの値に応じて「Hello!」か「こんにちは!」のどちらかが出力されます。ブラウザのコンソールからvm.lang = 'en'を実行すると、表示が「こんにちは!」から「Hello!」に変わることを確認してみましょう。

Point 制御用のプロパティを活用しよう

アプリケーションでは、データの状態に応じて表示するメッセージが変わる場面がよくあります。そのような場合に、メッセージの値をプログラムで変更してしまうと、メッセージを変えたいとき毎回プログラムを変更しなければならず、プログラムが煩雑になり見通しが悪くなってしまいます。そこで、表示内容が決まっているメッセージは変更せずに、表示内容を切り替えるための制御用のプロパティ（リスト2ではlang）を用意し、アプリケーションでは制御用のプロパティを必要に応じて変更すると管理しやすくなります。遠回りな印象を受けるかもしれませんが、結果的にプログラムがすっきりします。

HTMLの可読性が低下しないように、式は短いほうが好ましいです。どうしても式が長く複雑になりそうな場合は、後述する算出プロパティ（73ページ）の利用を検討しましょう。

属性にバインドする

属性にバインドするには、バインドしたいデータのプロパティ名を属性の値に記述し、属性名の前に「v-bind:」を付けます。

書式

```
<要素名 v-bind:属性名="プロパティ名">
```

次のリストは、<input type="text" value="こんにちは!">を出力します(リスト3)。

リスト3 属性にバインドする

HTML

```
<div id="app">
  <input type="text" v-bind:value="message">
</div>
```

JavaScript

```
const app = Vue.createApp({
  data() {
    return {
      message: 'こんにちは!'
    }
  }
})
const vm = app.mount('#app');
```

Point {{…}}は属性には使えない

{{…}}はマスタッシュと呼ばれる特殊なテンプレート構文で、要素内容にバインドする場合にだけ使えます。そのため、リスト3でv-bind:value="{{message}}"と記述してもバインドされません。属性にバインドしたいときは、プロパティ名を{{…}}で囲まないことに注意しましょう。

スタイル(style)属性にバインドする

要素に直接スタイルシートを指定する場合、style="CSSプロパティ名: 値;"と記述しますが、Vue.jsのデータをバインドするときは、CSSプロパティ名をキャメルケース(57ページ)に置き換え、値にはバインドしたいプロパティ名を記述します。

書式

```
<要素名 v-bind:sytle="{CSSのプロパティ名: バインドしたいプロパティ名}">
                      ↑キャメルケース
```

文字の表示サイズをバインドする例を示します(リスト4)。

リスト4 style属性にバインドする

HTML

```
<div id="app">
  <p v-bind:style="{fontSize: pSize}">文字サイズは{{pSize}}です。</p>
</div>
```

JavaScript

```
const app = Vue.createApp({
  data() {
    return {
      pSize: '40px'
    }
  }
})
const vm = app.mount('#app');
```

リスト4は、<p style="font-size: 40px;">文字サイズは40pxです。</p>を出力します。データとのつながりを確認しておきましょう（図1）。

図1 style属性のバインド

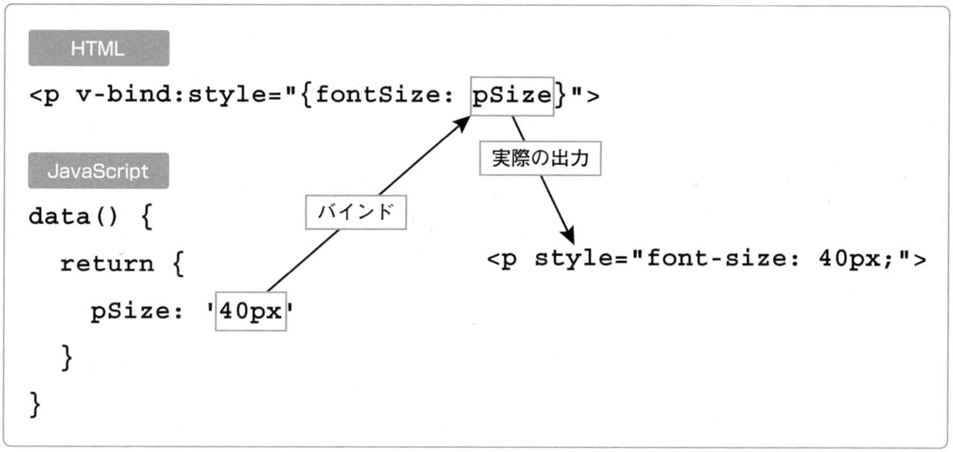

HTML

```
<p v-bind:style="{fontSize: pSize}">
```

JavaScript

```
data() {
  return {
    pSize: '40px'
  }
}
```

バインド

実際の出力

```
<p style="font-size: 40px;">
```

☑ Point CSSのプロパティ名はキャメルケースで記述する

font-sizeではなくfontSizeと記述することに注意してください。このように、ハイフンを使わずに2つ目以降の単語だけ先頭を大文字にして連結する記法をラクダ（camel）の背中にあるコブの形にたとえて**キャメルケース**と呼びます。style属性をバインドするとき、CSSのプロパティ名はキャメルケースに置き換えて記述しなければなりません。たとえば、background-colorプロパティはbackgroundColor、max-widthプロパティはmaxWidthと記述します。

また、複数のスタイルをまとめて指定するとき、HTMLではstyle="font-size: 30px; color: red;"のように各スタイルを半角セミコロンで区切りますが、Vue.jsでバインドするときは、{fontSize: pSize, color: pColor}のように、半角カンマで区切ります。HTMLの構文と似ているので間違えやすいですが、実はこの構文はJavaScriptのオブジェクト構文（43ページ）そのものです。つまり、style属性にバインドするのはJavaScriptのオブジェクトなのです。

プログラム間で複数のデータをまとめて受け渡したいとき、それぞれのデータを別々に渡すよりも、1つのオブジェクトに格納してから、オブジェクトごと渡したほうが汎用性が高まります。そのため、style属性や、次に解説するclass属性にバインドするときは、{}で囲んだオブジェクト構文を使います。

クラス（class）属性にバインドする

class属性にバインドするときも、オブジェクト構文を使います。

書式

```
<要素名 v-bind:class="{class名: class名を出力する条件式}">
```

↑キャメルケース

style属性にバインドする場合との違いは、オブジェクトの値が「そのclass名を出力するための条件を表す」という点です。ただし、テンプレートに長い式を書くと可読性が低下するので、条件式を実行した結果をdataオプションに持たせておくとシンプルに記述できます（リスト5）。

リスト5 class属性にバインドする

HTML

```
<div id="app">
  <p v-bind:class="{capitalize: isCapital}">hello vue!</p>
</div>
```

JavaScript

```
const app = Vue.createApp({
  data() {
    return {
      isCapital: true
    }
  }
})
const vm = app.mount('#app');
```

CSS
```
.capitalize {
  text-transform: capitalize;
}
```

リスト5は、要素の先頭文字だけを大文字に変換するスタイルにcapitalizeというclass名を付け、このclass名を出力するかどうかをisCapitalというプロパティで制御する例です。DOMには<p class="capitalize">hello vue!</p>が出力され、ブラウザにはHello vue!が描画されます。ブラウザのコンソールでvm.isCapitalの値をfalseに変更すると、出力内容が<p>hello vue!</p>に変わり、ブラウザの描画内容もhello vue!に変わります（画面1）。

▼画面1　class属性にバインドする

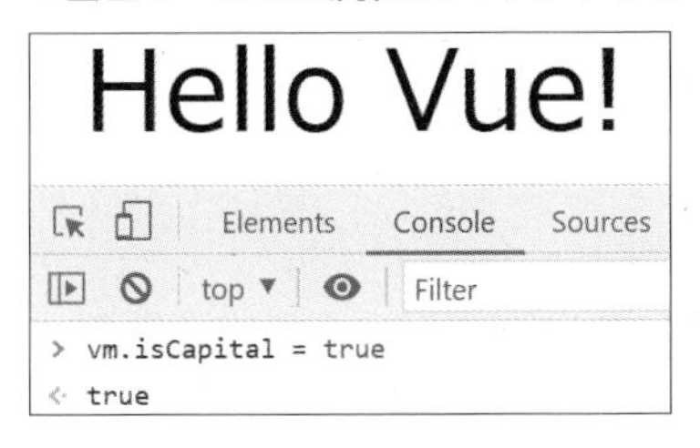

この例では、isCapitalはスイッチのONとOFFのような役目をし、isCapitalの値がtrueならclass名が出力され、falseなら出力されません。

リストデータをバインドする

リストとは複数のデータを1つにまとめて扱いやすくしたもので、JavaScriptでは配列を使って表します。v-forを使うと、要素に配列をバインドできます。

書式
```
<要素名 v-for="配列要素を代入する変数名 in 配列の変数名">…</要素名>
```

3件の商品データを繰り返して出力する例を示します（リスト6）。

リスト6　リストデータをバインドする

HTML
```
<div id="app">
  <table border="1">
```

```
    <tr><th>商品コード</th><th>商品名</th></tr>
    <tr v-for="item in list">
      <td>{{item.code}}</td><td>{{item.name}}</td>
    </tr>
  </table>
</div>
```

JavaScript
```
const app = Vue.createApp({
  data() {
    return {
      list: [
        {code: 'A01', name: 'プロダクトA'},
        {code: 'B01', name: 'プロダクトB'},
        {code: 'C01', name: 'プロダクトC'}
      ]
    }
  }
})
const vm = app.mount('#app');
```

配列を構成する1件分のデータを配列要素と呼び、配列は[配列要素，配列要素，配列要素]のように表します。配列要素には数値や文字列のように単純なデータだけでなく、オブジェクトを入れることもできます。リスト6では、1件分の商品データを商品コードと商品名を持ったオブジェクトとして表しています。

書式
```
[オブジェクト， オブジェクト， オブジェクト]
```

1つ1つのオブジェクトは、オブジェクト構文（43ページ）に従って{}で囲まなければならないので、次の書式になります。

書式
```
[{プロパティ名： 値}，{プロパティ名： 値}，{プロパティ名： 値}]
```

リスト6のようにオブジェクトが複数のプロパティを持つ場合は、次に続くプロパティとの区切りをブラウザが認識できるために、値の後ろに半角カンマを置きます。インデントと改行を使って見やすくすると、次の書式になります。

書式

```
[
  {プロパティ名: 値, プロパティ名: 値},
  {プロパティ名: 値, プロパティ名: 値},
  {プロパティ名: 値, プロパティ名: 値}
]
```

このオブジェクト配列にlistという名前をつけてdataオプションのプロパティにすると、リスト6になります。

一方DOMには、v-forに指定したlistの配列要素数（3回）だけ<tr>タグが繰り返して出力されます。繰り返しが始まるまでitemには何も入っていませんが、1回目の繰り返しが始まるときにlistの中から1件目の配列要素が自動的に抜き出されてitemに代入されます。同様にして、2回目は2件目が、3回目は3件目がitemに上書きで代入されます。つまり、繰り返しが実行されている間、itemはlistの配列要素である商品1件分のオブジェクトそのものを指すことになります。そのため、商品コードはitem.codeで参照できることになり、{{item.code}}と記述した場所にバインドされます。同様に、商品名はitem.nameで参照でき、{{item.name}}でバインドできます。

Point v-forの「配列要素を代入する変数名」は何でもよい

v-forの一つ目の変数（リスト6ではitem）には、繰り返しのたびに自動的に配列要素が代入されるので、変数名と同じ名前のプロパティをdataオプションに定義しておく必要はありません。そのため、一つ目の変数名は何でもよいことになります。

一般的には、itemやelement、elのように、それが集合体の構成要素であることを連想しやすい抽象的な変数名が使われることが多いようです。配列変数に複数形を表すsを付けている場合は、sを外した変数名を使ってもよいでしょう。例）v-for="product in products"

リスト6の実行結果は次のようになります（画面2）。

▼画面2　リストデータをバインドする

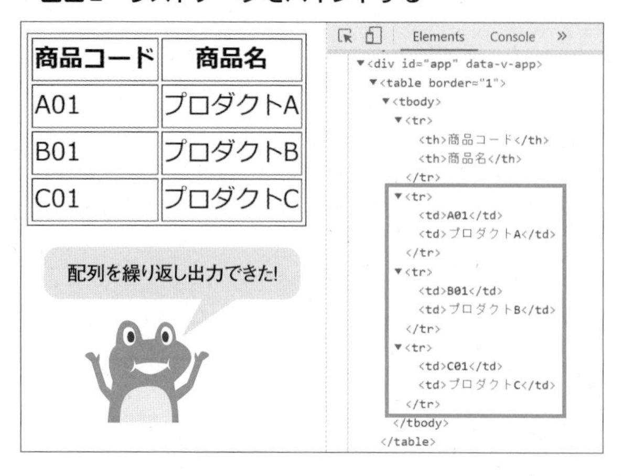

繰り返す要素にはキー(key)を指定しよう

ここで重要なことを補足します。単純に配列データを描画するだけならリスト6のようにすればよいのですが、次のような問題が起こります。

たとえば画面に削除ボタンがあって、1件目の商品データをユーザーが削除したとします。するとどうなるでしょうか？　商品コード「A01」の行がDOMから削除されると予想されますが、実際の挙動は異なります。Vue.jsは、「A01」のノードへ「B01」のデータを移し替え、「B01」のノードへ「C01」のデータを移し替えます。そして最後に「C01」のノードだけを削除します。つまり、効率的に描画するために、ノードの移動や削除を抑えて、なるべく使いまわそうとするのです。

その結果、バインドしている配列の要素番号(インデックス)とDOMノードがずれてしまい、配列要素の並び替えや追加を行ったとき正しく動作しない原因になります。

この問題を回避するために、v-forで繰り返す1つ1つの配列要素を一意に(ユニークに)区別できる値を、keyという名前の属性を使ってバインドすることが推奨されています。リスト6の場合、商品コードで配列要素を区別できるので、次のように書き換えます(リスト7)。

リスト7　繰り返して出力する要素にkeyを指定する

HTML
```
<div id="app">
  <table border="1">
    <tr><th>商品コード</th><th>商品名</th></tr>
    <tr v-for="item in list" v-bind:key="item.code">
      <td>{{item.code}}</td><td>{{item.name}}</td>
    </tr>
  </table>
</div>
```

繰り返しの番号（インデックス）を利用する

バインドする配列が商品コードのような配列要素を区別できるデータを持っていない場合は、v-forの繰り返し番号（インデックス）を利用することができます。

書式

```
<要素名 v-for="(配列要素を代入する変数名, index) in 配列の変数名">…</要素名>
```

これを使ってリスト7を書き換えるとリスト8になります。indexには0,1,2がこの順番でバインドされます。

リスト8 keyに繰り返しの番号（インデックス）を指定する

HTML

```
<div id="app">
  <table border="1">
    <tr><th>商品コード</th><th>商品名</th></tr>
    <tr v-for="(item, index) in list" v-bind:key="index">
      <td>{{item.code}}</td><td>{{item.name}}</td>
    </tr>
  </table>
</div>
```

条件付きで描画する

v-ifおよびv-showを使うと、条件付きで要素の出力や表示が行えます。

条件式が成立する場合だけ要素を出力する（v-if）

v-ifを記述した要素は、指定した条件式が成立する場合だけDOMに出力され、条件式が成立しない場合はDOMに出力されません。

書式

```
<要素名 v-if="条件式">条件式が成立する場合の出力内容</要素名>
```

データが特定の条件を満たした場合だけ要素を出力する例を示します（リスト9）。

リスト9 v-ifの使用例

HTML

```
<div id="app">
  {{price}}円 <span v-if="price < 1000">セール実施中！</span>
</div>
```

JavaScript
```
const app = Vue.createApp({
  data() {
    return {
      price: 980
    }
  }
})
const vm = app.mount('#app');
```

リスト9は、商品価格が1000円未満の場合に「セール実施中！」という文字列を価格の後ろに出力します。priceの値が1000以上の場合はv-ifの条件式を満たさないので、span要素そのものが出力されません。

複数の条件式を指定する（v-if、v-else-if、v-else）

2つ以上の条件式に応じて出力内容を分岐させたい場合、v-else-ifおよびv-elseを使います。

書式
```
<要素名 v-if="条件式">条件式が成立する場合の出力内容</要素名>
<要素名 v-else>条件式が不成立の場合の出力内容</要素名>
```

書式
```
<要素名 v-if="条件式1">条件式1が成立する場合の出力内容</要素名>
<要素名 v-else-if="条件式2">条件式2が成立する場合の出力内容</要素名>
<要素名 v-else>条件式1も条件式2も不成立の場合の出力内容</要素名>
```

JavaScriptで条件分岐を行うときに使うif、else if、elseをHTMLに持ち込んだようなものと理解すればよいでしょう。

商品に在庫があれば在庫数を表示し、在庫がなければ「在庫切れです。」を表示する例を示します（リスト10）。

リスト10 v-if、v-elseの使用例

HTML
```
<div id="app">
  <span v-if="stock >= 1">残り{{stock}}個です。</span>
  <span v-else>在庫切れです。</span>
</div>
```

JavaScript
```
const app = Vue.createApp({
  data() {
    return {
      stock: 10
    }
  }
})
const vm = app.mount('#app');
```

まとまった範囲を切り替える

広い範囲をまとめて切り替えたい場合、特別なタグ<template>を使用できます。

書式
```
<template v-if="条件式">
  条件式が成立する場合、ここに記述した内容が出力される
  templateタグ自身は出力されない
</template>
```

Point <template>タグはDOMに出力されない

<template>はVue.js独自のものではなく、HTML5で策定されたタグです。<template>タグで囲った部分をテンプレートとして、JavaScriptなどのスクリプトによって新たにHTMLを挿入したり複製したりするために使います。そのような目的から、<template>タグ自身はブラウザに出力されません。

条件式が成立する場合だけ要素を表示する（v-show）

v-showを記述した要素は、指定した条件式が成立する場合だけ表示され、不成立の場合は表示されません。

書式
```
<要素名 v-show="条件式">条件式が成立する場合の表示内容</要素名>
```

次の例では、価格の後ろに「セール実施中！」は表示されませんが、DOMには出力されます（リスト11）。

リスト11 v-showの使用例

HTML
```
<div id="app">
  {{price}}円 <span v-show="price < 1000">セール実施中！ </span>
</div>
```

JavaScript
```
const app = Vue.createApp({
  data() {
    return {
      price: 1280
    }
  }
})
const vm = app.mount('#app');
```

v-ifの場合は、条件式が成立しなければ要素自体がDOMに出力されません（代わりにHTMLのコメント記号が出力されます）が、v-showの場合は必ずDOMに出力され、「display:none」のスタイルが適用されることによって非表示になります（画面3）。

▼**画面3** v-ifとv-showの違い

v-showは、v-else-ifやv-elseと組み合わせて複数の条件式を指定することができません。また、<template>タグにv-showを使うこともできないので、注意しましょう。

☑ Point v-showの特徴

- 要素はDOMに出力される（CSSのdisplay:none;で非表示になるだけ）。
- v-else-ifやv-elseと組み合わせることはできない。
- <template v-show="…"></template>と記述することはできない。

v-ifとv-showの使い分け

DOMの更新はブラウザにとって負担の大きい仕事です。タブで表示内容を切り替えるような場面でv-ifを使うと、タブを切り替えるたびにノードの追加と削除が発生してしまうので、v-showを使ったほうが高速な描画が期待できます。リスト10のように、表示されたページの中でユーザーが何らかの操作を行ってもデータの状態が変わらない場合はv-ifを使ってもよいでしょう。

2-5 フィルター（描画用にデータを加工する）

フィルターとは？

フィルターとは、マスタッシュ{{…}}でテンプレートにバインドするデータに対して共通のテキストフォーマットを適用する機能です。

たとえばアプリケーションで金額のデータを扱う場合、プログラム内では数値として扱ったほうが、合計金額や消費税額の計算に便利です。しかし、ブラウザの画面に描画するときは1,000円のように3桁ずつカンマで区切って単位をつけたり、計算によって生じた小数点以下の端数を丸めたりする必要が出てくるでしょう。

そのような場合に、元のデータには一切変更を加えずに、描画するときだけ加工できると便利です（図1）。

図1 フィルターに渡される引数

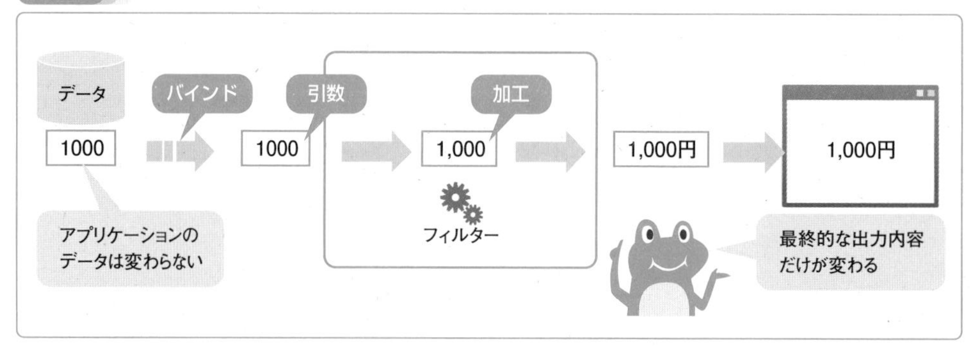

グローバルスコープにフィルターを登録する

汎用的なフィルターは、globalPropertiesというアプリケーション内のあらゆる場所から利用できるグローバルプロパティにフィルター用の関数を登録します。

書式

```
app.config.globalProperties.$filters = {
  関数オブジェクト
}
```

金額を3桁ずつカンマで区切った書式で出力するnumber_formatというフィルターを作成して、グローバルスコープに登録してみましょう（リスト1）。

リスト1 フィルターを登録する

JavaScript
```
const app = Vue.createApp({
  data() {
    return {
      price: 1000
    }
  }
})
app.config.globalProperties.$filters = {
  number_format(val) {
    return val.toLocaleString();
  }
}
const vm = app.mount('#app');
```

グローバルプロパティへの追加はアプリケーションをDOMにマウントするよりも早い段階で行わなければならないので、先に記述することに注意しましょう。記述する順番を逆にすると、コンソールにエラーが出ます（画面1）。構文や順番の間違いが原因で期待通りに動かない場合、コンソールを確認するようにしましょう。

▼画面1　フィルター解決エラー

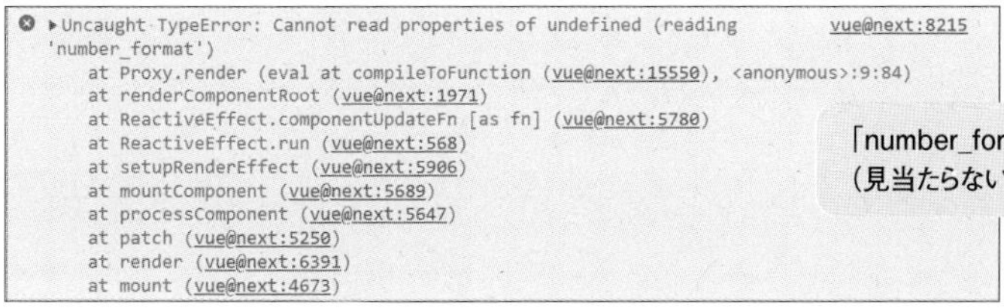

```
▶Uncaught TypeError: Cannot read properties of undefined (reading      vue@next:8215
'number_format')
    at Proxy.render (eval at compileToFunction (vue@next:15550), <anonymous>:9:84)
    at renderComponentRoot (vue@next:1971)
    at ReactiveEffect.componentUpdateFn [as fn] (vue@next:5780)
    at ReactiveEffect.run (vue@next:568)
    at setupRenderEffect (vue@next:5906)
    at mountComponent (vue@next:5689)
    at processComponent (vue@next:5647)
    at patch (vue@next:5250)
    at render (vue@next:6391)
    at mount (vue@next:4673)
```

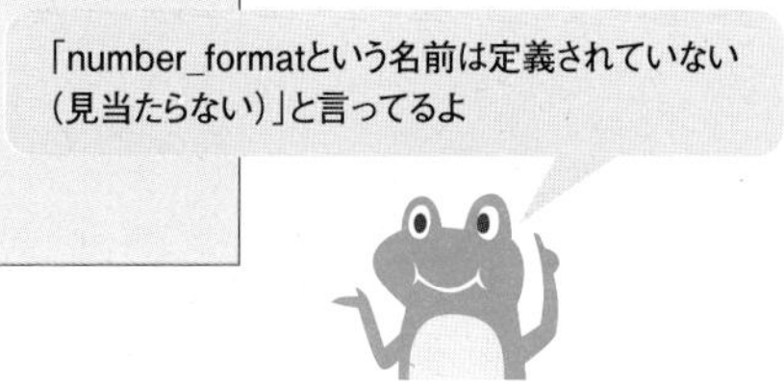

「number_formatという名前は定義されていない（見当たらない）」と言ってるよ

また、{...}の中を改行するのは、構文の決まりだからではなく、オブジェクトの中身を見やすくするための慣習です。慣れないうちは、{}の内側に別の{}が入ってわかり辛いかもしれませんが、コードを変形していく過程を理解しないまま最終的な形だけを覚えようとすると、応用が利かなくなってしまいます。

慣れるまでは、基本となる構文を日本語で記述してから、段階的に中身を書き換えていくとよいでしょう（図2）。

図2 コードを変形する過程を理解する

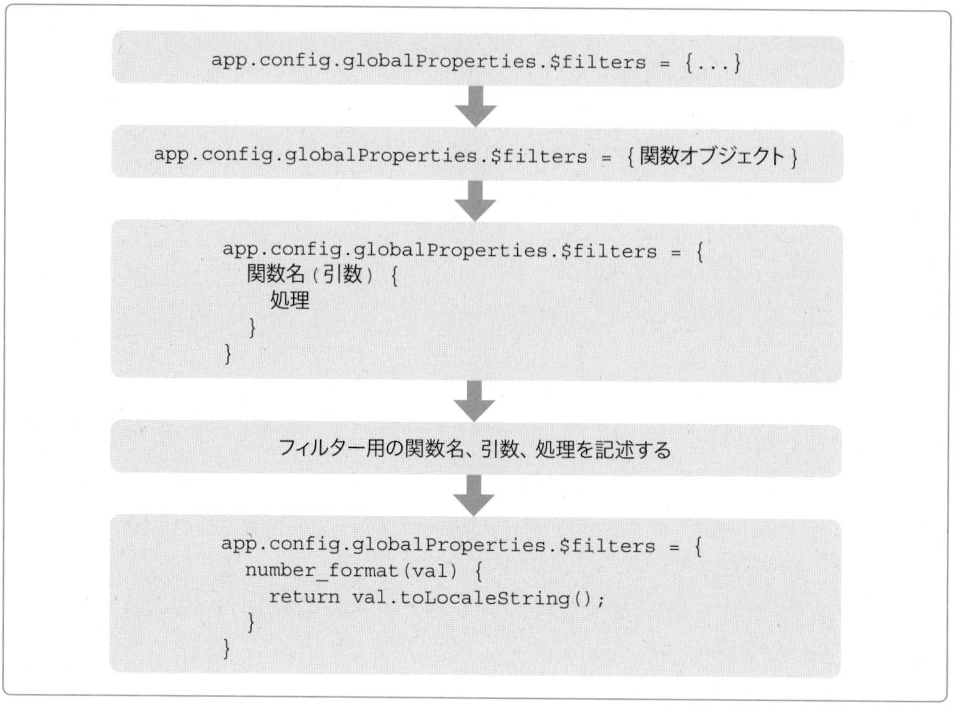

```
app.config.globalProperties.$filters = {...}
```

↓

```
app.config.globalProperties.$filters = {関数オブジェクト}
```

↓

```
app.config.globalProperties.$filters = {
  関数名(引数) {
    処理
  }
}
```

↓

フィルター用の関数名、引数、処理を記述する

↓

```
app.config.globalProperties.$filters = {
  number_format(val) {
    return val.toLocaleString();
  }
}
```

テキストにバインドしたデータにフィルターを適用する場合は、HTML内に次のように記述します。

書式

```
{{$filters.関数名(引数)}}
```

リスト1で定義したフィルターを適用してみましょう（リスト2、画面2）。

リスト2 フィルターを適用する

HTML

```html
<div id="app">
  {{$filters.number_format(price)}}
</div>
```

▼画面2　フィルターを適用する

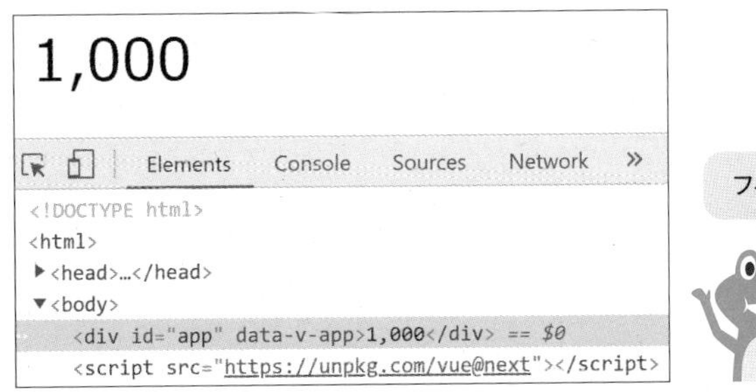

ローカルスコープにフィルターを登録する

methodsオプション（51ページ）または算出プロパティ（73ページ）を使ってコンポーネントの中に登録したフィルターは、そのコンポーネントの中だけで使えるローカルスコープとなり、他のコンポーネントからは隠蔽されます。特定のコンポーネントの中だけで使う固有のフィルターは、なるべくローカルスコープに登録したほうが、コンポーネントの独立性を保てます。

書式

```
methods: {関数オブジェクト}
```

ローカルスコープに登録するフィルターは、そのコンポーネントがバインドされたDOM内で、通常の関数と同じように呼び出して使います。

methodsオプションを使ってリスト1と全く同じフィルターをコンポーネントの中に登録してDOMに反映するコードは次のようになります（リスト3）。

リスト3　フィルターを登録する

HTML

```
<div id="app">
  {{number_format(price)}}
</div>
```

JavaScript

```
const app = Vue.createApp({
  data() {
    return {
      price: 1000
    }
  },
  methods: {
```

```
    number_format(val) {
      return val.toLocaleString();
    }
  }
})
const vm = app.mount('#app');
```


オブジェクトの表記法に慣れないうちは、{}の中に関数の定義を入れることに違和感を覚えるかもしれませんが、次のように解釈すれば理解しやすいでしょう。

JavaScriptでは関数もオブジェクト（関数オブジェクト）と見なします（46ページ）。また、オブジェクトの中には別のオブジェクトを入れることもできます。これを当てはめて書き換えていくと、リスト3になります（図3）。

図3 コードの変形

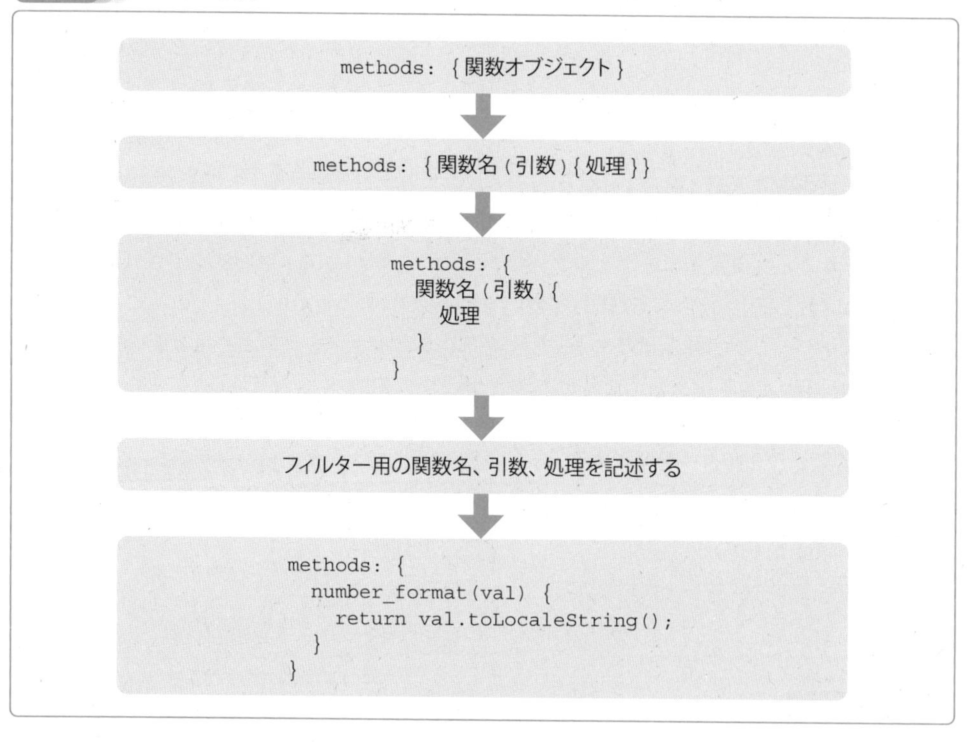

2-6 算出プロパティ（再利用可能な加工済みデータ）

算出プロパティとは？

算出プロパティは、アプリケーションのデータに基づいて何らかの加工を行った結果を返すプロパティです。HTMLの中では通常のプロパティと同じように扱えるので、マスタッシュ{{…}}で単純に出力するだけでなく、配列を返す算出プロパティを定義すれば、v-for（59ページ）でリストデータを繰り返し出力する場面にも使えます。

算出プロパティはcomputedオプションの中に関数として定義します。

書式

```
computed: {関数オブジェクト}
```

今年がうるう年かどうかを判定する算出プロパティを定義してみましょう（リスト1）。

リスト1　今年がうるう年かどうかを判定する算出プロパティ

HTML

```
<div id="app">
  調べたい年：<input type="number" v-model="year">
  <div v-if="isUrudoshi">
  {{year}}年はうるう年です
  </div>
</div>
```

JavaScript

```
const app = Vue.createApp({
  data() {
    return {
      year: (new Date()).getFullYear()
    }
  },
  computed: {
    // 今年がうるう年かどうかを判定する算出プロパティ
    isUrudoshi() {
      //「4で割り切れて100で割り切れない」または「400で割り切れる」場合
      if ((this.year%4 === 0) && (this.year%100 !== 0) ||
          (this.year%400 === 0)) {
        // うるう年
```

```
          return true;
        } else {
          // うるう年ではない
          return false;
        }
      }
    }
})
const vm = app.mount('#app');
```

リスト1では、少し先取りしてフォーム入力バインディング(2-9節、89ページ)を使って、ユーザーの入力値をアプリケーションのデータと同期させています。試しにテキストボックスを2024に書き換えてみましょう。うるう年の場合だけテキストボックスの下にメッセージが表示されます(画面1)。

▼画面1　算出プロパティの操作を確認する

調べたい年：2022

調べたい年：2024
2024年はうるう年です

複雑な計算は
算出プロパティに任せよう!

うるう年かどうかを判定するアルゴリズムは、知っていないと思いつきませんが、プログラミングの例としては有名なので、インターネットで検索するとすぐ見つかります。注目すべきは、あたかもdataオプションにisUrudoshiという名前のプロパティが存在しているかのように、テンプレートにisUrudoshiと記述するだけで複雑な判定ができてしまう点です。

算出プロパティはキャッシュされる

算出プロパティがテンプレートやメソッドの中で参照されると、Vue.jsはそのときの値を記憶します(キャッシュします)。そして、再び同じ算出プロパティが参照されたとき、キャッシュから値が取り出されます。参照されるたびに何度も同じ処理を行うのは無駄が多いからです。

しかし、算出プロパティの中で使っている**リアクティブデータが更新**されると、Vue.jsはキャッシュを捨てて算出プロパティを再度実行します。Vue.jsは算出プロパティとリアクティブデータの依存関係を知っていて、常に監視しているのです。

算出プロパティがキャッシュされる様子を確認するために、次の例をみておきましょう(リスト2)。

リスト2 リアクティブデータと依存関係のない算出プロパティ

HTML
```
<div id="app">
  <div v-show="show">
    <p>now1: "{{now1()}}"</p>
    <p>now2: "{{now2}}"</p>
  </div>
</div>
```

JavaScript
```
const app = Vue.createApp({
  data() {
    return {
      show: true
    }
  },
  methods: {
    // 現在日時を返すメソッド
    now1() {
      return (new Date()).toLocaleString();
    }
  },
  computed: {
    // 現在日時を返す算出プロパティ
    now2() {
      return (new Date()).toLocaleString();
    }
  }
})
const vm = app.mount('#app');
```

リスト2を実行すると、now1とnow2の両方に同じ日時が出力されますが、ブラウザのコンソールからvm.show = falseに続けてvm.show = trueを実行すると、now1は日時が更新され、now2は最初の表示のまま変わりません（画面2）。

▼画面2　リアクティブデータと依存関係のない算出プロパティ

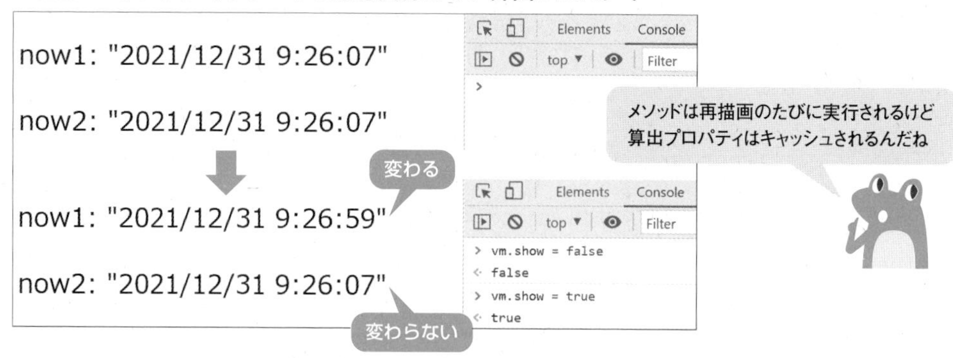

これは、メソッドは描画が発生するたびに再実行されるのに対し、算出プロパティは依存関係のあるリアクティブデータが更新されない限りキャッシュが参照され続けることを示しています。算出プロパティnow2は現在日時をフォーマットして返しているだけで、dataプロパティに定義しているリアクティブデータshowとの依存関係がないので、再描画しても最初の日時のまま表示が変わりません。

算出プロパティが適した場面

たとえばECサイトの商品一覧ページで、ユーザーが検索条件を指定して商品を絞り込んだ結果に対して、購入者の評価が高い順に並べ替える場面をイメージしてみましょう（図1）。

図1　算出プロパティが適した場面

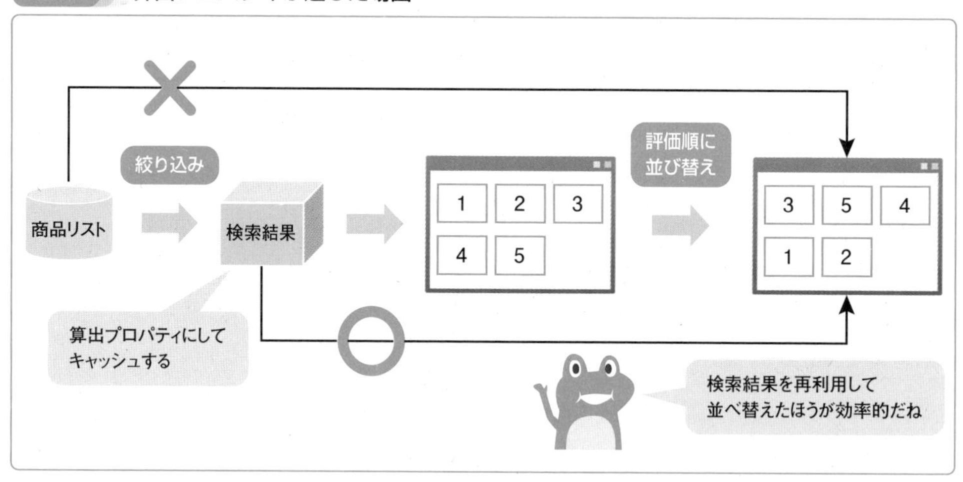

並べ替えるたびに商品リストを検索するよりも、いったん商品リストを絞り込んだ検索結果をキャッシュしておいて、それを元に並べ替えを行ったほうが、無駄な処理が省けます。

加工したデータをテンプレート内で頻繁に利用する場面では、メソッドで毎回加工するよりも算出プロパティで加工してバインドしたほうが、パフォーマンスが良くなります。

2-7 イベントハンドリング（ユーザーの操作を検知する）

イベントとは？

ボタンやリンクをクリックしたり、マウスのホイールを動かしてページをスクロールさせたり、主にユーザーの操作をきっかけとしてブラウザの中で発生する出来事を**イベント**と呼び、イベントの発生をプログラムで検知して何らかの処理を行うものを**イベントハンドラ**と呼びます。

通常、イベントハンドラはJavaScriptの関数として定義します。addEventListener関数を使ってイベントハンドラを登録しておくと、OSを通してイベントの発生を検知したブラウザがイベントハンドラを自動的に呼び出してくれます。JavaScriptのプログラムを動かしているのはブラウザのエンジンであることを考えると当然かもしれませんが、JavaScriptを使えばイベントの発生を待ち受けることができます（図1）。

図1　イベントの概念イメージ

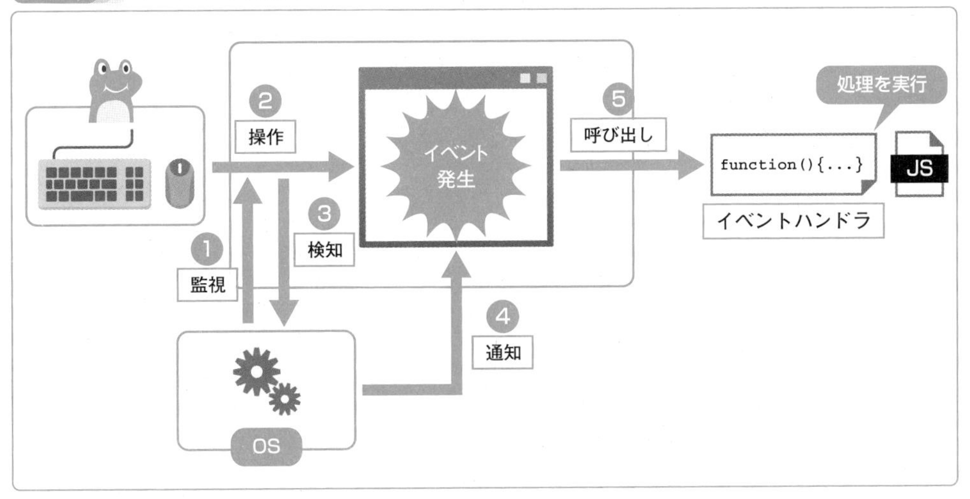

よく使われるイベント

よく使われるイベントの名前と、イベントが発生するタイミングを示します（表1）。

▼表1　よく使われるイベント

イベント名	発生タイミング
blur	フォーム要素からフォーカスが外れたとき
focus	フォーム要素にフォーカスが当たったとき
select	フォーム要素内のテキストが選択されたとき
change	フォーム要素の選択肢や入力内容が変更されたとき

submit	フォームを送信しようとしたとき（form要素で発生）
reset	フォームがリセットされたとき（form要素で発生）
load	画像やスクリプトなどリソースの読み込みが完了したとき
scroll	要素の内容がスクロールしたとき
resize	ウィンドウのサイズが変更されたとき
click	要素をクリックしたとき
keydown	キーを押したとき
keyup	キーを放したとき
keypress	押していたキーを放したとき（keyupよりも先に発生）
mousemove	マウスカーソルが要素内で動いたとき
mouseover	マウスカーソルが要素内に入ったとき
mousedown	要素をマウスでクリックしたとき
mouseout	マウスカーソルが要素の外に出たとき
mouseup	要素内でマウスのボタンを放したとき
touchstart	要素を指でタッチしたとき（※注）
touchmove	要素をタッチした指でドラッグしたとき（※注）
touchend	要素をタッチした指を放したとき（※注）

（※注）デスクトップPCのように、ディスプレイをタッチ操作できない環境では動作しないイベントもあります。

イベントハンドラの登録（v-onディレクティブ）

Vue.jsでイベントハンドラをDOMと関連付けるには、v-onディレクティブを使います。

書式

```
<要素名 v-on:イベント名="ハンドラ名">
```

イベントハンドラはmethodsオプションに関数オブジェクトとして定義します。

書式

```
methods: {関数オブジェクト}
```

クリックイベントの使用例を見ておきましょう（リスト1）。

リスト1 クリックイベントの使用例

HTML

```
<div id="app">
  <template v-if="stock >= 1">
    <span class="num">残り{{stock}}個</span>
    <button class="btn" v-on:click="onDeleteItem">削除</button>
  </template>
  <template v-else>在庫切れ</template>
```

```
</div>
```

JavaScript
```
const app = Vue.createApp({
  data() {
    return {
      stock: 10
    }
  },
  methods: {
    // 削除ボタンのクリックイベントハンドラ
    onDeleteItem() {
      this.stock--;
    }
  }
})
const vm = app.mount('#app');
```

リスト1は、商品の在庫数と削除ボタンを表示します。削除ボタンをクリックするたびに在庫数が1ずつ減っていき、在庫が0になると、表示が「在庫切れ」に変わります（図2）。

図2 クリックイベントの使用例

残り10個 削除 → 残り 9 個 削除 → 在庫切れ

リスト1と同じことを、Vue.jsを使わずに記述すると次のようになります（リスト2）。

リスト2 クリックイベントの使用例（Vue.js未使用）

HTML
```
<div id="app">
  <span class="num"></span>
  <button class="btn">削除</button>
</div>
```

JavaScript
```
// 頻繁にアクセスする要素を事前に取得する
const app = document.querySelector('#app');
const btn = app.querySelector('.btn');
const num = app.querySelector('.num');
```

```
// 在庫数の初期値
let stock = 10;

// ボタンにイベントハンドラを割り当てる
btn.addEventListener('click', onDeleteItem);

// 削除ボタンのクリックイベントハンドラ
function onDeleteItem() {
  stock--;          // 在庫数を減らす
  updateStock();   // 表示を更新する
}

// 在庫数の表示を更新するメソッド
function updateStock() {
  if (stock >= 1) {
    num.textContent = '残り' + stock + '個';
  } else {
    app.removeChild(btn);          // ボタンを削除する
    num.textContent = '在庫切れ';
  }
}

// 在庫数の初期値を表示する
updateStock();
```

DOMの操作をSelectors API（21ページ）に頼っているので、リスト1と比べてJavaScriptのコードがやや長くなりましたが、イベントハンドラに関する部分だけ注目しておきましょう。

addEventListenerは要素にイベントハンドラを追加するJavaScriptの関数で、第一引数にイベント名を、第二引数にイベントハンドラを指定します。Vue.jsのイベントハンドリングと構文に違いはありますが、イベントハンドラを要素と結びつけるという目的は同じです。

コンポーネントの外側のイベントハンドリング

v-onディレクティブでイベントハンドラを登録できるのは、mountメソッドに指定したコンポーネントのスコープ内にある要素に限られます。つまり、<div id="app"></div>の外側にある要素や、ウィンドウ自体に発生するイベントはv-onで検知できません。

ページが読み込まれたときに発生するloadイベントや、ウィンドウサイズが変わったときに発生するresizeイベント、ページをスクロールさせたときに発生するscrollイベントなどが該当します。

これらは、Vue.jsに頼らずにaddEventListener関数を使ってイベントハンドラを登録します。登録するタイミングは早いほうがよいので、createdやmountedライフサイクルフック（52ページ）を検討しましょう。ただし、Vue.jsを介さずに登録したイベントハンドラは、不要になったタイミング（beforeUnmountライフサイクルフックなど）でremoveEventListener関数を呼び出して解除しなければなりません。

ウィンドウのresizeイベントをハンドリングする例を示します（リスト3）。

リスト3 resizeイベントのハンドリング

HTML

```
<div id="app">
  ウィンドウの横幅：{{width}}<br>
  ウィンドウの高さ：{{height}}
</div>
```

JavaScript

```
const app = Vue.createApp({
  data() {
    return {
      // ウィンドウサイズ
      width: window.innerWidth,
      height: window.innerHeight
    }
  },
  created() {
    // イベントハンドラを登録
    addEventListener('resize', this.resizeHandler);
  },
  beforeUnmount() {
    // イベントハンドラを解除
    removeEventListener('resize', this.resizeHandler);
  },
  methods: {
    // イベントハンドラ
    resizeHandler($event) {
      // 現在のウィンドウサイズでプロパティを更新
      this.width = $event.target.innerWidth;
      this.height = $event.target.innerHeight;
    }
  }
```

```
})
const vm = app.mount('#app');
```

リスト3を実行すると、現在のウィンドウサイズが表示されます（図3）。

図3 resizeイベントのハンドリング

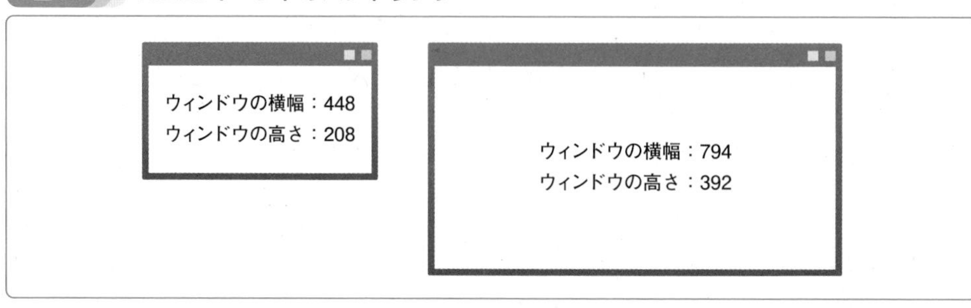

イベントハンドラが受け取る引数

イベントが発生したとき、ブラウザは、**イベントオブジェクト**という特別なオブジェクトを生成してイベントハンドラの引数で渡してくれます。イベントオブジェクトの中には、イベントが発生したDOMノードそのものを表すtargetオブジェクトや、そのイベントに関する様々な情報が格納されています。

Vue.jsでは$eventという変数名でイベントオブジェクトを受け取ります。先ほど見たリスト3では、resizeイベントの発生元はwindowオブジェクトなので、targetにはwindowオブジェクトが代入されています。そのため、windowオブジェクトが持っているinnerWidthやinnerHeightといったプロパティをtargetから引き出すことができます。

マウスでクリックした場所の座標値を追跡する例を見てみましょう（リスト4）。

リスト4 mousemoveイベントのハンドリング

HTML

```html
<div id="app">
  <p>マウスカーソルの位置：{{point.x}}, {{point.y}}</p>
</div>
```

JavaScript

```javascript
const app = Vue.createApp({
  data() {
    return {
      point: {
```

```
        x: 0,
        y: 0
      }
    }
  },
  created() {
    // イベントハンドラを登録
    addEventListener('mousemove', this.mousemoveHandler);
  },
  beforeUnmount() {
    // イベントハンドラを解除
    removeEventListener('mousemove', this.mousemoveHandler);
  },
  methods: {
    // イベントハンドラ
    mousemoveHandler($event) {
      this.point.x = $event.clientX;
      this.point.y = $event.clientY;
    }
  }
})
const vm = app.mount('#app');
```

マウスカーソルを動かすたびにイベントハンドラが実行されます。イベントオブジェクトのclientXプロパティとclientYプロパティには現在のマウスカーソルの座標値が入っているので、アプリケーション側にもx座標とy座標を持ったpointプロパティを用意して、値の更新を行っています（画面1）。

▼**画面1　イベントの情報を利用する**

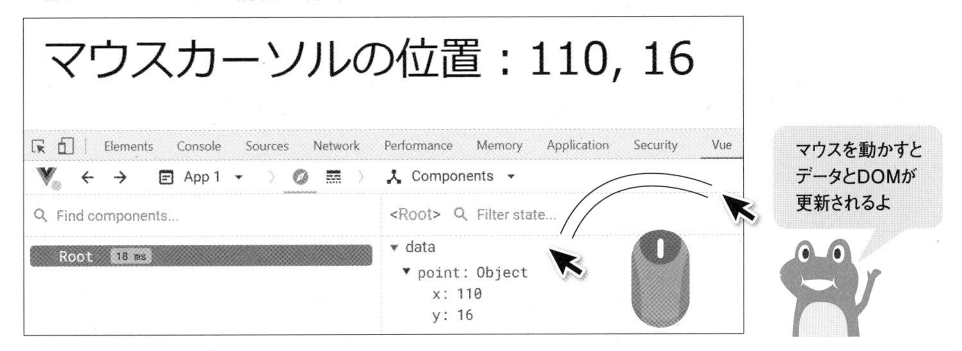

2-8 ウォッチャ（データの変更を監視する）

ウォッチャとは？

ウォッチャとは、データの変更を監視してくれる機能です。監視したいデータと、データが変更されたときに実行したいハンドラをあらかじめ登録しておけば、Vue.jsが自動的にデータの変更を検知してハンドラを呼び出してくれます。

感覚的には2-7節のイベントハンドリングと似ていますが、ハンドラが呼び出されるタイミングがイベントではなくデータの変更である点が異なります（図1）。

図1 ウォッチャの概念イメージ

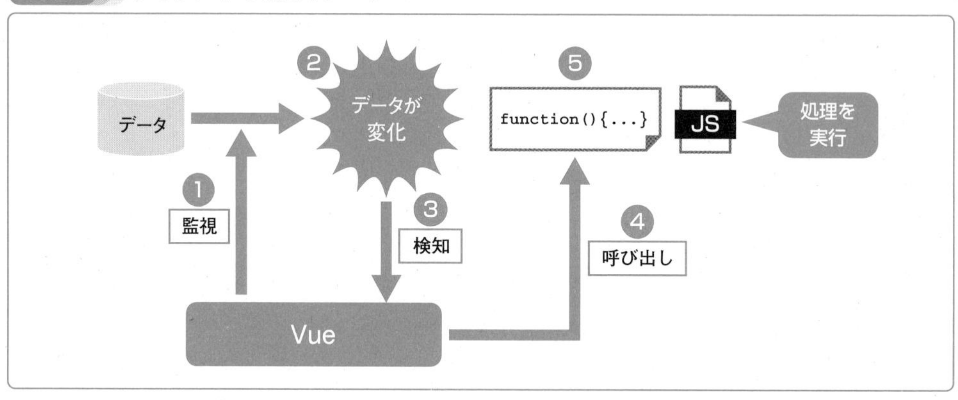

1-3節で解説したように、dataオプションに登録したデータはVue.jsの監視下に置かれることによって、データバインディングのようなリアクティブな振る舞いが可能になります。ウォッチャもまた、リアクティブシステムを特徴付ける機能と言えるでしょう。

ウォッチャの登録

ウォッチャは、watchオプションに登録します。

書式

```
watch: {関数オブジェクト}
```

ハンドラは、メソッドやフィルター、算出プロパティなどと同様に、関数オブジェクトとして定義します。関数の名前は、監視したいプロパティの名前を使います。ウォッチャに登録した関数オブジェクトは、監視対象のデータが変化した後の値を第一引数で受け取り、変化する前の値を第二引数で受け取ることができます（引数を使うかどうかは任意です）。

ウォッチャを使って、2-7節リスト1（78ページ）を改善してみましょう（リスト1）。

リスト1 ウォッチャの使用例

HTML

```
<div id="app">
  <template v-if="stock >= 1">
    <span class="num">残り{{stock}}個</span>
    <button class="btn" v-on:click="onDeleteItem">削除</button>
  </template>
  {{message}}
</div>
```

JavaScript

```
const app = Vue.createApp({
  data() {
    return {
      stock: 10,
      message: ''
    }
  },
  methods: {
    // 削除ボタンのクリックイベントハンドラ
    onDeleteItem() {
      this.stock--;
    }
  },
  watch: {
    // 在庫数が変化したとき呼び出されるハンドラ
    stock(newStock, oldStock) {
      if (newStock === 0) {
        this.message = '売り切れ';
      }
    }
  }
})
const vm = app.mount('#app');
```

リスト1の動作は2-7節の図2（79ページ）と全く同じですが、在庫が0になったときmessageの内容が自動的に更新されるので、テンプレート側にmessageを表示するかどうかの条件分岐を記述する必要がなくなり、HTMLが少しだけすっきりしました。

算出プロパティとウォッチャの使い分け

リスト1のウォッチャは算出プロパティに置き換えることができます（リスト2）。

リスト2 算出プロパティへの置き換え

HTML

```
<div id="app">
  <template v-if="stock >= 1">
    <span class="num">残り{{stock}}個</span>
    <button class="btn" v-on:click="onDeleteItem">削除</button>
  </template>
  {{message}}
</div>
```

JavaScript

```
const app = Vue.createApp({
  data() {
    return {
      stock: 10
    }
  },
  methods: {
    // 削除ボタンのクリックイベントハンドラ
    onDeleteItem() {
      this.stock--;
    }
  },
  computed: {
    // メッセージを返す算出プロパティ
    message() {
      if (this.stock === 0) {
        return '売り切れ';
      }
      return '';
    }
  }
})
const vm = app.mount('#app');
```

このように、対象とするプロパティが返すデータを、アプリケーションに保持された他のデータの状態に応じて切り替えたい場合は、算出プロパティを使ったほうがよいでしょう。

しかし、返したいデータをアプリケーションの外部から取得しなければならない場合、算出プロパティではハンドラが処理を終えるまで再描画されないので、ユーザーを待たせてしまいます。ウォッチャなら、Ajaxと呼ばれる非同期通信（第4章で解説）を使ってユーザーの待ち時間を軽減したり、ブラウザに重い負荷がかからないようにハンドラの実行頻度を調整したりできるので、より快適なインターフェースを提供できます。

ウォッチャで算出プロパティを監視する

dataオプションのプロパティだけでなく、computedオプションの算出プロパティを監視することもできます。リスト2の算出プロパティmessageを監視して、メッセージが変化したときにコンソールにログを出力するようにしてみましょう（リスト3）。

リスト3 算出プロパティを監視する

JavaScript

```
const app = Vue.createApp({
  data() {
    return {
      stock: 10
    }
  },
  methods: {
    // 削除ボタンのクリックイベントハンドラ
    onDeleteItem() {
      this.stock--;
    }
  },
  computed: {
    // メッセージを返す算出プロパティ
    message() {
      if (this.stock === 0) {
        return '売り切れ';
      }
      return '';
    }
  },
  watch: {
    // メッセージの変化を監視するウォッチャ
    message() {
      console.log('商品のステータスが変化しました。');
    }
  }
```

```
})
const vm = app.mount('#app');
```

☑ Point ウォッチャが役立つ場面

・データが更新されたとき、サーバー間の通信など重い処理が発生する場面。
・ユーザーの操作によって、高い頻度で処理が発生する場面。

2-9 フォーム入力バインディング（データと入力を同期する）

双方向のデータバインド

フォーム入力バインディングは、コンポーネントが持つデータと、ユーザーがフォームコントロール（テキストボックスやラジオボタンなど）から入力する内容を双方向にバインドする機能です（図1）。

図1　フォーム入力バインディングの概念イメージ

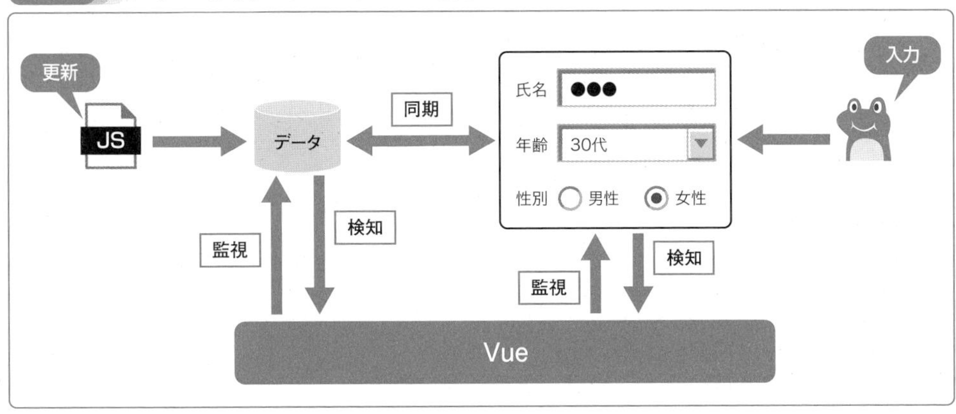

フォーム入力をバインドするには、v-modelディレクティブを使います。

書式

```
<要素名 v-model="プロパティ名">
```

2-6節リスト1（73ページ）から、うるう年の判定ロジックを取り除いてフォーム入力バインディングだけを残すと次のようになります（リスト1）。

リスト1　単純なフォーム入力バインディング

HTML

```html
<div id="app">
  <input type="number" v-model="year"><br>
  {{year}}
</div>
```

JavaScript

```javascript
const app = Vue.createApp({
  data() {
```

```
    return {
      // 初期値は当年
      year: (new Date()).getFullYear()
    }
  }
})
const vm = app.mount('#app');
```

リスト1を実行すると、あらかじめ今年の西暦が入力されたテキストボックスが表示されます（画面1）。

▼画面1　初期値が設定されたフォームコントロール

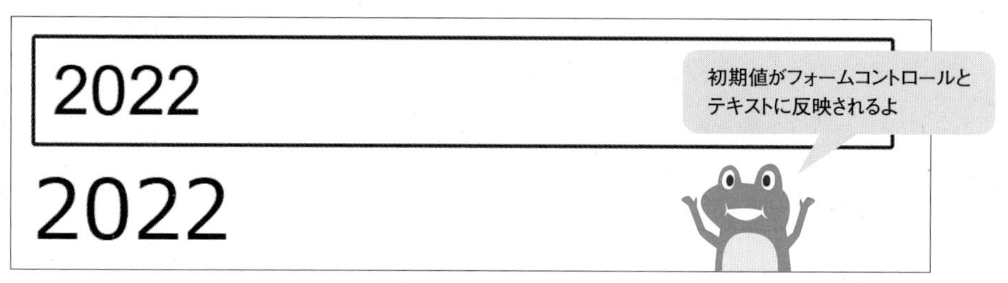

アプリケーション側であらかじめyearに初期値を設定しているので、そのままDOMに反映されます。ここまでは通常のデータバインディングと全く同じですが、テキストボックスの中身を書き換えると、テキストボックスの下にバインドしている{{year}}の部分も表示が変わります（画面2）。

▼画面2　フォームの入力値が変わるとデータも変わる

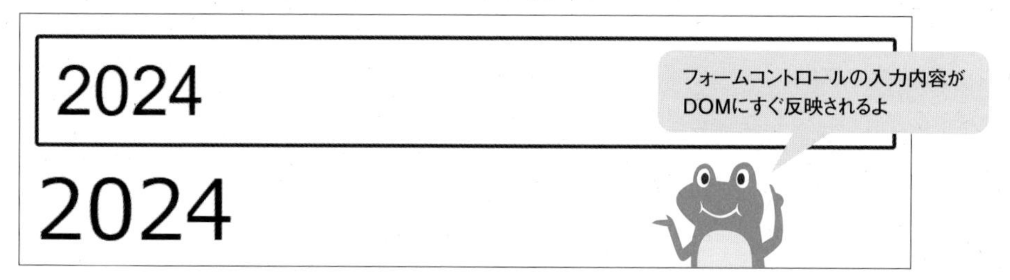

いったい何が起こっているのでしょうか？　実はこのときVue.jsの中では、2-7節で学んだイベントハンドリングが行われています。フォームコントロールに文字を入力するとinputイベントが発生し、ひらがなや漢字を入力している場合は Enter キーで入力候補を確定するとchangeイベントが発生します。このタイミングでVue.jsは、v-modelに指定したプロパティに現在の入力内容を代入します。すると、Vue.jsのリアクティブシステムによって「入力内容の変化→データの更新→DOMに反映」という流れが自動化されます。

ここで1つ重要なことがあります。通常、HTMLのフォームコントロールに初期値を設定するにはvalue属性、checked属性、selected属性を使いますが、v-modelを指定したフォームコントロールでは、それらの設定値が無視されます。v-modelを指定したフォームコントロールはVue.jsの監視下に置かれ、バインドしているデータが優先されるからです。そのため、アプリケーション側のdataオプションで初期値を設定しておく必要があります。

Point v-modelを使ったフォームコントロールの初期値

- value属性、checked属性、selected属性を指定しても無視される。
- 初期値はアプリケーション側で設定しなければならない。

テキストボックス（改行できない入力欄）

テキストボックスへのバインドは次のように行います。

書式

```
<input type="text" v-model="プロパティ名">
```

キーボードが半角入力モードのときは1文字入力するごとにDOMに反映されますが、全角入力モードのときは、Enterキーで入力候補を確定するまでDOMに反映されません。入力モードに関係なく1文字入力するごとにDOMに反映したいときは、v-modelに頼らずに、v-bindでデータバインドを行い、v-onでinputイベントをハンドリングします（リスト2）。

リスト2 入力文字をDOMへリアルタイムに反映する

HTML

```
<div id="app">
  <input type="text" v-on:input="yearInputHandler" v-bind:value="year"><br>
  {{year}}
</div>
```

JavaScript

```
const app = Vue.createApp({
  data() {
    return {
      // 初期値は当年
      year: (new Date()).getFullYear()
    }
  },
  methods: {
    //「年」のinputイベントハンドラ
```

```
    yearInputHandler($event) {
      // 直接データを更新する
      this.year = $event.target.value;
    }
  }
})
const vm = app.mount('#app');
```

☑ Point 文字入力をリアルタイムに反映する

日本語入力をリアルタイムに反映するには、inputイベントハンドラを利用する。

テキストエリア(改行できる入力欄)

テキストエリアへのバインドは次のように行います。

書式

```
<textarea v-model="プロパティ名"></textarea>
```

HTMLでは<textarea>…</textarea>で囲まれた内側にテキストを記述しますが、Vue.jsでは次のように記述しても双方向のバインドにならないことに注意しましょう(リスト3)。

リスト3 一方通行のバインディング

HTML

```
<div id="app">
  <textarea>{{message}}</textarea><br>
  入力内容:{{message}}
</div>
```

JavaScript

```
const app = Vue.createApp({
  data() {
    return {
      message: 'これは一方通行のバインドです。'
    }
  }
})
const vm = app.mount('#app');
```

リスト3はmessageの初期値をテキストエリア内に描画しますが、入力内容を変更してもmessageは更新されません（画面3）。

▼画面3　一方通行のバインディング

テキストを変更しても下のメッセージは変わりません。
入力内容：これは一方通行のバインドです。

フォームコントロールの入力内容を更新してもDOMに反映されない

単にテキストエリアに描画する初期値をデータバインドしたい場合はリスト3でよいのですが、入力内容をアプリケーション側に伝えたい場合はv-modelを使いましょう。

チェックボックス

単体のチェックボックスを扱う場合と、複数のチェックボックスをグループ化して扱う場合とで、データの扱い方が少し異なります。

単体のチェックボックス

単体のチェックボックスは次のようにバインドします。

書式
```
<input type="checkbox" v-model="プロパティ名">
```

v-modelでバインドしたプロパティには真偽値（trueまたはfalse）が設定されます。チェックをつけた場合はtrue、チェックをつけなかった場合はfalseが代入されることになるので、プロパティをそのまま描画すると、"true"や"false"という文字列が表示されてしまいます。

そこで、真偽値ではなく文字列をバインドする方法が用意されています。チェックボックスに特別な属性true-valueとfalse-valueを使うと、真偽値の代わりに任意の文字列をバインドできます（リスト4）。

リスト4　チェックボックスに文字列をバインドする

HTML
```
<div id="app">
  <p>ケーキはお好きですか？：{{answer}}</p>
  <input id="cake" type="checkbox" v-model="answer"
         true-value="はい" false-value="いいえ">
  <label for="cake">チェックしてください</label>
</div>
```

JavaScript

```
const app = Vue.createApp({
  data() {
    return {
      answer: 'はい'  // チェックボックスを操作する前の初期値
    }
  }
})
const vm = app.mount('#app');
```

v-modelでバインドしたプロパティanswerに、true-valueまたはfalse-valueに指定した文字列を与えると、チェック状態と連動します(画面4)。

▼画面4　チェックボックスに文字列をバインドする

ケーキはお好きですか?:はい	ケーキはお好きですか?:いいえ
☑チェックしてください	☐チェックしてください

自分で決めた文字列でバインドできるよ

複数のチェックボックス

アンケートフォームなどで回答を複数選択可能とする場合に、複数のチェックボックスをグループ化する必要があります。このとき、1つ1つのチェックボックスに別々のプロパティをバインドするのではなく、**グループに対して1つのプロパティをバインドする**ことを覚えておきましょう。

書式

```
<input type="checkbox" v-model="プロパティ名" value="値1">
<input type="checkbox" v-model="プロパティ名" value="値2">
<input type="checkbox" v-model="プロパティ名" value="値3">
```

バインドしたプロパティは、チェックをつけたチェックボックスのvalue値を要素とする配列になります(図2)。

図2 複数のチェックボックス

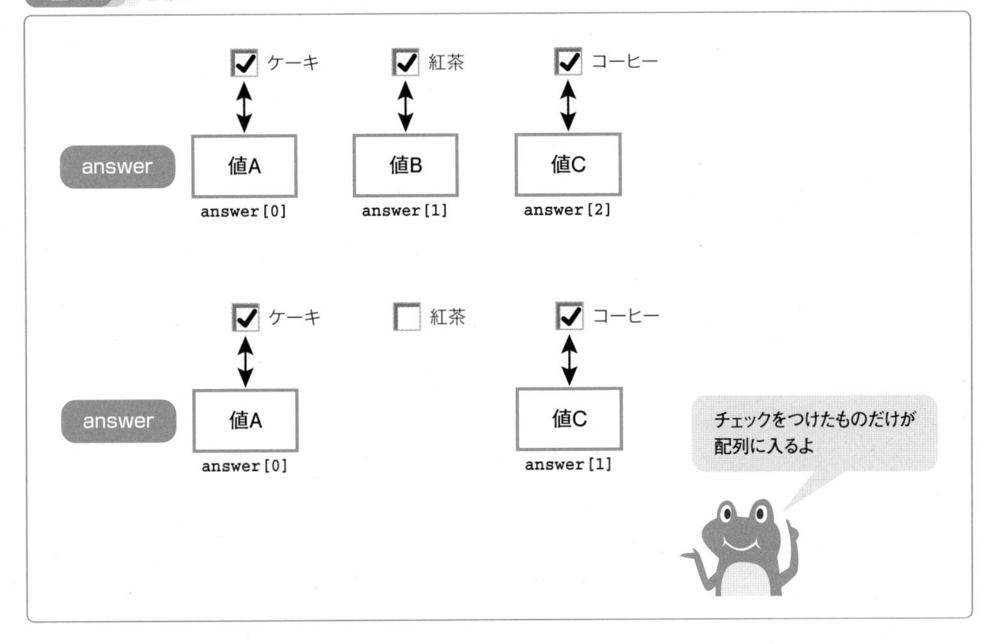

3つの選択肢をグループ化した例を示します（リスト5）。

リスト5 グループ化したチェックボックスにバインドする

HTML
```
<div id="app">
  <p>ご注文をお選びください：{{selection}}</p>
  <label>
    <input type="checkbox" v-model="answer" value="ケーキ">ケーキ
  </label>
  <label>
    <input type="checkbox" v-model="answer" value="紅茶">紅茶
  </label>
  <label>
    <input type="checkbox" v-model="answer" value="コーヒー">コーヒー
  </label>
</div>
```

JavaScript
```
const app = Vue.createApp({
  data() {
    return {
      answer: []
```

```
    }
  },
  computed: {
    // チェック内容を連結した文字列を返す算出プロパティ
    selection() {
      return this.answer.join();
    }
  }
})
const vm = app.mount('#app');
```

　バインドされるデータは配列なので、あらかじめ空の配列[]を宣言しておきます。また、配列のままでは描画がやりにくいので、リスト5ではJavaScriptのjoin()関数で配列要素を連結した文字列を返す算出プロパティを使っています（画面5）。

▼画面5　グループ化したチェックボックスをバインドする

ご注文をお選びください：コーヒー,ケーキ

☑ケーキ ☐紅茶 ☑コーヒー

文字列に変換する算出プロパティを用意しておくと便利

☑ Point　チェックボックスにバインドされるデータの型

- 単体のチェックボックスは真偽値（trueまたはfalse）。
- 複数のチェックボックスは文字列型の配列。

ラジオボタン（2つ以上の選択肢から1つを選ぶ）

　ラジオボタンは次のようにバインドします。

書式

```
<input type="radio" v-model="プロパティ名" value="値1">
<input type="radio" v-model="プロパティ名" value="値2">
<input type="radio" v-model="プロパティ名" value="値3">
```

　複数のチェックボックスをグループ化する場合と同様に、ラジオボタンにバインドするプロパティにはvalue値が代入されます。

　3つの選択肢から1つを選択する例を示します（リスト6）。

リスト6 ラジオボタンにバインドする

HTML

```
<div id="app">
  <p>当店のサービスはいかがでしたか？：{{answer}}</p>
  <label>
    <input type="radio" v-model="answer" value="素晴らしい">素晴らしい
  </label>
  <label>
    <input type="radio" v-model="answer" value="普通">普通
  </label>
  <label>
    <input type="radio" v-model="answer" value="まだまだ">まだまだ
  </label>
</div>
```

JavaScript

```
const app = Vue.createApp({
  data() {
    return {
      answer: '選択してください'
    }
  }
})
const vm = app.mount('#app');
```

ラジオボタンはグループ内で常に1つしか選択できないので、バインドしたプロパティは配列ではなく文字列型となります。リスト6を実行すると、ラジオボタンを選択するまでは「選択してください」が表示され、選択するとvalue値が表示されます（画面6）。

▼画面6　ラジオボタンにバインドする

当店のサービスはいかがでしたか？：選択してください

○素晴らしい ○普通 ○まだまだ

当店のサービスはいかがでしたか？：素晴らしい

◉素晴らしい ○普通 ○まだまだ

文字列がバインド
されるので扱いやすいね

セレクトボックス（プルダウン方式の入力欄）

あまり見かけないかもしれませんが、セレクトボックスにmultiple属性をつけると複数選択が可能になります（これはHTMLの仕様です）。単一選択の場合と複数選択の場合とで、データの扱いが少し異なります。

単一選択の場合

multiple属性をつけないセレクトボックスは単一選択になります。単一選択のセレクトボックスは次のようにバインドします。

書式

```
<select v-model="プロパティ名">
  <option value="値1">選択肢1</option>
  <option value="値2">選択肢2</option>
  <option value="値3">選択肢3</option>
</select>
```

単一選択のセレクトボックスにバインドする例を示します（リスト7、画面7）。

リスト7 単一選択のセレクトボックスにバインドする

HTML

```
<div id="app">
  <p>当店のご利用頻度は？：{{answer}}</p>
  <select v-model="answer">
    <option disabled value="">選択してください</option>
    <option value="初めて">初めて</option>
    <option value="週1回以上">週1回以上</option>
    <option value="月2回以上">月2回以上</option>
    <option value="半年に1回">半年に1回</option>
  </select>
</div>
```

JavaScript

```
const app = Vue.createApp({
  data() {
    return {
      answer: ''
    }
  }
})
const vm = app.mount('#app');
```

▼画面7　単一選択のセレクトボックスにバインドする

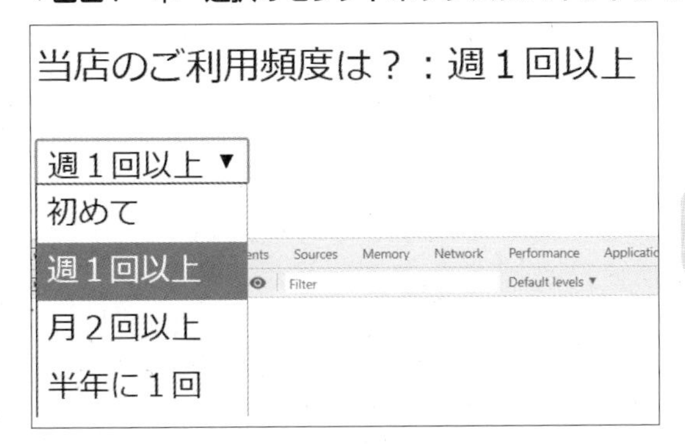

文字列に変換する算出プロパティを用意しておくと便利

単一選択のセレクトボックスにバインドされる値は文字列型になります。

複数選択の場合

複数選択のセレクトボックスも、バインドの方法は単一選択の場合と同じです。

書式
```
<select v-model="プロパティ名" multiple>
  <option value="値1">選択肢1</option>
  <option value="値2">選択肢2</option>
  <option value="値3">選択肢3</option>
</select>
```

ただし、複数選択のセレクトボックスにバインドするプロパティは配列になるので、アプリケーションのdataオプションに配列を用意しておくことに注意しましょう（リスト8）。

リスト8　複数選択のセレクトボックスにバインドする

HTML
```
<div id="app">
  <p>分類：{{seletedCategory}}</p>
  <select v-model="category" multiple>
    <option value="宿泊費">宿泊費</option>
    <option value="食費">食費</option>
    <option value="交通費">交通費</option>
  </select>
</div>
```

JavaScript
```
const app = Vue.createApp({
  data() {
    return {
```

```
      category: []
    }
  },
  computed: {
    // 選択された分類を返す算出プロパティ
    seletedCategory() {
      // 1件以上選択されている場合、選択された値を連結した文字列を返す
      return this.category.length >=1 ? this.category.join() : '';
    }
  }
})
const vm = app.mount('#app');
```

実行結果は次のようになります（画面8）。

▼画面8　複数選択のセレクトボックスにバインドする

分類：宿泊費,食費

複数選択するには Shift キーを押したまま
選択肢をクリックするよ

セレクトボックスの選択肢にバインドする

セレクトボックスの選択肢を動的に生成したい場合は、option要素のvalue値と要素内容を持つオブジェクトの配列を用意して、v-for（59ページ）を使って繰り返し出力します（リスト9）。

リスト9　セレクトボックスの選択肢にバインドする

HTML

```
<div id="app">
  <p>当店のご利用頻度は？：{{answer}}</p>
  <select v-model="answer">
    <option disabled value="">選択してください</option>
    <option v-for="item in options"
            v-bind:value="item.label" v-bind:key="item.code">
      {{item.label}}
    </option>
  </select>
</div>
```

JavaScript
```
const app = Vue.createApp({
  data() {
    return {
      // 回答内容（選択された値）
      answer: '',
      // 選択肢に表示する配列データ
      options: [
        {code: 'ans1', label: '初めて'},
        {code: 'ans2', label: '週１回以上'},
        {code: 'ans3', label: '月２回以上'},
        {code: 'ans4', label: '半年に１回'}
      ]
    }
  }
})
const vm = app.mount('#app');
```

カレンダー（日付の入力欄）

とある商品の購入ページで、到着希望日をカレンダーで入力する例を示します（リスト10）。

リスト10 カレンダーにバインドする

HTML
```
<div id="app">
  <p>ご希望到着日：{{arrival_date}}</p>
  <input type="date" v-model="arrival_date">
</div>
```

JavaScript
```
const app = Vue.createApp({
  data() {
    return {
      arrival_date: this.formatDate(new Date())
    }
  },
  methods : {
    // 日付を YYYY-MM-DD に整形するメソッド
    formatDate(dt) {
```

```
        return [
          dt.getFullYear(),
          ('00' + (dt.getMonth()+1)).slice(-2),
          ('00' + dt.getDate()).slice(-2)
        ].join('-');
      }
    }
})
const vm = app.mount('#app');
```

リスト10を実行すると、input要素には当日日付が最初から表示されます(画面9)。

▼画面9 カレンダーにバインドする

カレンダーの外観は
ブラウザによって異なるよ

HTMLの仕様上、type="date"のinput要素に設定できる初期値はYYYY-MM-DD形式の文字列でなければなりません。そのため、当日日付をYYYY-MM-DD形式に整形した文字列をarrival_dateプロパティの初期値に設定しています。

応用例1(日付の選択範囲を制限する)

リスト10では、注文する時間によっては商品の発送が間に合いません。また、最初は当日日付が表示されますが、カレンダーでは過去の日付も選択できてしまうので、トラブルの元になりかねません。

そこで、ユーザーの誤入力を防止するために、翌日以降の日付しか選択できないようにリスト10を改善してみましょう(リスト11)。

リスト11 カレンダーの選択範囲を制限する

HTML
```
<div id="app">
  <p>ご希望到着日：{{arrival_date}}</p>
  <input type="date" v-model="arrival_date" v-bind:min="min_date">
</div>
```

JavaScript
```
const app = Vue.createApp({
  data() {
    return {
      arrival_date: null,
      min_date: null
    }
  },
  created() {
    // 翌日の日付を初期値とする
    let dt = new Date();
    dt.setDate(dt.getDate() + 1);
    this.arrival_date = this.formatDate(dt);
    // 翌日の日付を最小値とする
    this.min_date = this.arrival_date;
  },
  methods : {
    // 日付を YYYY-MM-DD に整形するメソッド
    formatDate(dt) {
      return [
        dt.getFullYear(),
        ('00' + (dt.getMonth()+1)).slice(-2),
        ('00' + dt.getDate()).slice(-2)
      ].join('-');
    }
  }
})
const vm = app.mount('#app');
```

HTMLの仕様で、日付コントロールのmin属性に日付を設定すると、それよりも前の日付は選択できなくなります。あらかじめcreatedライフサイクルフックで明日の日付を代入したプロパティを用意しておき、min属性にバインドしています。リスト11を実行すると、input要素には明日の日付が表示され、明日以降の日付しか選択できません（画面10）。

▼画面10　カレンダーの選択範囲を制限する

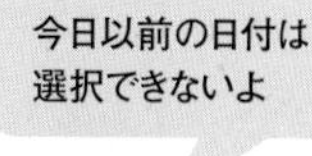

応用例2（レンジ入力とカラー選択を同期する）

スライダーを動かして大まかな数値を入力できるtype="range"や、カラーパレットから色を選択できるtype="color"もデータバインドできます。2-8節で学んだウォッチャを利用して、この2つを連動させてみましょう（リスト12）。

リスト12　フォームコントロールの同期

HTML

```
<div id="app">
  <fieldset>
    <legend>あなたの好きな色は？</legend>
    <input type="color" v-model="color"> {{color}}<br>
    赤：<input type="range" v-model.number="red" min="0" max="255"> {{red}}<br>
    緑：<input type="range" v-model.number="green" min="0" max="255"> {{green}}<br>
    青：<input type="range" v-model.number="blue" min="0" max="255"> {{blue}}<br>
  </fieldset>
</div>
```

JavaScript

```
const app = Vue.createApp({
  data() {
    return {
      color: '#000000',
      red: 0,
      blue: 0,
```

```
      green: 0
    }
  },
  computed: {
    // 赤・緑・青を配列で返す算出プロパティ
    colorElement() {
      return [this.red, this.green, this.blue];
    }
  },
  watch: {
    // 赤・緑・青のいずれかの変更を監視する
    colorElement(newRGB, oldRGB) {
      // 赤・緑・青を2桁の16進数表記に変換する
      let r = ('00' + newRGB[0].toString(16).toUpperCase()).slice(-2);
      let g = ('00' + newRGB[1].toString(16).toUpperCase()).slice(-2);
      let b = ('00' + newRGB[2].toString(16).toUpperCase()).slice(-2);
      // #RRGGBB 形式の文字列にする
      this.color = '#' + r + g + b;
    },
    // カラーパレットの選択変更を監視する
    color(newColor, oldColor) {
      this.red = parseInt(newColor.substr(1,2), 16);
      this.green = parseInt(newColor.substr(3,2), 16);
      this.blue = parseInt(newColor.substr(5,2), 16);
    }
  }
})
const vm = app.mount('#app');
```

リスト12を実行してみましょう。カラーパレットで色を選択するとスライダーが動き、スライダーを動かすとカラーパレットの色が変わります（画面11）。

▼画面11　フォームコントロールの同期

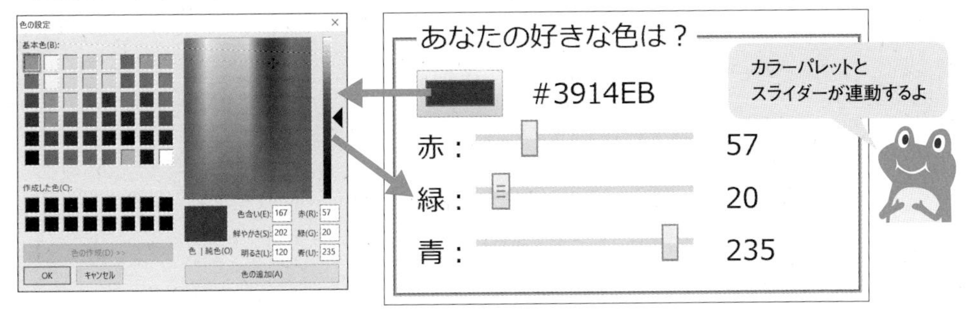

この例には、重要なポイントが3つあります。

1つ目は、type="range"のスライダーでは0から255までの範囲の数値を入力させようとしていますが、HTMLの仕様上、input要素からの入力値は文字列型なので、後述する.number修飾子をつけて数値型に変換しなければならない点です。

2つ目は、カラーパレットとスライダーのどちらかを変更したときにもう一方の値を更新するために、ウォッチャを使ってそのタイミングを監視している点です。

3つ目は、red、green、blueの3つのプロパティに対して1つ1つウォッチャを定義するとプログラムが煩雑になるので、red、green、blueを配列に詰め込んで返す算出プロパティをcolorElementという名前で定義し、この算出プロパティをウォッチャで監視している点です。ウォッチャの監視対象が配列の場合、配列要素のどれか1つでも更新されればハンドラが呼び出される性質を利用しています。

制御をサポートする３つの修飾子

v-modelディレクティブには、フォーム入力バインディングをサポートする3つの修飾子が用意されています。修飾子はv-modelに続けて、v-model.lazyのように使います。

.lazy（入力値が変わるとすぐに同期する）

.lazy修飾子を指定したフォームコントロールは、changeイベントが発生したタイミングでデータバインドが行われます。テキストボックスやテキストエリアが全角入力モードのとき、入力候補を確定したタイミングではなく、入力欄からフォーカスを外したときはじめてDOMが更新されます。

.number（入力値を自動で数値型に変換する）

.number修飾子を指定したフォームコントロールは、バインドしているプロパティに数値型の値が代入されます。ブラウザのデフォルト仕様ではinput要素が持つ値は文字列型であることに加えて、JavaScriptはデータ型に関する制約が緩く、「数字（＝文字列）」と「数値（＝文字列ではない）」を相互に代入することができてしまいます。そのため、数値をバインドする場合は.numberをつけて、意図しない動作を防いだほうがよいでしょう。

.trim（余分なスペースを取り除く）

.trim修飾子をテキストボックスやテキストエリアにつけておくと、入力された文字列の前後に空白（スペース）や改行などがついていた場合に自動的に除去してからデータに代入してくれます。ユーザーの誤入力を防止するために役立ちます。

2-10 トランジション（表示の切り替えを滑らかにする）

トランジションとは？

　トランジション（transition）とは、要素がフワッと浮き上がる心地よい表示効果を与えたり、要素の色や大きさなどを連続的に変化させてアニメーション効果を与えたりできる機能です。Vue.jsは、スタイルシートを利用したCSSトランジションと、リアクティブデータを使ったトランジションをサポートしています。本書ではCSSトランジションの基本事項のみ解説します。

　CSSトランジションの本質は、**数値で表現できる量を2つの状態間で連続的に変化させる**ことです。TVアニメや映画をイメージするとわかりやすいでしょう。一般的にTVアニメや映画は1秒間を24コマ、TV番組は30コマに分割して滑らかな映像を表現しています。1つ1つのコマをフレームと呼び、フレーム数が多いほど、途切れなく滑らかに見えます。

CSSトランジション

　CSSのtransitionプロパティを使うと、2つの状態間のスタイルをブラウザが連続的に変化させてくれるので、簡易なアニメーションが実現できます。CSSのopacityプロパティを使ったフェードイン／フェードアウトのイメージを見ておきましょう（図1）。

図1　CSSトランジションによるフェードイン／フェードアウト

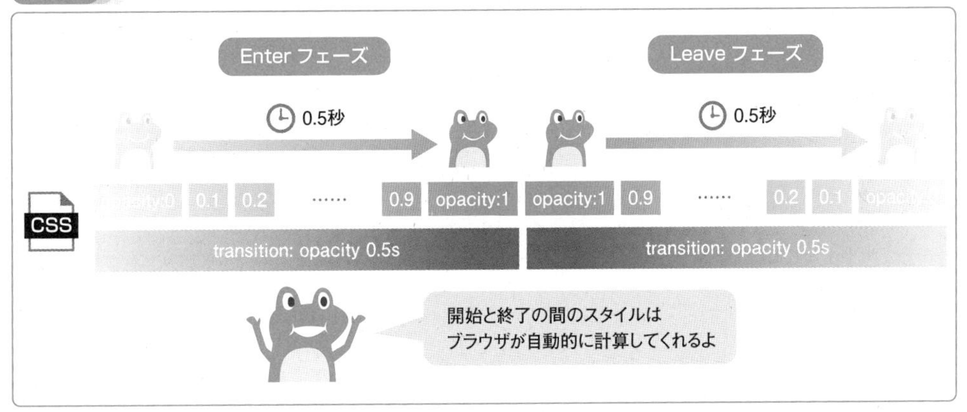

　トランジションは前半（Enterフェーズ）と後半（Leaveフェーズ）の2つのフェーズに分かれ、前半では3つのスタイルが使われています。トランジション開始前のスタイル（opacity:0）、トランジション終了後のスタイル（opacity:1）、トランジションの継続に必要なスタイル（transitionプロパティ）の3つです。後半も同様に、トランジション開始前のスタイル（opacity:1）、トランジション終了後のスタイル（opacity:0）、トランジションの継続に必要なスタイル（transitionプロパティ）の3つが使われています。

このように、役割の異なる6つのスタイルを時間の経過に合わせて適用したり解除したりすることによって、様々なエフェクトを生み出すことができます。

通常、6つのスタイルはclass名をつけて管理しますが、要素にclassを動的に適用したり解除したりするにはJavaScriptを使わねばならず、自分で記述するのは大変です。しかし、Vue.jsが定めているルールに沿ったclass名を使えば、classの適用と解除はVue.jsが行ってくれます。Vue.jsが定めているデフォルトのclass名は次の通りです（表1）。

▼表1　CSSトランジションのデフォルトclass名

class名	役割
v-enter-from	Enterフェーズ開始前のスタイルを定義するclass
v-enter-to	Enterフェーズ終了時のスタイルを定義するclass
v-enter-active	Enterフェーズ継続中のスタイルを定義するclass
v-leave-from	Leaveフェーズ開始前のスタイルを定義するclass
v-leave-to	Leaveフェーズ終了時のスタイルを定義するclass
v-leave-active	Leaveフェーズ継続中のスタイルを定義するclass

v-enter-activeとv-leave-activeは、トランジションの継続時間や変化させたいCSSプロパティ名を指定するために使います（図2）。

図2　CSSトランジションに使う6つのclass

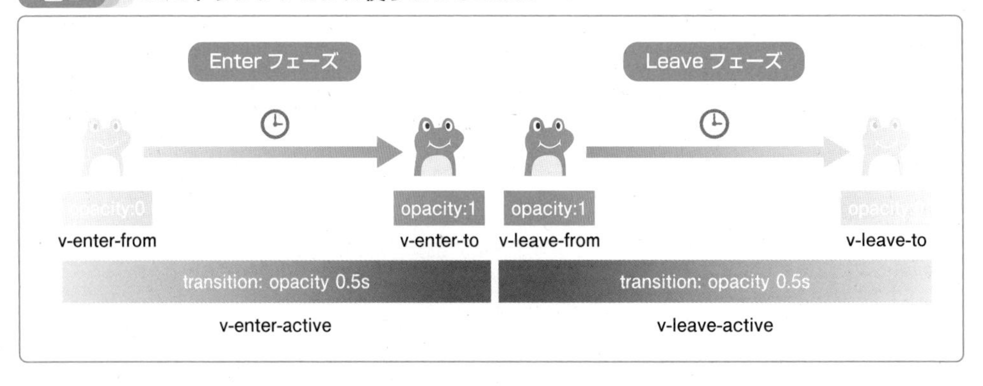

CSSトランジション用classの適用と解除をVue.jsに任せるには、トランジションを適用したい要素を<transition>タグで囲みます。

書式

```
<transition>～～</transition>
```

トランジションが発生するのは、<transition></transition>で囲んだ要素がDOMに挿入されたり削除されたりするタイミングです。ボタンで要素の表示と非表示を切り替える例を見ておきましょう（リスト1）。

リスト1 フェードイン・フェードアウト

HTML

```
<div id="app">
  <button v-on:click="show = !show">表示を切り替える</button>
  <transition>
    <p v-if="show">
      吾輩は猫である。名前はまだ無い。<br>
      どこで生れたかとんと見当がつかぬ。<br>
      何でも薄暗いじめじめした所でニャーニャー泣いていた事だけは記憶している。
    </p>
  </transition>
</div>
```

JavaScript

```
const app = Vue.createApp({
  data() {
    return {
      show: true
    }
  }
})
const vm = app.mount('#app');
```

CSS

```
/* Enterフェーズ開始前と、Leaveフェーズ終了後のスタイル */
.v-enter-from, .v-leave-to {
  opacity: 0;
}
/* Enterフェーズ終了時と、Leaveフェーズ開始時のスタイル */
.v-enter-to, .v-leave-from {
  opacity: 1;
}
/* Enterフェーズ継続中と、Leaveフェーズ継続中のスタイル */
.v-enter-active, .v-leave-active {
  transition: opacity 0.5s;
}
```

夏目漱石の「吾輩は猫である」の冒頭です。ボタンを押すたびにshowプロパティの値がfalse→true→false…と変わるので、v-ifの判定結果も交互に変化し、文章にトランジション効果がかかります（画面1）。

▼画面1　フェードイン・フェードアウト

表示を切り替える

吾輩は猫である。名前はまだ無い。
どこで生れたかとんと見当がつかぬ。
何でも薄暗いじめじめした所でニャーニャー泣いていた事だけは記憶している。

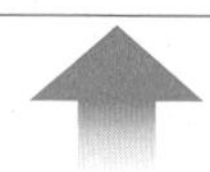

フェードインとフェードアウトがかかるよ

表示を切り替える

吾輩は猫である。名前はまだ無い。
どこで生れたかとんと見当がつかぬ。
何でも薄暗いじめじめした所でニャーニャー泣いていた事だけは記憶している。

このように、EnterフェーズとLeaveフェーズの動作が互いに逆再生の関係にある場合は、v-enter-fromとv-leave-to、v-enter-toとv-leave-from、v-enter-activeとv-leave-activeは同じスタイルを指定することになるので、リスト1のようにセレクタをまとめることができます。

また、デフォルトでは表示されている要素にはopacity:1を指定しなくてもよいので、v-enter-toとv-leave-fromは省略できます。

class名の先頭部分を自分で指定する

<transition name="fade">のように、<transition>要素にname属性を指定すると、先頭を「v-*」ではなく「fade-*」に付け替えたclass名が使えるようになります。「フェードはfadeで始まる」「スライドインはslideInで始まる」といったように、エフェクトの種類を表す名前をつけておくと管理しやすくなります（リスト2）。

リスト2　name属性値でエフェクトを分類する

HTML

```
<div id="app">
  <button v-on:click="show = !show">表示を切り替える</button>
  <transition name="fade">
    <p v-if="show">
      吾輩は猫である。名前はまだ無い。<br>
      どこで生れたかとんと見当がつかぬ。<br>
      何でも薄暗いじめじめした所でニャーニャー泣いていた事だけは記憶している。
    </p>
  </transition>
  <transition name="slideInLeft">
    <p v-if="show">
      吾輩は猫である。名前はまだ無い。<br>
```

```
      どこで生れたかとんと見当がつかぬ。<br>
      何でも薄暗いじめじめした所でニャーニャー泣いていた事だけは記憶している。
    </p>
  </transition>
</div>
```

JavaScript
```
const app = Vue.createApp({
  data() {
    return {
      show: true
    }
  }
})
const vm = app.mount('#app');
```

CSS
```
/* シンプルなフェードイン */
.fade-enter-from, .fade-leave-to {
  opacity: 0;
}
.fade-enter-active, .fade-leave-active {
  transition: opacity 0.5s;
}
/* 左からスライドイン */
.slideInLeft-enter-from, .slideInLeft-leave-to {
  opacity: 0;
  transform: translateX(-100%);
}
.slideInLeft-enter-to, .slideInLeft-leave-from {
  transform: translateX(0);
}
.slideInLeft-enter-active, .slideInLeft-leave-active {
  transition: opacity 0.5s, transform 0.5s;
}
```

カスタムトランジションクラス（class名を自分で指定する）

CSSトランジションの実装をサポートする外部のライブラリを使いたいとき、ライブラリ側で決まっているclass名を使わなければならないことがあります。そのような場合、次の属性を使えば、表1の代わりに、自分で指定したclass名が適用されるようになります（表2）。

▼表2　カスタムトランジションクラスを定義する属性名

属性名	役割
enter-from-class	Enterフェーズ開始前のスタイルを定義するclass
enter-to-class	Enterフェーズ終了時のスタイルを定義するclass
enter-active-class	Enterフェーズ継続中のスタイルを定義するclass
leave-from-class	Leaveフェーズ開始前のスタイルを定義するclass
leave-to-class	Leaveフェーズ終了時のスタイルを定義するclass
leave-active-class	Leaveフェーズ継続中のスタイルを定義するclass

外部のアニメーションライブラリanimate.cssを使って、ズーム効果を適用してみましょう（リスト3）。

リスト3　カスタムトランジションクラスの使用例

HTML

```
<link rel="stylesheet" href="https://cdnjs.cloudflare.com/ajax/libs/
animate.css/4.1.1/animate.min.css">
・・・中略・・・
<div id="app">
  <button v-on:click="show = !show">表示を切り替える</button>
  <transition name="zoom"
              enter-active-class="animate__animated animate__zoomIn"
              leave-active-class="animate__animated animate__zoomOut">
    <p v-if="show">
      吾輩は猫である。名前はまだ無い。<br>
      どこで生れたかとんと見当がつかぬ。<br>
      何でも薄暗いじめじめした所でニャーニャー泣いていた事だけは記憶している。
    </p>
  </transition>
</div>
```

JavaScript

```
const app = Vue.createApp({
  data() {
    return {
      show: true
    }.
  }
})
const vm = app.mount('#app');
```

CSS

```
/* animate.cssが用意してくれているので何も書かなくてOK! */
```

リスト3で使っているclass名はanimate.cssが提供しているclass名です。回転や振動など、手軽に使えるエフェクトがclass名で提供されているので、興味のある方は使ってみるとよいでしょう。

animate.css

https://animate.style/

Column 仮想DOMとは？

Vue.jsはデータとDOMを効率的に同期させるために、仮想DOMという仕組みを持っています。仮想DOMとは、Vue.jsの監視下にあるリアクティブデータに基づいてVue.jsがメモリー上に構築する仮想的なDOMです。リアクティブデータが変化すると、Vue.jsは実際のDOMを更新する前に仮想DOMに対して操作を行います。このときVue.jsは、本当に更新しなくてはならない差分だけを仮想DOMから抽出して、それを元にして実際のDOMへノードの追加や削除を行います。差分だけを適用することによって、描画処理のパフォーマンスを向上させています（図）。

図 仮想DOM

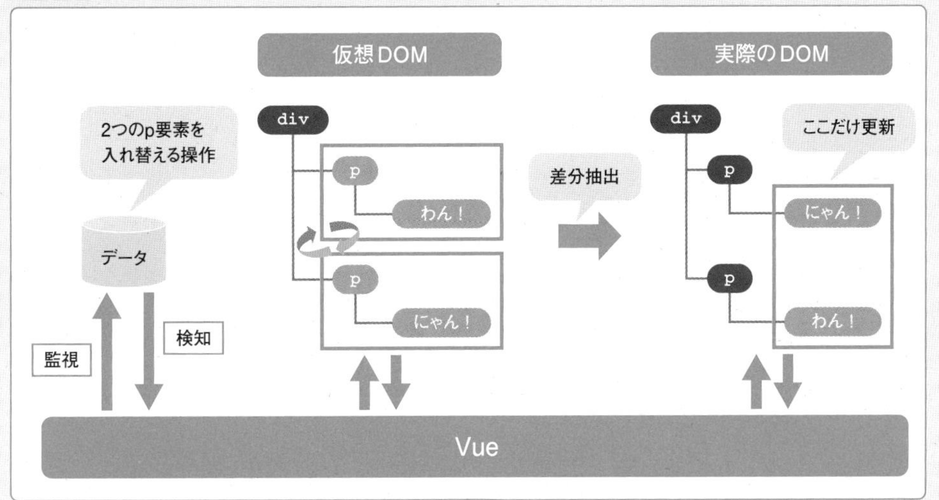

図は、2つのp要素にバインドしたデータを入れ替える処理を行ったとき、要素そのものを入れ替えるのではなく、要素内容のテキストノードだけを入れ替えることで、描画が効率化される様子を表しています。

言い換えると、Vue.jsはなるべく既存のノードを再利用しようとします。このことが原因で、思わぬ弊害が生じる場合があります。配列を繰り返して描画する場面や、v-ifディレクティブで描画を切り替える場面で、ノードとデータの対応関係にズレが生じてしまうことがあります。この問題を回避するために、要素にユニークなkey属性値をつけることで、Vue.jsにノードをきちんと区別させることが推奨されています（2-4節、62ページ）。

Column 「v-*」の省略記法について

Vue.jsの構文のうち、データバインドに使う「v-bind」とイベントハンドラの登録に使う「v-on」には、それぞれ省略記法があります。

書式

```
<!--省略なし-->
<要素名 v-bind:属性名="プロパティ名">

<!--省略記法-->
<要素名 :属性名="プロパティ名">
```

書式

```
<!--省略なし-->
<要素名 v-on:イベント名="メソッド名">

<!--省略記法-->
<要素名 @イベント名="メソッド名">
```

学習が進んでインターネット検索などで知識を増やしていくようになると、省略記法を使った記事をよく見かけると思います。v-bindとv-onは使用頻度の高いディレクティブなので、Vue.jsに慣れてきたら生産性をアップするために省略記法に移行してもよいでしょう。

第3章

Vue.jsで商品一覧を描画してみよう！

本章では、絞り込み検索機能を備えたECサイトの商品一覧ページを、Vue.jsを使って描画します。まずはHTMLとCSSだけでモックアップ（大雑把な模型）を作成し、段階的にVue.jsを適用していきます。何をデータ化して、どこをテンプレート化するか、といった発想の仕方に慣れていきましょう。

3-1 商品一覧ページの仕様

これから一緒に作り上げていく商品一覧ページの仕様を説明します。

初期表示

商品一覧ページの初期表示は次のようになります（画面1）。

▼画面1　初期表示

本来、ECサイトの商品データはあらかじめサーバーのデータベースに登録されたものをアプリケーションに読み込んで利用しますが、本章ではまだサーバーを使わないので、HTMLやJavaScriptに商品データを直接記述することにします。

最初は全ての商品を表示し、表示された商品の件数を画面左上に「検索結果　●件」と表示します。また、商品にはセール対象品と送料の有無があり、これらを絞り込むためのチェックボックスを画面右上に表示します。初期表示ではチェックがついていない状態とします。画面右上のセレクトボックスには検索結果の並び順を表示し、「標準」を選ぶと初期表示と同じ順番、「安い順」を選ぶと価格が安い順番に検索結果が並べ変わるものとします。

機能詳細

商品部分の表示

各商品はグリッド状のボックスとして表示します。ボックス内に表示する項目は、「商品画像」「商品名」「価格」「送料」です。送料無料の商品は「送料無料」と表示し、セール対象品は画像の左上に「SALE」のマークを重ねて表示します。

商品の絞り込み

チェックボックスにチェックをつけると、条件に該当する商品だけを検索します。「セール対象」にチェックをつけるとセール対象品だけを検索し、「送料無料」にチェックをつけると送料無料の商品だけを検索します。2つともチェックをつけた場合は、両方の条件に該当する商品（送料無料のセール対象品）だけを検索します。

商品の並べ替え

ユーザーが商品を比較しやすいように、セレクトボックスで商品一覧の並べ替えができるようにします（画面2）。

▼画面2　並べ替え機能

「標準」を選択すると、初期表示と同じ順番で表示します。「安い順」を選択すると、価格が安い順に商品を並べ替えて表示します。ただし、チェックボックスで絞り込んだ結果には影響を与えません。たとえば「セール対象」にチェックをつけている場合、絞り込まれた商品の中で価格が安い順番に並べ替えます。

3-2 モックアップの作成

HTMLとCSSで静的なページを作成する

最初からVue.jsを使うことを意識して作り始めると、どこから手を付けたらよいのか迷ってしまいます。慣れないうちは「急がば回れ」の精神で、簡単なことから始めましょう。

まずはVue.jsのことをいったん忘れて、純粋なHTMLとCSSだけで完成イメージと同じ見た目を持つ静的なページを作成します。

データの持たせ方や、絞り込みなどの動的な機能は一切考えず、直接HTMLに商品データを書き込んでしまいましょう（リスト1）。

リスト1 リスト表示のモックアップ（main.html、main.css）

HTML

```
<!DOCTYPE html>
<html lang="ja">
<head>
  <meta charset="utf-8">
  <title>商品一覧</title>
  <link rel="stylesheet" href="https://cdnjs.cloudflare.com/ajax/libs/
normalize/8.0.1/normalize.min.css">
  <link rel="stylesheet" href="main.css">
</head>
<body>
<div id="app">
  <div class="container">
    <h1 class="title">商品一覧</h1>
    <!-- 検索欄 -->
    <div class="search">
      <div class="search__result">
        検索結果 <span class="search__count">6件</span>
      </div>
      <div class="search__condition">
        <input type="checkbox">セール対象
        <input type="checkbox">送料無料
        <select class="search__order">
          <option value="0">---並べ替え---</option>
          <option value="1">標準</option>
          <option value="2">安い順</option>
```

```
      </select>
    </div>
  </div>
  <!-- 商品一覧 -->
  <div class="products">
    <div class="product" id="1">
      <div class="product__body">
        <div class="product__status">SALE</div>
        <img class="product__image" src="images/01.jpg" alt="">
      </div>
      <div class="product__detail">
        <div class="product__name">Michael<br>スマホケース</div>
        <div class="product__price"><span>1,980</span>円（税込）</div>
        <div class="product__shipping">送料無料</div>
      </div>
    </div>
    <div class="product" id="2">
      <div class="product__body">
        <div class="product__status">SALE</div>
        <img class="product__image" src="images/02.jpg" alt="">
      </div>
      <div class="product__detail">
        <div class="product__name">Raphael<br>スマホケース</div>
        <div class="product__price"><span>3,980</span>円（税込）</div>
        <div class="product__shipping">送料無料</div>
      </div>
    </div>
    <div class="product" id="3">
      <div class="product__body">
        <div class="product__status">SALE</div>
        <img class="product__image" src="images/03.jpg" alt="">
      </div>
      <div class="product__detail">
        <div class="product__name">Gabriel<br>スマホケース</div>
        <div class="product__price"><span>2,980</span>円（税込）</div>
        <div class="product__shipping">+送料<span>240</span>円</div>
      </div>
    </div>
    <div class="product" id="4">
      <div class="product__body">
        <div class="product__status">SALE</div>
```

```
        <img class="product__image" src="images/04.jpg" alt="">
      </div>
      <div class="product__detail">
        <div class="product__name">Uriel<br>スマホケース</div>
        <div class="product__price"><span>1,580</span>円（税込）</div>
        <div class="product__shipping">送料無料</div>
      </div>
    </div>
    <div class="product" id="5">
      <div class="product__body">
        <img class="product__image" src="images/05.jpg" alt="">
      </div>
      <div class="product__detail">
        <div class="product__name">Ariel<br>スマホケース</div>
        <div class="product__price"><span>2,580</span>円（税込）</div>
        <div class="product__shipping">送料無料</div>
      </div>
    </div>
    <div class="product" id="6">
      <div class="product__body">
        <img class="product__image" src="images/06.jpg" alt="">
      </div>
      <div class="product__detail">
        <div class="product__name">Azrael<br>スマホケース</div>
        <div class="product__price"><span>1,280</span>円（税込）</div>
        <div class="product__shipping">送料無料</div>
      </div>
    </div>
  </div>
 </div>
</div>
</body>
</html>
```

CSS

```
body {
  background: #000000;
  color: #ffffff;
}

.container {
```

```
  width: 960px;
  margin: 0 auto;
}

.title {
  font-weight: normal;
  border-bottom: 2px solid;
  margin: 15px 0;
}

.search {
  display: flex;
  justify-content: space-between;
  align-items: center;
  margin-bottom: 15px;
}

.search__condition {
  display: flex;
  align-items: center;
  grid-gap: 15px;
}

.products {
  display: flex;
  flex-wrap: wrap;
  grid-gap: 30px 105px;
  margin-bottom: 30px;
}

.product {
  width: 250px;
}

.product__status {
  position: absolute;
  top: 0;
  left: 0;
  width: 4em;
  height: 4em;
  display: flex;
```

```
  align-items: center;
  justify-content: center;
  background: #bf0000;
  color: #ffffff;
}

.product__body {
  position: relative;
}

.product__image {
  display: block;
  width: 100%;
  height: auto;
}

.product__detail {
  text-align: center;
}

.product__name {
  margin: 0.5em 0;
}

.product__price {
  margin: 0.5em 0;
}

.product__shipping {
  background: #bf0000;
  color: #ffffff;
}
```

HTMLは「main.html」、CSSは「main.css」として、同じディレクトリに配置します。商品画像は「images」フォルダを作って、その中に配置します。本書の使い方（7ページ）を参照して本書のサポートページからダウンロードして配置してください。

JavaScriptで絞り込み機能を実装する

3-1節の画面1（116ページ）のように表示できたら、次はJavaScriptで動作を実装していきましょう。たとえば「セール対象」にチェックをつけて検索結果を絞り込む動作を、純粋な

JavaScriptで実装しようと思うと、次のような処理手順を思いつくかもしれません。

【手順1】

「セール対象」のチェックボックスにchangeイベントハンドラを追加しておく。

【手順2】

イベントハンドラが呼び出されたとき、1つ1つの商品を表す要素にアクセスし、その内側にSALEというテキストノードが存在するかどうかを順番に調べていく。

【手順3】

もし【手順2】で調べたノードが存在せず、チェックボックスにチェックがついている場合は、その商品を非表示にする。チェックボックスにチェックがついていない場合は、その商品を表示する。

一見、この手順で良さそうな気がしますが、送料無料との兼ね合いが考慮されていないので、送料無料にチェックがついている場合に本来表示されないはずの商品が表示されてしまいます。また、チェックを外した場合の手順がないので、一度チェックをつけて非表示になった商品はチェックを外しても表示されなくなってしまいます。

このような「漏れ」に気付き、正しい動作になるように修正した手順を実装すると、次のようになります（リスト2）。

リスト2 絞り込み機能をJavaScriptで実装（main.html、main.js）

HTML

```
...
<script src="main.js"></script> <!-- 追加 -->
</body>
```

JavaScript

```
// コンポーネントのルートノード
const app = document.querySelector('#app');

// チェックボックスのイベントハンドラを登録
const check = app.querySelectorAll('input[type="checkbox"]');
check[0].addEventListener('change', onCheckChanged, false);
check[1].addEventListener('change', onCheckChanged, false);

// チェック状態変更イベントハンドラ
function onCheckChanged(event) {
  // 表示件数のノード
```

```
  const nodeCount = app.querySelector('.search__count');
  // 商品リスト
  const products  = Array.from(app.querySelectorAll('.product'));
  // 検索条件で絞り込んだリストを取得
  const filteredList = products.filter(function(item){
    // 表示判定（true：表示する、false：表示しない）
    let show = true;
    // 検索条件：セール対象チェックあり
    if (check[0].checked) {
      // セール対象外の商品なら表示対象外
      if (!isSale(item)) {
        show = false;
      }
    }
    // 検索条件：送料無料チェックあり
    if (check[1].checked) {
      // 送料がかかる商品なら表示対象外
      if (!isFreeShipping(item)) {
        show = false;
      }
    }
    // 表示／非表示の切り替え
    setDisplay(item, show);
    // 表示判定を返す
    return show;
  });

  // 表示件数を更新
  nodeCount.textContent = filteredList.length + '件';
}

// セール商品かどうかを判定する関数
function isSale(item) {
  const node = item.querySelector('.product__status');
  return (node && node.textContent === 'SALE');
}

// 送料無料かどうかを判定する関数
function isFreeShipping(item) {
  const node = item.querySelector('.product__shipping');
  return (node && node.textContent === '送料無料');
```

```
}

// ノードの表示・非表示を切り替える関数
function setDisplay(node, show) {
  if (show) {
    node.setAttribute('style','display:block;');
  } else {
    node.setAttribute('style','display:none;');
  }
}
```

リスト2のmain.htmlをブラウザで表示し、セール対象にチェックをつけると、セール対象外の商品が非表示になり、検索結果の表示が4件に変わります（画面1）。

▼画面1　セール対象にチェックをつける

この状態でさらに送料無料にチェックをつけると、送料がかかる商品が非表示になり、検索結果の表示が3件に変わります（画面2）。

▼画面2　送料無料にチェックをつける

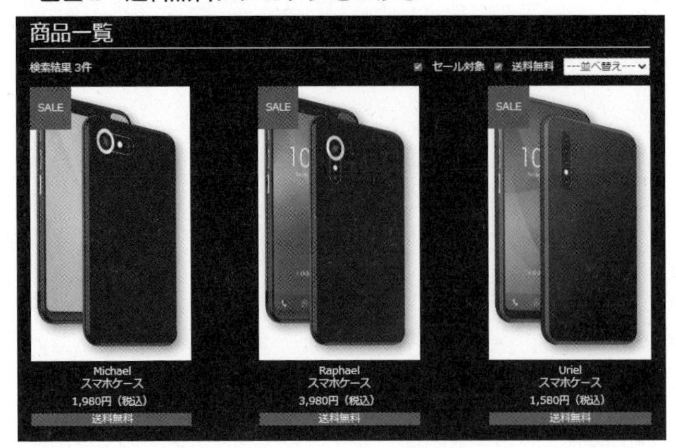

この状態からセール対象のチェックを外すと、非表示になっていたセール対象外の商品が再び表示され、検索結果の表示が5件に変わります（画面3）。

▼画面3　セール対象のチェックを外す

リスト2は、イベントハンドラの可読性をなるべく維持するために、ノードの表示や非表示、セール対象や送料無料の判定などを関数にしていますが、最初からこのように整理したコードを思いつかなくても構いません。作成していく途中で「この処理は何度も使うので関数に

して共通化しよう」と気付いたときに整理しましょう。みなさんは別の方法を思いつくかもしれませんが、答えは一つではないので、動作の結果が正しければ問題ありません。

JavaScriptで並べ替え機能を実装する

商品の並べ替えについては、セレクトボックスにイベントハンドラを追加することになりますが、商品ノードの扱い方に少し工夫が必要です。絞り込みの場合は、DOMノードを削除しなくてもリスト2のようにCSSでdisplyプロパティの値を切り替えることで実装できたわけですが、並べ替えは実際にDOMノードの順番を変更しなければなりません。もし日本語で手順を書き表せば、次のようになるでしょう。

【手順1】

並べ替えのセレクトボックスにchangeイベントハンドラを追加しておく。

【手順2】

イベントハンドラが呼び出されたとき、1つ1つの商品を表す要素にアクセスし、その内側にある商品価格のノードから、カンマ「,」を除去した数値を読み取る。

【手順3】

セレクトボックスの「安い順」が選択されている場合、【手順2】で読み取った全ての商品の価格を数値の小さい順に並べ替え、その順番にDOMの商品ノードを並べ替える。

一番難しいのが【手順3】の並べ替えではないでしょうか？　並べ替えは、配列をfor文で走査する考え方では難しいですが、配列オブジェクト（Array）のsort()関数を使うと、意外とシンプルに実装できます。

書式

```
配列.sort(比較関数(a,b))
```

比較関数には自作関数の関数名か、関数オブジェクトを直接指定します。比較関数は2つの引数を取り、全ての配列要素に対して1回ずつ実行されます。元の配列は、各要素で実行された比較関数の戻り値に従って並び変わります。比較関数の引数が(a,b)だとすると、比較関数の戻り値が0未満なら、aを持つ要素はbを持つ要素よりも手前に並びます。戻り値が0より大きければ、aを持つ要素はbを持つ要素よりも後ろに並びます。

たとえば次のコードを実行すると、配列要素の数値が小さい順に並べ変わります（リスト3）。

リスト3　sort()関数の使用例（比較関数を分離）

JavaScript

```
// 金額の配列
```

```
const array_price = [1280,1980,1580,980,1680,1780];

// 値が小さい順に並べ替える比較関数
function desc_order(a,b) {
  if (a < b) { return -1; } // aを持つ要素はbを持つ要素より手前
  if (a == b) { return 1; } // aを持つ要素はbを持つ要素より後ろ
  return 0;  // 順番は同じ
}

// 安い順にソート
array_price.sort(desc_order);

// 並べ替えた結果を確認
console.log(array_price); // => [980, 1280, 1580, 1680, 1780, 1980]
```

単純に数値の大小関係を比較するだけなら、比較関数はもっとシンプルに記述できます（リスト4）。

リスト4 比較関数をシンプルに記述する

JavaScript

```
// 値が小さい順に並べ替える比較関数
function desc_order(a,b) {
  return a - b;
}
```

さらに、このような特定の処理だけで使う局所的な関数は、関数の定義をsort()内に関数オブジェクトとして直接記述すると、関数名をグローバルスコープに公開することなく、sort()内に隠蔽することができます（リスト5）。

リスト5 sort()関数の使用例（比較関数を分離しない）

JavaScript

```
// 金額の配列
const array_price = [1280,1980,1580,980,1680,1780];

// 安い順にソート
array_price.sort(function(a,b) {
  return a - b;
});

// 並べ替えた結果を確認
```

```
console.log(array_price); // => [980, 1280, 1580, 1680, 1780, 1980]
```

配列要素が単純な数値ではなくオブジェクトの場合、比較関数のa,bにはオブジェクトが渡されます。そのため、商品番号や商品価格などといった1つの商品に関するデータはオブジェクトにまとめ、オブジェクトを配列にすると、価格順にオブジェクトを並べ替えることができます（リスト6）。

リスト6 オブジェクトの並べ替え

JavaScript
```
// 商品オブジェクトの配列
const list = [
  {ID:1, price: 1280},
  {ID:2, price: 1980},
  {ID:3, price: 1580},
  {ID:4, price:  980},
  {ID:5, price: 1680},
  {ID:6, price: 1780}
];

// 安い順にソート
products.sort(function(a,b) {
  return a.price - b.price;
});

// 並べ替えた結果を確認
console.log(list);
```

ブラウザのコンソールを見ると、価格の安い順にオブジェクトの順番が変わったことが確認できます（画面4）。

▼画面4 オブジェクトの並べ替え

```
▼ (6) [{…}, {…}, {…}, {…}, {…}, {…}] ℹ
  ▶ 0: {ID: 4, price: 980}
  ▶ 1: {ID: 1, price: 1280}
  ▶ 2: {ID: 3, price: 1580}
  ▶ 3: {ID: 5, price: 1680}
  ▶ 4: {ID: 6, price: 1780}
  ▶ 5: {ID: 2, price: 1980}
    length: 6
  ▶ [[Prototype]]: Array(0)
```

オブジェクトの並び順が変わった

この考え方を商品一覧に応用してみましょう（リスト7）。

リスト7 商品一覧の並べ替え（main.js）

```
// コンポーネントのルートノード
const app = document.querySelector('#app');

// チェックボックスのイベントハンドラを登録
const check = app.querySelectorAll('input[type="checkbox"]');
check[0].addEventListener('change', onCheckChanged, false);
check[1].addEventListener('change', onCheckChanged, false);

// セレクトボックスのイベントハンドラを登録
const order = app.querySelector('.search__order');
order.addEventListener('change', onOrderChanged, false);

// チェック状態変更イベントハンドラ
function onCheckChanged(event) {
  // 表示件数のノード
  const nodeCount = app.querySelector('.search__count');
  // 商品ノードの配列
  const products  = Array.from(app.querySelectorAll('.product'));
  // 検索条件で絞り込んだリストを取得
  const filteredList = products.filter(function(item){
    // 表示判定（true：表示する、false：表示しない）
    let show = true;
    // 検索条件：セール対象チェックあり
    if (check[0].checked) {
      // セール対象外の商品なら表示対象外
      if (!isSale(item)) {
        show = false;
      }
    }
    // 検索条件：送料無料チェックあり
    if (check[1].checked) {
      // 送料がかかる商品なら表示対象外
      if (!isFreeShipping(item)) {
        show = false;
      }
    }
    // 表示／非表示の切り替え
    setDisplay(item, show);
```

```
    // 表示判定を返す
    return show;
  });

  // 表示件数を更新
  nodeCount.textContent = filteredList.length + '件';
}

// ソート順変更イベントハンドラ
function onOrderChanged(event) {
  // 商品リストのノード
  const nodeList = app.querySelector('.products');
  // 商品ノードの配列
  const products = Array.from(app.querySelectorAll('.product'));
  // 商品の並べ替え
  products.sort(function(a,b){
    //「標準」が選択されている場合
    if (event.target.value == '1') {
      // IDが小さい順にソート
      return parseInt(a.getAttribute('id')) - parseInt(b.
getAttribute('id'));
    }
    //「安い順」が選択されている場合
    else if (event.target.value == '2') {
      // 価格が安い順にソート
      const price1 = parseInt(a.querySelector('.product__price span').
textContent.replace(',',''));
      const price2 = parseInt(b.querySelector('.product__price span').
textContent.replace(',',''));
      return price1 - price2;
    }
  });
  // リストから全ての商品ノードを削除
  while (nodeList.firstChild) {
    nodeList.removeChild(nodeList.firstChild);
  }
  // 並べ替えた商品ノードをリストに追加
  products.forEach(function(item){
    nodeList.appendChild(item);
  });
}
```

```
// セール商品かどうかを判定する関数
function isSale(item) {
  const node = item.querySelector('.product__status');
  return (node && node.textContent === 'SALE');
}

// 送料無料かどうかを判定する関数
function isFreeShipping(item) {
  const node = item.querySelector('.product__shipping');
  return (node && node.textContent === '送料無料');
}

// ノードの表示・非表示を切り替える関数
function setDisplay(node, show) {
  if (show) {
    node.setAttribute('style','display:block;');
  } else {
    node.setAttribute('style','display:none;');
  }
}
```

緑文字の部分がリスト2からの変更点です。querySelectorAll()で取得した商品ノードを配列として扱えるようにArray.from()関数で配列に変換し、「標準」が選択されたときは商品のID（HTMLに記述）が小さい順に並べ替え、「安い順」が選択されたときは商品の価格を数値に直した値が小さい順に並べ替えます。

それだけでは画面の表示は変わりません。DOMの商品ノードとArray.from()が返す配列は別のデータだからです。そのため、いったん商品ノードを全てDOMから削除して、並べ替えた後の配列からノードを1つずつ取り出してDOMに追加し直します。

以上、Vue.jsを使わずに機能を実装した例を紹介しましたが、HTMLに記述した要素のclass名や階層構造を手掛かりにDOMを思い通りに操作するのはなかなか大変なことです。

リスト7の大部分はDOMを操作するコードですが、Vue.jsのデータバインディングを使うと、ここまで煩雑なコードを書かなくて済みます。

3-3 商品データをアプリケーションに結び付ける

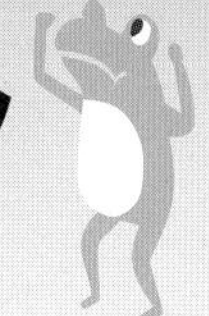

3-2節で作成したモックアップは、商品データを直接HTMLに記述しているので、JavaScriptで参照するためにはDOMにアクセスしなければなりませんでした。Vue.jsを適用すると必然的にアプリケーションはデータを中心とした構造（データ駆動）になり、なおかつ、強力なデータバインディングのおかげで、DOMへのアクセスをほとんど意識しなくて済みます。

Vue.jsを組み込む準備

2-2節「Vue.jsアプリケーションの雛形」（40ページ）を参考にして、3-2節で作成したHTMLにVue.jsを読み込みましょう（リスト1）。

リスト1　Vue.jsを読み込む（main.html）

```
...
<script src="https://unpkg.com/vue@next"></script>
<script src="main.js"></script>
</body>
</html>
```

main.jsは、いったん中身を全て消して、2-2節のリスト2（40ページ）を入れてください（リスト2）。

リスト2　JavaScript（main.js）

```
const app = Vue.createApp({
  data() {
    return {
      message: 'Hello Vue!'
    }
  }
})
const vm = app.mount('#app');
```

main.htmlの<div id="#app">～</div>で囲まれた部分がアプリケーションの描画領域となり、main.jsのVue.createApp({...})がアプリケーションのデータや動作を制御するプログラムを記述する部分になります。

以後、main.cssは一切変更しませんので、常にmain.htmlと同じディレクトリに配置しておいてください。

この時点で、ページの表示は次のようになっています（画面1）。

▼画面1　Vue.jsを読み込んだだけの状態

dataオプションにデータを定義する

次に、アプリケーションのdataオプションに、どのようなデータをどのような形式で持たせる必要があるかを考えます。データには、画面を通して直接目に見えるデータと、目には見えないけれども制御のために必要なデータの2種類があります。

目に見えるデータ

画面1やHTMLの中から、目に見えるデータを探しましょう。ユーザーの操作や商品の登録内容によって表示が変わる部分は、全てデータ化する必要があると考えます（図1）。

図1 目に見えるデータ

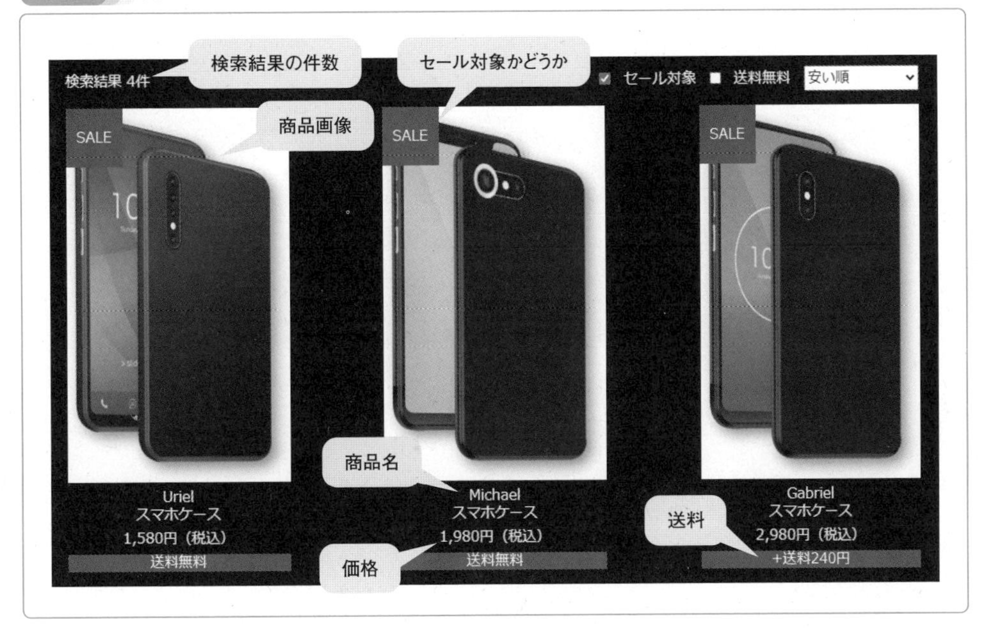

SALEのマークは、その商品がセール対象の場合に表示するので、「セール対象かどうかを表す値」をデータ化する必要があります。見落とさないようにしましょう。商品画像は<img src="画像のパス" alt="">の形式でHTMLに埋め込むので、「画像のパス」をデータ化すればよいでしょう。ここでは、HTMLと同じディレクトリのimagesフォルダ内に画像を置くので、main.htmlから見た相対パスを使うこととします。

価格は「1,580円」のようにカンマ記号や円を含んだ文字列全体をデータ化するのではなく、数値部分の「1580」だけをデータ化したほうが、プログラムで扱いやすくなります。送料も、「送料無料」や「+送料240円」といった文字列をデータ化するのではなく、送料の金額だけをデータ化します。送料無料の商品の場合、「0」をデータ化することになります。

また、検索結果の件数も、検索条件に応じて表示が変わるので、件数の数字をデータ化します。

目に見えないデータ

商品一覧に表示される商品数や並び順は、チェックボックスの入力値やセレクトボックスの選択値によって変わります。そのため、チェック状態や選択値をデータ化して、アプリケーションに保持しておく必要があります（図2）。

図2 目に見えないデータ

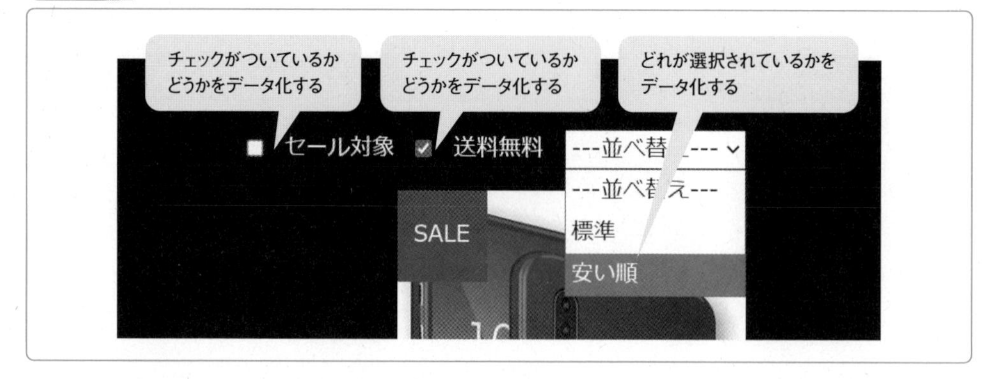

Point データを洗い出すコツ

- 外部データを表示する部分やユーザーの操作で表示が変わる部分はデータ化の対象と考える。
- 動作の条件や切り替えの判断基準となる情報もデータ化の対象と考える。

データの持たせ方を決める

データが洗い出せたので、具体的な変数をdataオプションに記述していきます。ここで、データ型（数値、文字列、真偽値、配列、オブジェクト）や、どのような変数名が適切かを考えます。

検索結果の件数、チェックボックスやセレクトボックスの入力値は、互いに独立したデータなので、単独の変数にするとよいでしょう。一方、商品名や価格など商品に関するデータは、商品ごとにオブジェクトにまとめたものを配列にすると、管理しやすいでしょう（表1）。

▼表1 データの持たせ方

No.	変数名	データ型	説明	
1	count	数値	検索結果の件数	
2	check1	真偽値	true	セール対象の商品のみ表示する
			false	セール対象外の商品も表示する
3	check2	真偽値	true	送料無料の商品のみ表示する
			false	送料無料ではない商品も表示する
4	order	数値	0	未選択の状態を表す
			1	初期表示の順番
			2	商品価格が安い順
5	list	配列	商品リスト（No.6～No.10を持つオブジェクトの配列）	
6	name	文字列	商品名	
7	price	数値	商品価格（税込）	
8	image	文字列	商品画像のパス	
9	shipping	数値	送料（商品の配送にかかる料金）	
10	isSale	真偽値	true	セール対象
			false	セール対象外

dataオプションを書き換える

表1を確認しながら、dataオプションの中身を書き換えていきましょう（リスト3）。

リスト3 JavaScript（main.js）

```
const app = Vue.createApp({
  data() {
    return {
      // 検索結果の件数
      count: 0,
      // セール対象のチェック（true：有り、false：無し）
      check1: false,
      // 送料無料のチェック（true：有り、false：無し）
      check2: false,
      // ソート順（0：未選択、1：標準、2：安い順）
      order: 0,
      // 商品リスト
      list: [
        { name: 'Michael<br>スマホケース', price: 1980, image: 'images/01.
jpg', shipping: 0, isSale: true },
        { name: 'Raphael<br>スマホケース', price: 3980, image: 'images/02.
jpg', shipping: 0, isSale: true },
        { name: 'Gabriel<br>スマホケース', price: 2980, image: 'images/03.
jpg', shipping: 240, isSale: true },
        { name: 'Uriel<br>スマホケース', price: 1580, image: 'images/04.jpg',
shipping: 0, isSale: true },
        { name: 'Ariel<br>スマホケース', price: 2580, image: 'images/05.jpg',
shipping: 0, isSale: false },
        { name: 'Azrael<br>スマホケース', price: 1280, image: 'images/06.
jpg', shipping: 0, isSale: false }
      ]
    }
  }
})
const vm = app.mount('#app');
```

検索条件を表すデータには初期値を設定しておきます。あとでHTMLとデータバインドすることになるので、あらかじめ初期表示の状態と同じ値を設定しておくと都合がよいでしょう。たとえばorderは、セレクトボックスの初期値「--- 並べ替え ---」を表す「0」を初期値としています。

countを「6」ではなく「0」としているのには理由があります。本章の段階では商品データをプログラム内に定義していますが、実際のアプリケーションではサーバーから商品データを動的に読み込むので、ページを表示するまで商品数は確定しません。そのため、countには、一般に数値型の変数の初期値として使われる「0」を設定しておきます。

Point コメントはプログラムの「マナー」

1つ1つのデータに説明を記述するぐらいの気持ちで、丁寧なコメントを記述する癖をつけましょう。コメントは初心者だから書くのではなく、プログラムの「マナー」です。読みやすくバグの少ないプログラムを書く人ほど、コメントを忘れません。中規模以上の開発では、設計書を作成し、表1のようなデータの定義を開発メンバーで共有しますが、設計書を作らない小規模な開発なら、なおさらソースコードに記述するコメントが重要になってきます。

構文エラーがないか確認する

まだHTMLに手を加えていないので、main.jsとmain.htmlは連動しません。しかし、main.jsに構文の間違いがあれば、この時点でブラウザのコンソールにエラーが出るはずです。少しでもJavaScriptを編集したら、こまめにコンソールを確認する癖をつけておきましょう。

たとえば、商品リストの配列を次のように書き間違えたとします（リスト4）。

リスト4 JavaScript（main.js）

```
...
    // 商品リスト
    list: {
      { 商品オブジェクト },
      { 商品オブジェクト },
      { 商品オブジェクト },
      { 商品オブジェクト },
      { 商品オブジェクト },
      { 商品オブジェクト }
    }
...
```

どこが間違っているのか、慣れないうちは気付きにくいかもしれませんが、list: [ ] としなければならないところを、list: { } と記述している点が間違いです。{ } は配列ではなくオブジェクトの表記です。配列は[ ]で囲まれていなければなりません。この場合、コンソールには次のようなエラーメッセージと、エラーが発生した箇所（どのファイルの何行目か）が表示されます（図3）。

図3 コンソールがエラーの内容と箇所を教えてくれる

構文に間違いがあることを示すエラーメッセージ

エラーが発生したファイルと行番号

```
⊗ Uncaught SyntaxError: Unexpected token {                main.js: 14
```

はじめて見るメッセージは
すぐネットで調べよう

Syntax（シンタックス）は「構文」、Unexpectedは打ち消しの意味のUnがexpected「期待通り」の前につくので「予期しない」の意味です。token（トークン）は、プログラムの構文に表れる { や [などの記号の総称です。つまり、「main.jsの14行目に構文の間違いがあります。ここに { が登場するのはおかしい（予期していない）ですよ。見直してください。」と教えてくれているのです。

このような些細な間違いでも、エラーメッセージと向き合って意味を調べ、解決しながら進んでいけるようになることが大切です。

3-4 商品データを描画する

JavaScript側でデータの準備ができたので、次はHTMLを書き換えてデータバインドしていきます。まずは商品データの部分をVue.jsで置き換えてみましょう。

出力するHTMLのパターン

商品データはv-forディレクティブ（59ページ）を使って繰り返します。そのため、HTMLのどこからどこまでの範囲に商品1件分のデータが入るのかを確認しておく必要があります。3-2節リスト1（118ページ）では、<!--商品一覧-->のコメントに続く<div class="products">〜〜</div>の内側に、<div class="product">〜〜</div>を6回繰り返して記述したので、ここが商品データを繰り返す範囲になります。

ただし、SALEのマークと送料の表記は、商品によって異なります。v-forで繰り返すときも、商品によってHTMLの出力内容を切り替えなければならない箇所です。このことを踏まえて、3-2節リスト1のHTMLを注意深く見ていくと、商品ごとに出力内容を変えなければならない部分は次のようになります（リスト1）。

リスト1　商品データの出力部分（main.html）

```
<!--商品一覧-->
<div class="products">
  <div class="product" id="1">
    <div class="product__body">
      <!--▼セール対象品の場合だけ出力する▼-->
      <div class="product__status">SALE</div>
      <!--▲セール対象品の場合だけ出力する▲-->
      <img class="product__image" src="images/01.jpg" alt="">
    </div>
    <div class="product__detail">
      <div class="product__name">Michael<br>スマホケース</div>
      <div class="product__price"><span>1,980</span>円（税込）</div>
      <!--▼送料無料の場合だけ出力する▼-->
      <div class="product__shipping">送料無料</div>
      <!--▲送料無料の場合だけ出力する▲-->
      <!--▼送料ありの場合だけ出力する▼-->
      <div class="product__shipping">+送料<span>240</span>円</div>
      <!--▲送料ありの場合だけ出力する▲-->
    </div>
  </div>
</div>
```

<div class="product__status">SALE</div>の部分はセール対象品の場合だけ出力し、送料の部分は送料が0かそれ以外かでHTMLの出力内容を変えなければならないことが整理できました。

いきなりVue.jsのテンプレート構文で置き換えるのが難しい場合は、このように日本語のコメントで出力条件を書き込んでおくと、ロジックが視覚化できてわかりやすくなります。

テンプレート構文で置き換える

繰り返す商品データは、dataオプションに「list」という名前の配列で定義したので、HTMLの<div class="product">～～</div>にv-forを使ってバインドします。

ただし、3-2節リスト7（130ページ）で見たように、セレクトボックスでソート順を「標準」にしたとき商品IDの小さい順に並べ替えることができるように、HTMLに1から始まるIDを出力しておかなければなりません。そのため、繰り返しの番号（インデックス）を利用します。

インデックスはkeyにも使えるので、v-forは次のように記述できます（リスト2）。

リスト2 商品データの出力部分（main.html）

```
<!--商品一覧-->
<div class="products">
  <div class="product" v-for="(item, index) in list"
                       v-bind:id="index + 1" v-bind:key="index">
  <!--この範囲がlistの配列要素の数だけ繰り返される-->
  </div>
</div>
```

Point v-forを記述する場所に注意

v-forディレクティブは**繰り返したい要素自身**に記述することに気を付けましょう。繰り返したい部分を囲む要素に記述するのは間違いです。もし、リスト2で<div class="products" v-for="...">と記述すると、1つ1つの商品が<div class="products">～～</div>で囲まれてしまい、HTMLが正しく出力されません。

v-forで宣言したitemには、listの配列要素（商品オブジェクト）が繰り返しのたびに代入されます。繰り返しの範囲では、itemから商品名や価格などのプロパティを参照し、マスタッシュ{{…}}やv-ifなどの条件式で使うことができます（リスト3）。

できればリスト3を見ないで、第2章を振り返りながらリスト1を書き換えてみましょう。先に答えを見てしまうと、プログラムを組み立てる力が身につきません。

リスト3 商品データの出力部分（main.html）

```
<!--商品一覧-->
<div class="products">
  <div class="product" v-for="(item, index) in list"
                       v-bind:id="index + 1" v-bind:key="index">
    <div class="product__body">
      <template v-if="item.isSale">
        <div class="product__status">SALE</div>
      </template>
      <img class="product__image" v-bind:src="item.image" alt="">
    </div>
    <div class="product__detail">
      <div class="product__name">{{item.name}}</div>
      <div class="product__price"><span>{{item.price}}</span>円（税込）</
div>
      <template v-if="item.shipping === 0">
        <div class="product__shipping">送料無料</div>
      </template>
      <template v-else>
        <div class="product__shipping">+送料<span>{{item.shipping}}</
span>円</div>
      </template>
    </div>
  </div>
</div>
```

v-if、v-elseディレクティブは何らかの要素に対して指定する必要がありますが、ここでは<template>を使いました。<template>はDOMに出力されない特殊なタグです（65ページ）。HTMLに出力するかしないかを分岐させたい場面で使うと、どのような条件のときどのような内容を出力したいのかがわかりやすくなります。

もちろん、次のように記述しても間違いではありません（リスト4）。

リスト4 商品データの出力部分（main.html）

```
<!--商品一覧-->
<div class="products">
  <div class="product" v-for="(item, index) in list"
                       v-bind:id="index + 1" v-bind:key="index">
    <div class="product__body">
      <div class="product__status" v-if="item.isSale">SALE</div>
      <img class="product__image" v-bind:src="item.image" alt="">
```

```
    </div>
    <div class="product__detail">
      <div class="product__name">{{item.name}}</div>
      <div class="product__price"><span>{{item.price}}</span>円（税込）</
div>
      <div class="product__shipping" v-if="item.shipping === 0">送料無料
</div>
      <div class="product__shipping" v-else>+送料<span>{{item.
shipping}}</span>円</div>
    </div>
  </div>
</div>
```

この段階でページの表示は次のようになります（画面1）。

▼画面1　商品データをそのままバインドした結果

うまくいかない例

リスト3のように<template>タグを使って書いていくと、次のような表示になりませんでしたか？（画面2）

▼画面2　最初からうまくいくとは限らない

必ずどこかに間違いがあるはずですが、誰もが自分では正しく書いているつもりなので、HTMLをじっくり眺めても、なかなか原因に気付きにくいものです。こういうときこそ、ブラウザのデベロッパーツールに頼るべきですが、コンソールにエラーが出ないこともあります。しかし、マスタッシュ{{…}}がそのままテキストとして出力されていることから、「Vue.jsがデータとテンプレートを結びつけられなかったため、{{…}}がそのまま出力されたのではないか？」と考えられそうです。もしそうだとすると、v-forによる繰り返しも正しく実行されずに、中途半端なところでHTMLの出力が終了しているかもしれません。

このように、目に見える事実から「何が断定できるだろうか？」と予想を立てます。次に、「予想が正しいか間違っているかをどうやったら確かめられるだろうか？」と考えます。すると、HTMLがどこまで出力されているかを確かめたいのですから、デベロッパーツールの「Elements」タブを見ればよい、と思いつくでしょう。Elementsタブには、今現在ブラウザが読み取った通りのHTMLが表示されているはずです（画面3）。

▼画面3　デベロッパーツールでHTMLを確認する

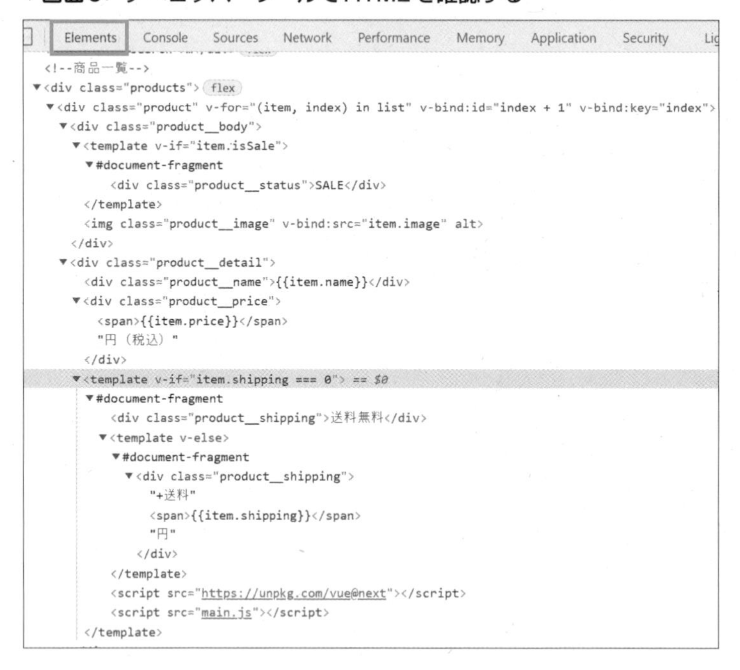

これを見ると、マスタッシュ{{…}}の部分だけでなく、v-ifやv-bindなどのディレクティブもそのまま出力されてしまっていることがわかります。やはり、Vue.jsはデータバインドに失敗していたのです。もしデータバインドが成功していたなら、v-*で始まるディレクティブは最終的なHTMLからは取り除かれているはずだからです。

さらに、HTMLの階層構造に目を向けると、<div class="products">…</div>の内側には商品データの<div class="product">…</div>が1件しか出力されていないことがわかります。この事実からも、商品部分の記述に間違いがあり、Vue.jsが間違いに直面した時点で処理を中止してしまった結果、2件目以降の出力までたどり着けなかったことが確定的となりました。

よく見ると、送料無料の判断のためv-ifとv-elseを記述した<template>タグが、同じ階層になっていないことに気付きます。v-ifの<template>タグの内側にv-elseの<template>タグが現れています。これはおかしいですね。v-ifとv-elseを記述したタグは、DOMでは同じ階層に位置する兄弟要素の関係になるべきです。どのような場合に、兄弟要素が親子関係になってしまうかというと、「最初の要素がきちんと終了タグで閉じられていない場合」です（リスト5）。

リスト5 タグの閉じ忘れ

```
<template v-if="item.shipping === 0">
  <div class="product__shipping">送料無料</div>
<!--ここに </template> が漏れている-->
<template v-else>
  <div class="product__shipping">+送料<span>{{item.shipping}}</span>円</div>
</template>
```

なんと原因は「タグの閉じ忘れ」でした。本書の読者にとってタグの閉じ忘れはあまりにも基本的な間違いかもしれませんが、フレームワーク独自の構文と組み合わさると、見落としがちになってしまうものです。プログラムがうまく動かないほとんどの原因はソースコードにあります。「ちゃんと書いたはずだ」という過信を捨て去り、**デベロッパーツールなどを使って客観的にソースコード（原因）と出力内容（結果）の因果関係を紐解こうという心構えを持つことが重要**です。

金額の書式と商品名の改行

ところで、画面1の描画結果には不完全な部分があります。金額が「1,980」のように3桁ごとにカンマで区切った書式になっていません。また、商品名の改行部分に
タグがそのままテキストとして出力されてしまっています。この2点を改善しましょう。

金額の書式変換

2-5節（68ページ）で学んだフィルターを使えば、金額のデータを更新することなく、DOMの出力結果だけを「#,###,###」の書式に変換できます。汎用的に使えるフィルターなので、グローバルスコープに登録することにしましょう（リスト6）。

リスト6 フィルターを定義する（main.js）

```
const app = Vue.createApp({
  data() {
    return {
      ...中略...
    }
  }
})
app.config.globalProperties.$filters = {
  // 数値を通貨書式「#,###,###」に変換するフィルター
  number_format(val) {
    return val.toLocaleString();
  }
}
const vm = app.mount('#app');
```

では、テンプレートの金額部分にフィルターを適用しましょう（リスト7)。

リスト7 フィルターを適用する（main.html）

```
<!--商品一覧-->
<div class="products">
  <div class="product" v-for="(item, index) in list"
                       v-bind:id="index + 1" v-bind:key="index">
    <div class="product__body">
      <template v-if="item.isSale">
        <div class="product__status">SALE</div>
      </template>
      <img class="product__image" v-bind:src="item.image" alt="">
    </div>
    <div class="product__detail">
      <div class="product__name">{{item.name}}</div>
      <div class="product__price"><span>{{$filters.number_format(item.
price)}}</span>円（税込）</div>
      <template v-if="item.shipping === 0">
        <div class="product__shipping">送料無料</div>
      </template>
      <template v-else>
        <div class="product__shipping">+送料<span>{{$filters.number_
format(item.shipping)}}</span>円</div>
      </template>
    </div>
```

```
  </div>
</div>
```

商品価格だけでなく、送料にもフィルターを適用しておきましょう。配送先の地域によっては送料が1,000円以上かかる（金額が4桁になる）場合も考えられるからです。

商品名の改行

商品名には、ページ上で改行させたい場所に
タグが含まれていますが、普通にバインドすると「<」や「>」はエスケープ処理されるので、HTMLには「
」が出力されてしまいます。マスタッシュ{{…}}で埋め込んだデータはVue.jsが自動的にエスケープ処理を行うからです。

では、どうすればよいのでしょうか？　実は、v-htmlというディレクティブがあり、これを使ってバインドしたデータは、そのままHTMLとして出力されます（リスト8）。

リスト8　HTMLタグをそのまま出力する（main.html）

```
<!--<div class="product__name">{{item.name}}</div>-->
<div class="product__name" v-html="item.name"></div>
```

これで初期表示が完成しました（画面4）。

▼画面4　初期表示の完成

3-5 ユーザーの入力に応じて表示を切り替える

絞り込みと並べ替え機能の実装方法を考えていきましょう。まずは、チェックボックスとセレクトボックスにデータをバインドすることから始めます。

フォームコントロールにデータバインドする

アプリケーションのdataオプションに用意した3つの変数「check1」「check2」「order」をフォームコントロールにバインドします。この3つは、ユーザーの入力によって更新されるデータなので、v-bindによる一方通行のバインドではなく、v-model（89ページ）による双方向のバインドを使います（リスト1）。

リスト1 フォームコントロールのバインド（main.html）

```
<div class="search__condition">
  <input type="checkbox" v-model="check1">セール対象
  <input type="checkbox" v-model="check2">送料無料
  <select class="search__order" v-model.number="order">
    <option value="0">---並べ替え---</option>
    <option value="1">標準</option>
    <option value="2">安い順</option>
  </select>
</div>
```

フォームコントロールとバインドするデータの「型」に注意しましょう。チェックボックスにv-modelでバインドすると、フォーム側からの入力値は真偽値（trueかfalse）になります。そのため、3-3節の表1（136ページ）では、check1とcheck2を真偽値としました。一方、セレクトボックスの入力値は文字列型になります。たとえ<option>タグのvalueを"1"や"2"といった数値にしていても、これらは「数値」（数値型）ではなく「数字」（文字列型）となります。そのため、.number修飾子（106ページ）を使って、入力値を数値型に変換します。

この段階で、正しくバインドできているかどうかを確認しておきましょう。フォームコントロールの近くにマスタッシュ{{…}}でデータを直接バインドすると簡単にデバッグできます（リスト2）。

リスト2 フォームコントロールのバインド（main.html）

```
<div class="search__condition">
  <input type="checkbox" v-model="check1">セール対象{{check1}}
  <input type="checkbox" v-model="check2">送料無料{{check2}}
```

```
  <select class="search__order" v-model.number="order">
    <option value="0">---並べ替え---</option>
    <option value="1">標準</option>
    <option value="2">安い順</option>
  </select>{{order}}
</div>
```

実際にページから入力を行って、表示が変わることを確認しておきましょう（画面1）。

▼画面1　簡単なデバッグ方法

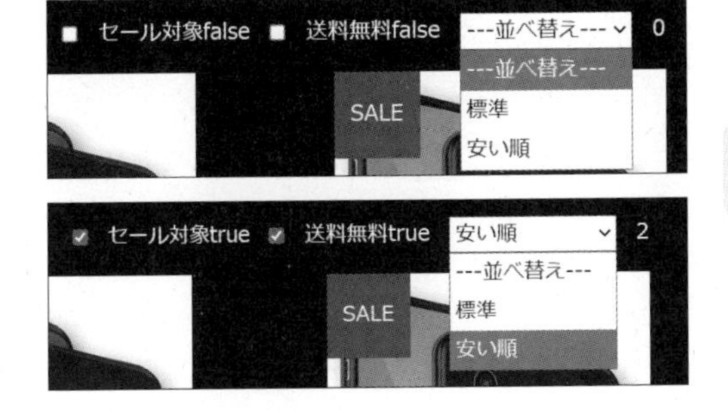

入力値と表示が連動する
→バインドできている

絞り込み機能を実装する

絞り込みを行うのは、ユーザーがチェックボックスの状態を変更したタイミングなので、v-onディレクティブ（78ページ）を使ってチェックボックスのchangeイベントをハンドリングすればよさそうです。あるいは、データ駆動の立場で言い換えると、バインドしたデータが更新されたタイミングなので、ウォッチャ（84ページ）を使ってもよいでしょう。changeイベントが発生すると、バインドしたデータが更新されるので、ウォッチャで監視していれば検知できます。

こう考えると、どちらの方法も間違いではありませんが、ウォッチャを使えばテンプレート側にv-onでイベントハンドラを割り当てなくて済むので、HTMLをクリーンな状態に保つことができます。まずは、ウォッチャを使うことを考えてみましょう（リスト3）。

リスト3　チェックボックスを監視するウォッチャ（main.js）

```
data() {
  return {
    ...中略...
    // 商品リスト
    list: [...]
  }
},
watch: {
```

```
  //「セール対象」チェックボックスの状態を監視するウォッチャ
  check1(newVal, oldVal) {
    // ここで list の配列を書き換えると画面に反映される
  },
  //「送料無料」チェックボックスの状態を監視するウォッチャ
  check2(newVal, oldVal) {
    // ここで list の配列を書き換えると画面に反映される
  }
}
```

listはリアクティブなデータなので、ウォッチャが呼び出されたときlistから表示対象外の商品を削除すれば、リアルタイムに画面の描画が更新されるでしょう。しかし、listから配列要素を削除してしまうと、再び検索条件が変更されたときに復元できなくなってしまいます。並べ替えについても同じことが言えます。セレクトボックスの選択肢を「安い順」に切り替えてから「標準」に戻したとき、元のlistが残っていないと、元の表示に戻すことができません。

こんなときに役立つのが算出プロパティ（73ページ）です。watchを使うのをやめて、絞り込みを行った商品リストを返す算出プロパティをfilteredListという名前で定義してみましょう（リスト4）。

リスト4　絞り込みを行った商品リストを返す算出プロパティ(main.js)

```
data() {
  return {
    ...中略...
    // 商品リスト
    list: [...]
  }
},
computed: {
  // 検索条件で絞り込んだリストを返す算出プロパティ
  filteredList() {
    // コンポーネントのインスタンスを取得
    const app = this;
    // 商品の絞り込み
    const filteredList = this.list.filter(function(item){
      // 表示判定（true：表示する、false：表示しない）
      let show = true;
      // 検索条件：セール対象チェックあり
      if (app.check1) {
        // セール対象外の商品なら表示対象外
        if (!item.isSale) {
```

```
          show = false;
        }
      }
      // 検索条件：送料無料チェックあり
      if (app.check2) {
        // 送料がかかる商品なら表示対象外
        if (item.shipping !== 0) {
          show = false;
        }
      }
      // 表示判定を返す
      return show;
    });
    // 商品リストを返す
    return filteredList;
  }
}
```

リスト4は、アプリケーションに定義した商品リストlistの中身を直接変更するのではなく、検索条件と並べ替えの順番に合わせて作り出した新しい配列を返す算出プロパティを追加しています。こうすれば、検索結果の件数や表示順が変わっても元の配列は影響を受けません。

filter()はJavaScriptの配列に備わっているメソッドで、それぞれの配列要素に対して、引数で指定した関数（コールバック関数）が配列要素を引数として1回ずつ呼び出されます。filter()は、コールバック関数がfalseを返した要素を元の配列から取り除いた新しい配列を返します。ここでは、チェックボックスの状態と各商品のデータを比較して、検索結果に含める（true）含めない（false）を判定しています。

あとは、テンプレートにバインドするプロパティをlistからfilteredListに変更すればOKです（リスト5）。

リスト5　算出プロパティをバインドする（main.html）

```
<!--商品一覧-->
<div class="products">
  <div class="product" v-for="(item, index) in filteredList"
                       v-bind:id="index + 1" v-bind:key="index">
  ...中略...
  </div>
</div>
```

ところで、先ほどリスト3で作成したウォッチャは使わなくてよいのでしょうか？　結果的には、ウォッチャは不要になるのですが、その理由は次のとおりです。算出プロパティは、算出の元になるリアクティブデータが更新されない限り、一度返した値はVue.jsによってキャッシュされ、二回目以降はキャッシュが参照されるのでした（74ページ）。filteredList()では、変数appを通してdataオプション内のcheck1とcheck2を参照しています。これらはどちらもdataオプションに定義されたリアクティブデータです。そのため、ユーザーが「セール対象」「送料無料」いずれかのチェック状態を切り替えるたびにVue.jsはキャッシュを破棄してfilteredList()を再評価（もう一度filteredList()を実行）します。そのため、ウォッチャがなくてもページの表示と連動します（画面2）。

▼画面2　絞り込み機能の完成

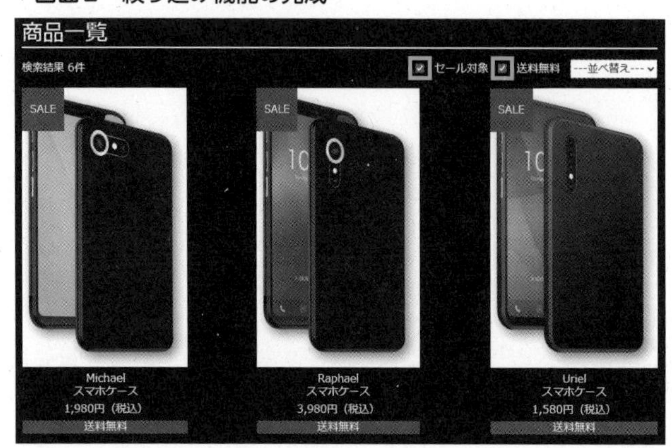

チェックボックスと
表示が連動するよ

仕上げに、「検索結果　6件」の部分も絞り込んだ結果と連動するようにしましょう。表示中の商品数は、countという変数名でdataオプションに定義しましたが、実はこれも使う必要がなくなりました。件数の数字にバインドするべきデータは、算出プロパティfilteredListが戻り値として返す配列の長さです。JavaScriptの配列はlengthプロパティで要素の個数を参照できるので、テンプレート側を次のように書き換えるだけで済んでしまいます（リスト6）。

リスト6　配列の長さをバインドする（main.html）

```
<div class="search__result">
  検索結果 <span class="search__count">{{filteredList.length}}件</span>
</div>
```

dataオプションのcountは要らなくなったので、削除しておきましょう。

もし、少しでもテンプレート側にJavaScriptの式を増やしたくない場合は、filteredList.lengthを返す算出プロパティをcountという名前で追加すればよいでしょう（リスト7、リスト8）。

リスト7　表示件数を返す算出プロパティを追加する（main.js）

```
computed: {
  // 検索条件で絞り込んだリストを返す算出プロパティ
  filteredList() {
    ...中略...
    // 商品リストを返す
    return filteredList;
  },
  // 検索条件で絞り込んだリストの件数を返す算出プロパティ
  count() {
    return this.filteredList.length;
  }
}
```

リスト8　配列の長さをバインドする（main.html）

```
<div class="search__result">
  検索結果 <span class="search__count">{{count}}件</span>
</div>
```

これで表示件数が連動するようになりました（画面3）。

▼画面3　表示件数と絞り込みの連動

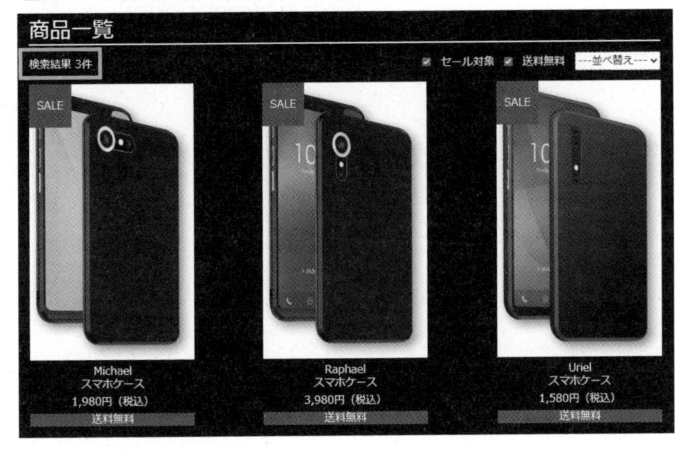

並べ替え機能を実装する

並べ替えは、現在表示中の商品リストを操作すればよいので、セレクトボックスにchangeイベントハンドラを仕掛けて、ハンドラ内で算出プロパティfilteredListの配列要素を並び替えればよさそうです。

しかし、算出プロパティは基本的には読み取り専用です。書き込みを許可する構文がないわけではありませんが、せっかく作ったlist→filteredListへ変換する仕組みに逆行することになるので、お勧めはできません。

そこで、このように考えてみましょう。セレクトボックスにバインドしたorderの値をfilteredListの算出処理の中で読み取り、並べ替えを済ませてしまいます。そして、並べ替えた結果を返すようにするのです。この方法なら、filteredListは常に絞り込みと並べ替えの両方を反映した配列を返すことになります（リスト9）。

リスト9 算出プロパティ内で並べ替えを行う（main.js）

```
computed: {
  // 検索条件で絞り込んだリストを返す算出プロパティ
  filteredList() {
    // コンポーネントのインスタンスを取得
    const app = this;
    // 商品の絞り込み
    const filteredList = this.list.filter(function(item){
      // 表示判定（true：表示する、false：表示しない）
      let show = true;
      // 検索条件：セール対象チェックあり
      if (app.check1) {
        // セール対象外の商品なら表示対象外
        if (!item.isSale) {
          show = false;
        }
      }
      // 検索条件：送料無料チェックあり
      if (app.check2) {
        // 送料がかかる商品なら表示対象外
        if (item.shipping !== 0) {
          show = false;
        }
      }
      // 表示判定を返す
      return show;
    });
    // 商品の並べ替え
    filteredList.sort(function(a,b){
      //「標準」が選択されている場合
      if (app.order === 1) {
        // 元のlistと同じ順番なので何もしない
```

```
        return 0;
      }
      //「安い順」が選択されている場合
      else if (app.order === 2) {
        // 価格が安い順にソート
        return a.price - b.price;
      }
    });
    // 商品リストを返す
    return filteredList;
  }
}
```

オブジェクトを含む配列の並び替えは、3-2節リスト6（129ページ）を参照してください。filteredListは常にdataオプションに定義したlistを元に配列を作るので、orderの値が1の場合（「標準」が選択された場合）は並べ替えをする必要がありません。orderの値が2の場合（「安い順」が選択された場合）だけ並べ替えを行います。

これでセレクトボックスで並べ替えができるようになりました（画面4）。

▼画面4　並べ替え機能の完成

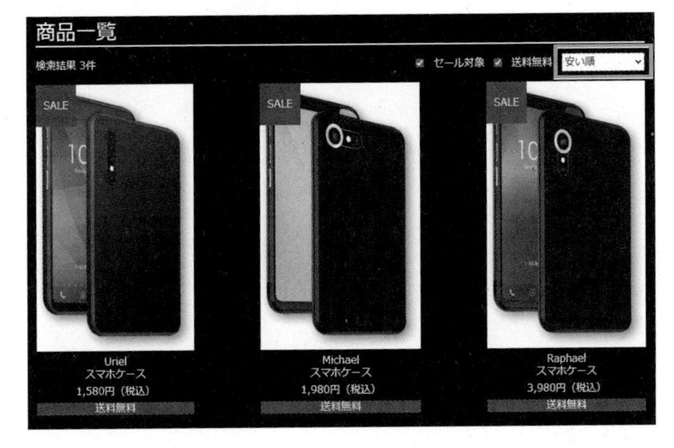

これで商品一覧の描画が完成しました。ただし、現時点では商品データがJavaScriptのコードに固定されているので、アプリケーションとしての独立性がありません。商品データの追加や変更が生じるたびに、プログラムを修正しなければならないからです。そこで、次の章では、アプリケーションの外部に置いた商品データを読み込む方法を解説します。

「this」が何を指すかはスコープによって変わる

2-3節（47ページ）で、thisはオブジェクトのインスタンスを指すキーワードと解説しましたが、thisは記述場所のスコープによって何を指すかが変わります。リスト1を見てください。

リスト1 スコープによってthisの内容は異なる

```
const app = Vue.createApp({
  data() {
    return {
      name: 'Sample',
      message: 'Hello Vue!'
    }
  },
  created() {
    console.log(this.name);     // ①「Sample」が出力される
    console.log(this.message); // ②「Hello Vue!」が出力される
  }
})
const vm = app.mount('#app');
window.name = 'New Window';
console.log(this.name);      // ③「New Window」が出力される
console.log(this.message);  // ④「undefined」が出力される
```

createApp()に渡すオブジェクト{...}の内側でthis.***を記述した場合、***はそのオブジェクトに定義されたプロパティやメソッドを指します。そのため、①と②ではdataオプションに定義されたnameとmessageの値が出力されます。

一方、{...}の外側のグローバルスコープでthis.***を記述した場合、ブラウザはwindowオブジェクトから***を探そうとします。そのため、③はwindowオブジェクトのnameプロパティを参照して「New Window」が出力されます。しかし、④のようにwindowオブジェクトに存在しないプロパティやメソッドを参照しようとすると、undefined（定義されていない旨を表すキーワード）が出力されます。

また、function(){...}のような無名関数の{...}内でthis.***を記述した場合も、thisはwindowオブジェクトのインスタンスを指します。次の例は、1秒ごとにカウントダウンするアプリケーションです（リスト2）。

リスト2 thisはwindowオブジェクトを指してしまう

```
const app = Vue.createApp({
  data() {
```

```
    return {
      count: 10
    }
  },
  created() {
    this.countDown();
  },
  methods: {
    countDown() {
      setInterval(function(){
        console.log(this.count--); // ①1秒ごとに「NaN」が出力される
      }, 1000);
    }
  }
})
const vm = app.mount('#app');
```

setIntervalは、第一引数に指定した関数を第二引数に指定した時間（単位はミリ秒）ごとに繰り返し実行するJavaScriptの関数です。

リスト2を実行すると、1秒ごとにコンソールに「10」「9」「8」・・・と出力されるように思えますが、実際はエラーが発生してしまいます。名前を持たない無名関数はグローバルスコープに入るので、無名関数の中で記述したthisはwindowオブジェクトを指し、windowオブジェクトにはcountという名前のプロパティがないからです。

このように、アプリケーション内で無名関数を使うとき、関数の中からdataのプロパティを参照するには次のようにします（リスト3）。

リスト3 bind()でアプリケーションのインスタンスを渡す

```
const app = Vue.createApp({
  data() {
    return {
      count: 10
    }
  },
  created() {
    this.countDown();
  },
  methods: {
    countDown() {
      setInterval(function(){
        console.log(this.count--); // ①1秒ごとにカウントダウンする
```

```
      }.bind(this), 1000);
    }
  }
})
const vm = app.mount('#app');
```

bind()は全ての関数オブジェクトに備わっているメソッドで、引数には「関数の中で記述したthisが何を指すか」を指定します。bind(this)のthisはアプリケーションのインスタンスを指しているので、①のthis.countはdataオプションのcountを指します。

bind()を使わない方法もあります（リスト4）。

リスト4 アプリケーションのインスタンスを関数の外で保持する

```
const app = Vue.createApp({
  data() {
    return {
      count: 10
    }
  },
  created() {
    this.countDown();
  },
  methods: {
    countDown() {
      const app = this;
      setInterval(function(){
        console.log(app.count--); // ①1秒ごとにカウントダウンする
      }, 1000);
    }
  }
})
const vm = app.mount('#app');
```

リスト4は、アプリケーションのインスタンスにthisとは異なる名前の変数（または定数）に入れておき、無名関数の中ではそれを参照すればよい、という考え方です。3-5節リスト4（150ページ）では、Array.filter(function(){...})の{...}内でアプリケーションのcheck1とcheck2を参照するためにこの考え方を使っています。

第4章

Ajaxで商品データを外部ファイルから読み込もう！

本章では、ソースコードから商品データを分離し、Ajax（非同期通信の技術）を使って外部ファイルを読み込む方法を学びます。

4-1 AjaxとJSON形式

Ajaxとは？

Ajax（エイジャックス）は、ウェブアプリケーションの構築を学ぶとき必ずと言ってよいほど出てくる用語で、正式名称を「**A**synchronous **Ja**vaScript + **X**ML」といいます。Ajaxは、HTMLやPHPなどといったプログラム言語の名称ではなく、ウェブアプリケーションにある種の機能を実装するためのアプローチ方法の名前です。

同期通信と非同期通信

アプリケーションのプログラムが、データの受け渡しなどで外部と通信を行うとき、**同期通信**と**非同期通信**の2つの方式があります。

同期通信は、アプリケーションが通信の相手側にデータを要求したとき、相手側から応答が返ってくるまでプログラムの実行を一時停止して待ち続ける通信方法です。そのため、複数の処理を順序正しく実行しなければならない場面に適しています。しかし、応答を待っている間はアプリケーションの操作ができなくなるので、検索処理など時間のかかる処理をサーバーに要求するアプリケーションでは、ユーザーにストレスを与えかねません。

一方、非同期通信は、外部との通信と、アプリケーションのメインロジックを実行するプログラムを並行して実行する通信方法です（図1）。

図1　同期通信と非同期通信の違い

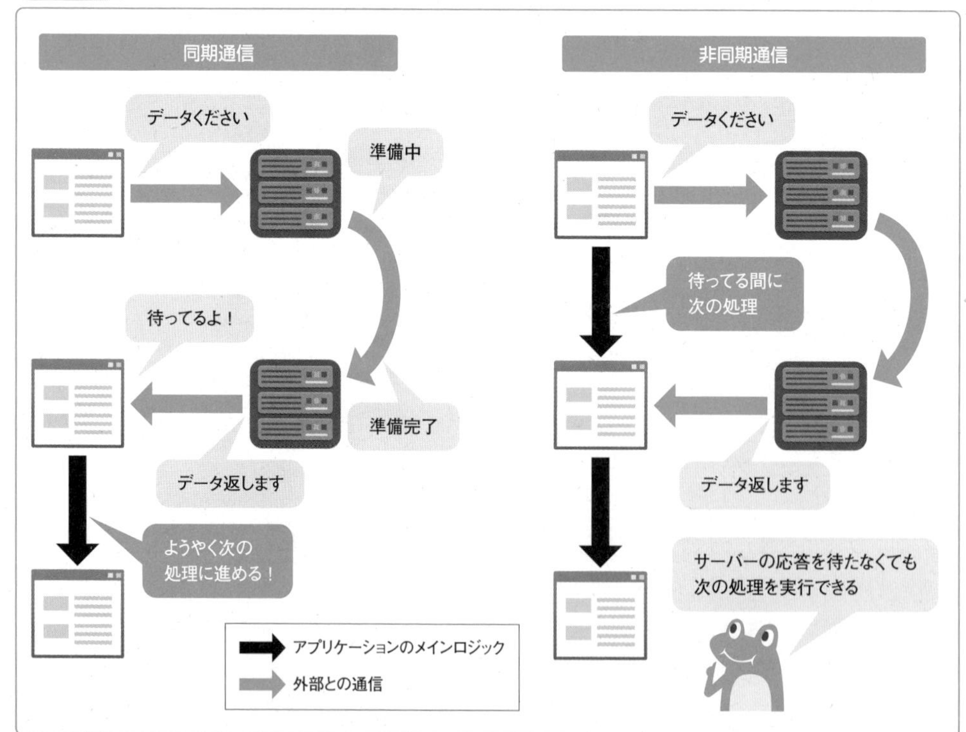

厳密には、完全に同時並行できるわけではありませんが、コンピューターは非常に短い時間で複数の処理を順番に切り替えて実行するので、私たち人間の目には同時に見えます。

非同期通信の典型例

Google マップは非同期通信を使ったアプリケーションの典型例です。同期通信の場合、地図をマウスで動かそうとすると、サーバー側で移動先の画像を生成してあらたにHTMLページを生成してブラウザに送り返すので、ページ全体がリロード（再読み込み）されてしまいます。しかし、非同期通信を使うと、JavaScriptでマウスカーソルの移動先を検知して、まだページに描画されていない範囲の画像だけをサーバー側に要求し、ページをリロードさせることなく、裏側でサーバーから受け取った画像をDOMに反映できます。そのため、通信量を最小限に抑えつつ、スムーズな描画が可能になります（図2）。

図2　グリグリと動かせる地図アプリ

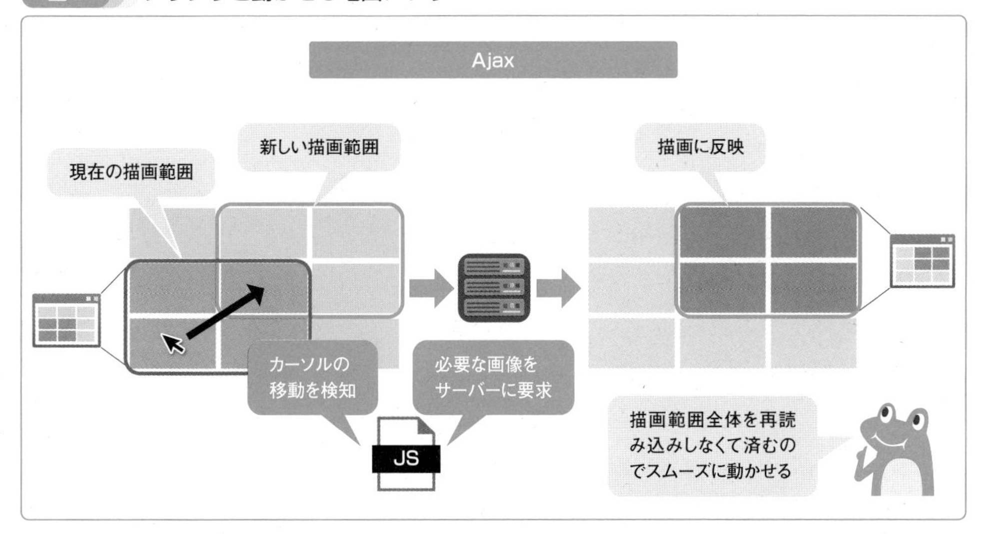

JavaScriptで実装する

Ajaxを使ったアプリケーションにおいて、非同期通信の窓口となってDOMとの橋渡しをするのはJavaScriptの役目です。マウスの動きやスクロール、タップなど、ウェブページで発生するイベントをハンドリングできるのはJavaScriptだからです。

Vue.jsを使ったアプリケーションでは、イベントハンドラやウォッチャ、ライフサイクルフック（52ページ）などで「非同期通信を実行すべきタイミング」が発生するのを待ち構え、JavaScriptでAjax用の処理を呼び出します。

XML形式

Ajaxで外部と通信するデータは、なるべくコンパクトで汎用的なフォーマットである必要があります。汎用的なデータフォーマットの典型例として「CSV形式」があります。CSVはデータとデータをカンマ「,」やタブなどで区切ったシンプルなフォーマットですが、1つ1つのデータの意味や、DOMのツリー構造のような階層を表現することができません。Ajaxでやり取りするデータは、ページの描画に反映させることが多いので、DOMと似たフォーマットのほうが何かと都合がよいはずです。

XMLはインターネット上の各種技術の標準化を推進する団体であるW3C（World Wide Web Consortium）によって仕様が策定されたマークアップ言語で、HTMLと似ていますが、独自にタグの名前を定義することができる柔軟性を備えたフォーマットです。そのため、アプリケーション側で解析しやすく、DOMとの照合も容易です。

XMLで記述したデータファイルの例を示します（リスト1）。

リスト1 XMLファイル（sample.xml）

```
<?xml version="1.0" encoding="utf-8"?>
<products>
  <item id="1">
    <name>商品A</name>
    <price>1280</price>
  </item>
  <item id="2">
    <name>商品B</name>
    <price>1980</price>
  </item>
</products>
```

このリストをsample.xmlというファイル名で保存してブラウザにドロップすると、Chromeでは次のような表示になります（画面1）。

▼画面1 ブラウザにXMLを読み込ませる

```
▼<products>
  ▼<item id="1">
     <name>商品A</name>
     <price>1280</price>
   </item>
  ▼<item id="2">
     <name>商品B</name>
     <price>1980</price>
   </item>
 </products>
```

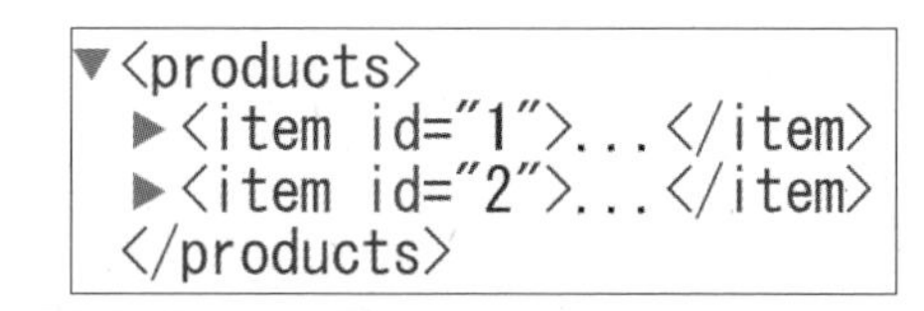

▼マークをクリックするとノードを開閉できるのは
ブラウザがXMLを解析できる証拠だね

JavaScriptには、XML形式のデータを受信して解析するためのXMLHttpRequestオブジェクトが用意されています。XMLHttpRequestオブジェクトを使えば、Selectors API（21ページ）などでDOMにアクセスするのと同じようにXMLのノードにアクセスできます。

Point XML（Extensible Markup Language：拡張可能なマークアップ言語）の特徴

- データの意味と構造をコンパクトに表現できる、汎用的なデータ記述言語。
- テキスト形式で記述できるため、様々な環境でのデータ交換に適している。
- データの文字コードはXMLのデータフォーマット内に定義する。
- データ型は定義できない。

JSONとは？

JSON（**J**ava**S**cript **O**bject **N**otation）はジェイソンと読み、その名が示す通り、JavaScriptのオブジェクト構文を使ってデータ構造を定義できるフォーマットです。JavaScript以外のプログラム言語からも利用できるので、異なるアプリケーション間でデータを連携したい場面で役立ちます。

JSON形式で記述されたテキストデータも、XMLHttpRequestオブジェクトを使って読み込むことができます。読み込んだデータはJavaScriptのオブジェクトとして扱うことができます。この手軽さから、特にAjaxを使用する場面で好んで使われるようになりました。

リスト1と同じデータをJSONで表現すると次のようになります（リスト2）。

リスト2 JSONファイル（sample.json）

```
[
  { "id": 1, "name": "商品A", "price": 1280 },
  { "id": 2, "name": "商品B", "price": 1980 }
]
```

JavaScriptのオブジェクト構文では、{ キー: 値 } のキーは自動的に文字列型と見なされますが、**JSONではキーが文字列であることを明確にするためにダブルクォーテーション「"」で囲まなければ構文エラーになる**ので、気を付けましょう。つまり、次の記述は間違いです（リスト3）。

リスト3 不正なJSON

```
[
  { id: 1, name: "商品A", price: 1280 },
  { id: 2, name: "商品B", price: 1980 }
]
```

また、値を文字列として扱いたい場合もダブルクォーテーションで囲みます。JavaScriptの構文では、文字列を表すためにシングルクォーテーションも使えますが、JSONではシングルクォーテーションはエラーになります。つまり、次の記述は間違いです（リスト4）。

リスト4 不正なJSON

```
[
  { "id": 1, name: '商品A', price: 1280 },
  { "id": 2, name: '商品B', price: 1980 }
]
```

さらに、配列の最後の要素の後ろにカンマ「,」をつけるのもJSONでは構文エラーになります。

Point JSON（JavaScript Object Notation：JavaScriptのオブジェクト表記法）の特徴

- JavaScriptのオブジェクト構文でデータを定義する。
- JavaScriptの配列記法を使ってXMLと同様のツリー構造を表現できる。
- データの文字コードはUTF-8にしなければならない。
- JavaScriptのオブジェクトとして扱うことができる。

4-2 JavaScriptでAjaxを利用する

Ajaxの例として、3-5節で使った商品リストをJSON形式の外部ファイルにして、JavaScriptを使って読み込んでみましょう。ここではまだVue.jsは使いません。

JSONデータを準備する

3-5節では、dataオプションにlistという名前で商品オブジェクトの配列を保持しました。この配列の内容をJSON形式で記述し、products.jsonというファイル名で保存することにしましょう。

まず、JavaScriptの配列をJSON形式に変換していきます。3-3節リスト3（137ページ）のdataオプションから、商品リストの配列をそのまま抜き出します（リスト1）。

リスト1　商品リストの配列

```
[
  { name: 'Michael<br>スマホケース', price: 1980, image: 'images/01.jpg',
shipping: 0, isSale: true },
  { name: 'Raphael<br>スマホケース', price: 3980, image: 'images/02.jpg',
shipping: 0, isSale: true },
  { name: 'Gabriel<br>スマホケース', price: 2980, image: 'images/03.jpg',
shipping: 240, isSale: true },
  { name: 'Uriel<br>スマホケース', price: 1580, image: 'images/04.jpg',
shipping: 0, isSale: true },
  { name: 'Ariel<br>スマホケース', price: 2580, image: 'images/05.jpg',
shipping: 0, isSale: false },
  { name: 'Azrael<br>スマホケース', price: 1280, image: 'images/06.jpg',
shipping: 0, isSale: false }
]
```

JSON形式では、1つ1つの配列要素 { プロパティ名: 値 } のプロパティ名や、文字列として扱いたい値はダブルクォーテーションで囲むことに注意しましょう（リスト2）。

リスト2　商品リストのJSON（products.json）

```
[
  { "name": "Michael<br>スマホケース", "price": 1980, "image": "images/01.
jpg", "shipping": 0, "isSale": true },
  { "name": "Raphael<br>スマホケース", "price": 3980, "image": "images/02.
jpg", "shipping": 0, "isSale": true },
  { "name": "Gabriel<br>スマホケース", "price": 2980, "image": "images/03.
```

```
jpg", "shipping": 240, "isSale": true },
  { "name": "Uriel<br>スマホケース", "price": 1580, "image": "images/04.
jpg", "shipping": 0, "isSale": true },
  { "name": "Ariel<br>スマホケース", "price": 2580, "image": "images/05.
jpg", "shipping": 0, "isSale": false },
  { "name": "Azrael<br>スマホケース", "price": 1280, "image": "images/06.
jpg", "shipping": 0, "isSale": false }
]
```

もう1点、非常に間違いやすいのが、JSONでは最後の配列要素の後ろに「,」をつけてはいけないことです。JavaScriptの配列は、やや構文の制約が緩いので、最後の配列要素の後ろに「,」をつけることが許可されていますが、JSONで記述するときは削除しなければなりません。たった一つの「,」が、プログラムが動かない原因になります。JavaScriptに限らず、プログラミングには厳密性が求められるので、細心の注意を払いましょう。

作成したファイルは、products.jsonという名前で保存しておきましょう。ファイルを保存するとき、文字コードをUTF-8にしておくことに注意してください（164ページ）。OSの標準エディターでは文字コードが指定できなかったり、Shift_JISで保存されることがあるので、Visual Studio CodeやATOMなどといった、文字コードを指定できるプログラミング用のエディターを使いましょう。

Visual Studio Codeダウンロードサイト

```
https://code.visualstudio.com/download
```

ATOMダウンロードサイト

```
https://atom.io/
```

イベントハンドラを作成する

商品データを読み込むためのボタンと、読み込んだデータを表示するエリアだけを配置したシンプルなページを作成しておきましょう（リスト3）。

リスト3　Ajaxのテスト（main.html、main.js）

HTML

```
<!DOCTYPE html>
<html lang="ja">
<head>
  <meta charset="utf-8">
  <title>商品一覧</title>
```

```
</head>
<body>
  <button id="load">読み込み</button>
  <div id="result"></div>
  <script src="main.js"></script>
</body>
</html>
```

JavaScript

```
const btnLoad = document.querySelector('#load');
// 読み込みボタンのクリックイベントハンドラを定義
btnLoad.addEventListener('click', function(event) {
  // ここにJSONを読み込む処理を記述する
});
```

ボタンはquerySelector('#load')の代わりにgetElementById('load')でも取得できます。また、関数の引数に関数の定義を記述する感覚に慣れないうちは、次のようにしてイベントハンドラをaddEventListenerの外側に定義しても構いません（リスト4)。表記方法が異なるだけで、実質的には同じです。

リスト4 Ajaxのテスト（main.js）

```
const btnLoad = document.getElementById('load');
// 読み込みボタンのクリックイベントハンドラを定義
btnLoad.addEventListener('click', clickHandler);
function clickHandler(event) {
  // ここにJSONを読み込む処理を記述する
}
```

XMLHttpRequestオブジェクトの使い方

JSONを読み込むイベントを設定できたので、次はXMLHttpRequestオブジェクトを使ってJSONを取得します（リスト5)。

リスト5 Ajaxのテスト（main.js）

```
const btnLoad = document.querySelector('#load');
// 読み込みボタンのクリックイベントハンドラを定義
btnLoad.addEventListener('click', function(event) {
  //【手順1】XMLHttpRequestオブジェクトのインスタンスを生成
  const xmlHttpRequest  = new XMLHttpRequest();
  //【手順2】通信状態の変化を監視するイベントハンドラを設定
```

```
  xmlHttpRequest.onreadystatechange = function() {
    // レスポンスの受信が正常に完了したとき
    if (this.readyState === 4 && this.status === 200) {
      // 受信したデータをコンソールに出力する
      console.log(this.readyState, this.response);
    }
  };
  //【手順3】レスポンスの形式を指定する
  xmlHttpRequest.responseType = 'json';
  //【手順4】リクエストメソッドと読み込むファイルのパスを指定する
  xmlHttpRequest.open('GET', 'products.json');
  //【手順5】リクエストを送信する（非同期通信を開始する）
  xmlHttpRequest.send();
});
```

XMLHttpRequestで外部データを取得するには、決まった手順があります。初めてAjaxに触れたときは難しく感じられるかもしれませんが、全て合理的な理由に基づいた手順なので、暗記しようとするのではなく、「何のためにこの手順を踏まないといけないのか？」に意識を向けると、理解しやすいでしょう。

5つの手順を簡単に解説します。

【手順1】XMLHttpRequestオブジェクトのインスタンスを生成する。

通信を担うXMLHttpRequestオブジェクトのインスタンスを生成します。

【手順2】通信状態の変更を監視するイベントハンドラを設定する。

XMLHttpRequestオブジェクトを使うと、ブラウザが通信の開始や完了などといった進行状況の変化を監視し、onreadystatechangeという名前のイベントハンドラを介してプログラム側へ通知してくれます。非同期通信においては、通信の完了を待ち受ける仕掛けを用意しておかないと、受信したデータを描画に反映することができません。XMLHttpRequestを使った通信状態が変化すると、readyStateプロパティに状態を表す値がセットされます。「4」はプログラムが要求した処理が完了したことを表すので、データの送受信の完了を待ち受けるときに使います（表1）。

▼表1　readyStateが取り得る値

値	状態	説明
0	UNSENT	XMLHttpRequestのインスタンスが生成された
1	OPENED	open()メソッドが実行された
2	HEADERS_RECEIVED	send()メソッドが実行された
3	LOADING	受信中
4	DONE	一連の操作が完了した

ただし、readyStateは通信が成功しても失敗しても4を返します。そのため、成功か失敗かを判断するには、HTTPレスポンスコードがセットされているstatusプロパティが200かどうかを調べます。

通信が成功すると、受信したデータはresponseプロパティに代入されます。データの取り出し方は、このあと解説します。

【手順3】受信データ（レスポンス）の形式を指定する。

サーバーにデータを要求する前に、データをどのような形式で受信するかをオブジェクトに設定しておきます。JSON形式で受信したい場合はjsonを指定します。

【手順4】リクエストメソッドと読み込むファイルのパスを指定する。

インターネット上でのHTTP通信を使った主な方式にGETとPOSTがあります。GETはデータを要求する場面で使用し、POSTはお問い合わせフォームのようにデータを送信する場面で使用します。

ここではJSONデータをサーバーに要求するので、open()メソッドの第一引数にGETを指定します。第二引数には、JavaScriptファイルから見た相対パスか絶対パスのいずれかで要求するデータのURLを指定します。

【手順5】リクエストを送信する（非同期通信を開始する）。

ここまでの手順で、通信状態を監視するイベントハンドラおよび通信方式、要求するURLなど、必要事項の設定が終わったので、最後にsend()メソッドで通信を開始します。

onreadystatechange に設定したイベントハンドラが実行されるのは、send()メソッドを呼び出した後です。

クロスドメイン制約への対応

実はリスト5のコードは、そのままではローカルPCのブラウザでは動きません。「読み込み」ボタンをクリックすると、ブラウザのコンソールに次のようなエラーが出力されます。

```
Access to XMLHttpRequest at 'file:///～～～/products.json' from origin
'null' has been blocked by CORS policy: Cross origin requests are only
supported for protocol schemes: http, data, chrome, chrome-extension,
chrome-untrusted, https.
```

エラーを恐れずに、翻訳サイトなどを使って意味を捉えましょう。大意は次の通りです。

「file:///～～～」におけるXMLHttpRequestへのアクセスは、CORSのセキュリティーポリシー上の理由でブロックされました。CORSは、「http、data、chrome、chrome-extension、 chrome-untrusted、https」以外のプロトコルスキームでクロスオリジン要求を許可しません。

CORSとは？

CORS（**C**ross-**O**rigin **R**esource **S**haring）とは、ブラウザがオリジン（HTMLを読み込んだサーバー）以外の場所からデータを取得する仕組みです。オリジンは通信方法を表す「プロトコルスキーム」、サーバーを表す「ホスト名」、通信の窓口となる番号を表す「ポート番号」の組み合わせで識別されます。http://www.xxx.com:80/というURLを例にすると、「http://」がプロトコルスキーム、「www.xxx.com」がホスト名、「80」がポート番号です。

ブラウザは原則として、異なるオリジンからのアクセスを認めていません。もし認めてしまうと、他のドメインに配置されたリソースに自由にアクセスできてしまうことになり、他人のサーバーに向けて悪意のあるスクリプトを実行できてしまうからです。このセキュリティー上の制約を**クロスドメイン制約**と呼びます。XMLHttpRequestはクロスドメイン制約を受けます。一方、HTMLタグの<script>や<link>、<img>などはクロスドメイン制約を受けません。

さて、ローカルPC上のファイルは、ブラウザのアドレスバーを見ると「http://」や「https://」ではなく「file://」で始まっています。これは、ローカルPC上のリソースはfileというプロトコルスキーム（通信規約）に従ってアクセスしていることを示しています。従って、上記ポリシーに照らすと、自分のPC上のリソースであっても、XMLHttpRequestを使ってアクセスすることはできないことになります。

レンタルサーバーを契約している場合や、フリーソフトのXAMPPなどを使ってローカルPCにサーバー環境を構築すれば、同じオリジンからHTTPでアクセスすることになるので、クロスドメイン制約を受けることなく、リスト5は正常に動作します（画面1）。

▼画面1　サーバー環境での動作

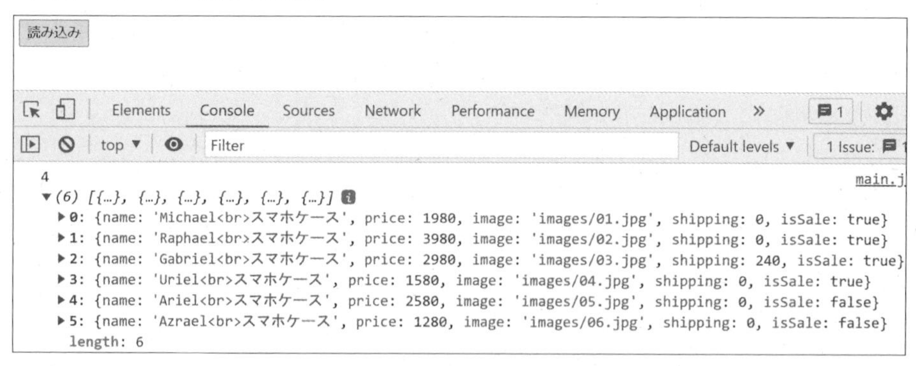

JSONのデータが
取得できた!

ローカル環境でクロスドメイン制約を回避するには？

クロスドメイン制約を実装しているのはブラウザです。Chromeでは、ブラウザの起動オプションに以下のパラメータを追加することで、クロスドメイン制約を回避できます。ここで紹介する方法は、本書執筆時点のChrome（バージョン：97.0.4692.99）で有効ですが、将来のアップデートで使えなくなる可能性があります。その場合はサーバー環境が必要になります。

```
--disable-web-security --user-data-dir="C://Chrome dev session"
```

MACの場合、ターミナルを起動して次のようにパラメータを指定します（OSによって指定方法が異なります）。

```
open "/Applications/Google Chrome.app" --args --disable-web-security
--user-data-dir --disable-site-isolation-trials
```

Windowsの場合、デスクトップにChromeのショートカットを作成し、右クリックで「ショートカット > リンク先」に表示されている、chrome.exeのパスの後ろに半角スペース1つ空けて上記パラメータを追加します（画面2）。

▼画面2　Chromeの起動オプションにパラメータを追加する

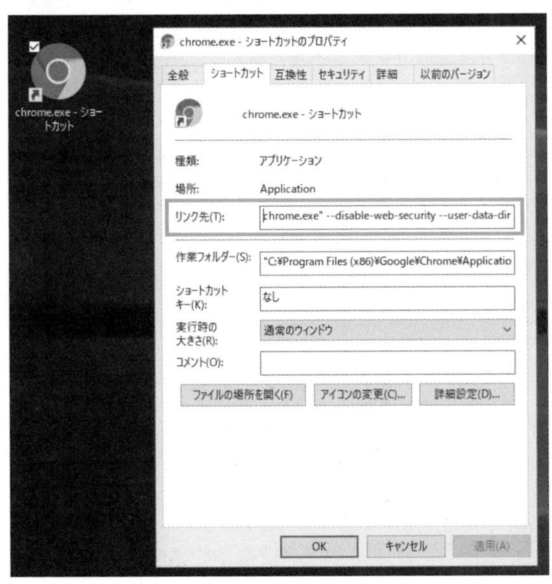

"C:¥Program Files～～～chrome.exe"
の後ろに追加しよう

ショートカットからChromeを起動すると、アドレスバー付近に次のような警告が表示されます（画面3）。

▼画面3 パラメータが有効になった

これでショートカットからChromeを起動した場合だけ、クロスドメイン制約を受けなくなります。これは本来のセキュリティに反する設定なので、開発時のみ使うようにしましょう。

☑ Point 画面3のような警告が表示されない場合は？

既にChromeが起動しているとパラメータが有効にならないので、Chromeを全て終了させてから起動しましょう。

ローカルPCで動かすには、もう1点だけリスト5に修正が必要です（リスト6）。

リスト6 Ajaxのテスト（main.js）

```
if (this.readyState === 4 /*&& this.status === 200*/) {
  console.log(this.readyState, this.response);
}
```

通信プロトコルが「file://」の場合、通信が成功してもHTTPレスポンスコードは0が返されます。そもそも「file://」はHTTP通信ではないので、statusは意味を持たず、最初から0のまま変わりません。

さあ、これでローカルPC上のJSONが取得できるようになりました（画面4）。

▼画面4 ローカルでJSONが取得できる

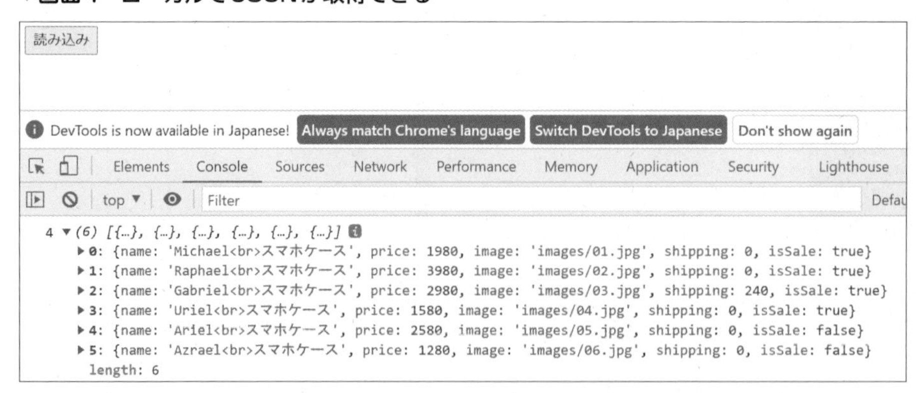

実は、クロスドメイン制約の仕様を逆手に取ったJSONPという手法があります。JSONPを使うと、ブラウザの起動オプションを変更することなく、ドメインの壁を越えてJSONデータの通信が可能になります（ただし、サーバー環境が必要です）。JSONPについては4-4節（183ページ）で解説するので、JSONが使えるようになったらJSONPも一緒に習得しておきましょう。

レスポンスを処理する

受信したJSONは、XMLHttpRequestのresponseプロパティにオブジェクトの配列として格納されるので、let products = this.response; のようにして、変数に受け取ることができます。

あとは配列を自由に加工して、描画に反映するだけです。1件分の商品データを文字列で連結して<div>で囲って出力すると、次のようになります（リスト7、画面5)。

リスト7 Ajaxのテスト（main.js）

```
const btnLoad = document.querySelector('#load');
// 読み込みボタンのクリックイベントハンドラを定義
btnLoad.addEventListener('click', function(event) {
  //【手順1】XMLHttpRequestオブジェクトのインスタンスを生成
  const xmlHttpRequest  = new XMLHttpRequest();
  //【手順2】通信状態の変化を監視するイベントハンドラを設定
  xmlHttpRequest.onreadystatechange = function() {
    // レスポンスの受信が正常に完了したとき
    if (this.readyState === 4 /*&& this.status === 200*/) {
      // 受信したJSONを変数に格納する
      const products = this.response;
      // 商品リストの子ノードを全て削除する
      const result  = document.querySelector('#result');
      result.textContent = '';
      // 商品の子ノードをDOMに挿入する
      for (let i=0; i<products.length; i++) {
        let text = '商品名:' + products[i].name;
        text += ' 料金:' + products[i].price;
        text += ' 画像パス:' + products[i].image;
        text += ' 送料:' + products[i].shipping;
        text += ' セール対象:' + products[i].isSale;
        const div = document.createElement('div');
        div.textContent = text;
        result.appendChild(div);
      }
    }
  };
  //【手順3】レスポンスの形式を指定する
```

```
    xmlHttpRequest.responseType = 'json';
    //【手順4】リクエストメソッドと読み込むファイルのパスを指定する
    xmlHttpRequest.open('GET', 'products.json');
    //【手順5】リクエストを送信する（非同期通信を開始する）
    xmlHttpRequest.send();
});
```

▼画面5　JSONを加工してDOMに反映する

もし画面5のようにならない場合は、HTMLやJavaScript、JSONの記述が間違っているか、JSONを保存するときの文字コードが間違っているか、ブラウザにクロスドメイン制約の適用を回避する設定ができていないか、この3つの可能性が考えられます。

JSONを初めて作る方は、JSONの構文を注意深く確認してみましょう。

Point　ローカル環境のJSONをAjaxで読み込めない場合によくある原因

- JSONのファイルがUTF-8以外の文字コードで保存されている。
- JSONデータの「キー」がダブルクォーテーション「"」で囲まれていない。
- JSONデータの「文字列データ」がダブルクォーテーション「"」で囲まれていない。
- JSONデータの最後の配列要素の後ろに余分な「,」がついている。
- ブラウザにクロスドメイン制約の適用を回避する設定ができていない。

4-3 jQueryでAjaxを利用する

今度は、前節で作成したAjaxのプログラムをjQueryで実装してみましょう。

jQueryとは？

jQueryは2006年に誕生したJavaScript用の拡張ライブラリで、JavaScriptのコードをより簡単に記述できるように設計されています。そのため、2006年以降にJavaScriptを学び始めた方の中には、純粋なJavaScriptよりもjQueryを好んで使っている方も多いことでしょう。

jQueryは、DOMの操作やイベントハンドリングのための構文が充実しており、非同期通信用のメソッドも用意されています。慣れれば純粋なJavaScriptよりも使い勝手はよいでしょう。

jQueryのインストール

Vue.jsと同様に、jQueryもCDNで公開されているので、<script>タグでHTMLに読み込むだけで利用できます。代表的なCDNを紹介します。

jsDelivr

```
https://cdn.jsdelivr.net/npm/jquery@3.6.0/dist/jquery.min.js
```

（公式サイト：https://www.jsdelivr.com/）

jQuery CDN

```
https://code.jquery.com/jquery-3.6.0.min.js
```

（公式サイト：https://code.jquery.com/）

cdnjs

```
https://cdnjs.cloudflare.com/ajax/libs/jquery/3.6.0/jquery.min.js
```

（公式サイト：https://cdnjs.com/）

イベントハンドラを作成する

商品データを読み込むためのボタンと、読み込んだデータを表示するエリアだけを配置したシンプルなページを作成しておきましょう（リスト1）。

リスト1　Ajaxのテスト（main.html、main.js）

HTML

```
<!DOCTYPE html>
```

```
<html lang="ja">
<head>
  <meta charset="utf-8">
  <title>商品一覧</title>
</head>
<body>
  <button id="load">読み込み</button>
  <div id="result"></div>
  <script src="https://code.jquery.com/jquery-3.6.0.min.js"></script>
  <script src="main.js"></script>
</body>
</html>
```

JavaScript

```
$('#load').on('click', function(event) {
  // ここにJSONを読み込む処理を記述する
});
```

jQueryでのDOMアクセスは、Selectors API（21ページ）と同様にCSSのセレクタ表記を使って$('セレクタ')のようにします。イベントハンドリングは、addEventListener()の代わりにon()メソッドを使い、第一引数にイベントの名前、第二引数に具体的なイベントハンドラの関数定義を記述します。次のようにしてイベントハンドラをon()の外側に定義しても構いません（リスト2）。

リスト2　Ajaxのテスト（main.js）

```
// 読み込みボタンのクリックイベントハンドラを定義
$('#load').on('click', clickHandler);
function clickHandler(event) {
  // ここにJSONを読み込む処理を記述する
}
```

JSONを取得する

jQueryではXMLHttpRequestオブジェクトの代わりに$.ajax()メソッドを使います（リスト3）。

リスト3　Ajaxのテスト（main.js）

```
// 読み込みボタンのクリックイベントハンドラを定義
$('#load').on('click', clickHandler);
```

```
function clickHandler(event) {
  // 非同期通信でJSONを読み込む
  $.ajax({
    url : 'products.json',  // 通信先URL
    type: 'GET',            // 使用するHTTPメソッド(デフォルトがGETなので省略可能)
    dataType: 'json'        // レスポンスのデータタイプ
  })
  .done(function(data, textStatus, jqXHR) {
    // ここに通信成功時の処理を記述する
    console.log('通信が成功しました');
  })
  .fail(function(jqXHR, textStatus, errorThrown) {
    // ここに通信失敗時の処理を記述する
    console.log('通信が失敗しました');
  });
}
```

$.ajax() メソッド

$.ajax()という表記が奇妙に思えるかも知れません。jQueryの構文にはたびたび「$」が登場しますが、これは「jQuery」のエイリアス（別名の意味）です。何度もjQueryと記述するとコードが長くなり、JavaScriptの構文を拡張したメリットが損なわれるため、慣習的に「$」が使われます。

従って、$.ajax()はjQuery.ajax()の短縮表記であり、ライブラリの中で定義されているグローバルスコープのオブジェクト変数jQueryが持つajax()メソッドを呼び出しているに過ぎません。ajax()メソッドは、非同期通信に必要ないくつかの情報を1つのオブジェクト形式にまとめたものを引数にとります。url、type、dataType以外にも任意で指定できるパラメータが多数あるのですが、JSONを取得する場合は最低限この3つを押さえておけばよいでしょう。4-2節リスト5（167ページ）と見比べると、XMLHttpRequestオブジェクトで非同期通信を行う場合も、同じ情報を指定していることがわかります。urlとtypeに相当する情報はopen()メソッドの引数で指定し、dataTypeに相当する情報はresponseTypeプロパティに指定します。jQueryのajax()メソッドはこれらの情報を引数にまとめて指定できるよう、使い勝手を向上させたものと言えます。

書式

```
$.ajax({オブジェクト構文のパラメータ}).done(コールバック関数).fail(コールバック関数)
パラメータには、url、type、dataTypeなどが指定できる
```

コールバック関数

XMLHttpRequestオブジェクトを使った非同期通信では、通信状態の変化を監視するためにonreadystatechangeという名前のイベントハンドラを利用しましたが、イベントハンドラのようにあらかじめ登録しておけば自動的に呼び出される関数のことを、プログラミング用語で**コールバック関数**と呼びます。

jQueryの$.ajax()メソッドを実行すると、プロミスと呼ばれる特殊な性質を持ったオブジェクトが戻り値として返されます。プロミスオブジェクトにはコールバック関数を指定でき、$.ajax()メソッドでは通信成功時のコールバック関数をdoneに、通信失敗時のコールバック関数をfailに登録できます。そのため、

```
const jqXHR = $.ajax(引数);
jqXHR.done(コールバック関数);
```

と分けて記述する代わりに、$.ajax(引数).done(コールバック関数)のようにメソッドを連鎖的に実行する記述が可能になります。1つ目のメソッドが返すオブジェクトを受け取る変数を宣言しなくて済むので、ソースコードが簡潔になります。このように、メソッドがオブジェクトを返すことを利用して複数のメソッドを連鎖的に記述する方法を**メソッドチェーン**と呼びます。

done

doneには、通信成功時に実行したい処理を記述したコールバック関数を指定します。

書式
```
done(function(data, textStatus, jqXHR))
```

doneに指定したコールバック関数には3つの引数が渡されます（表1）。

▼表1　doneのコールバック関数に渡される引数

引数	説明
data	dataTypeで指定した形式のデータ
textStatus	通信のステータスを表す文字列
jqXHR	$.ajax()が返すプロミスオブジェクト

リスト3の場合、dataにはJSON形式のデータ、つまりJavaScriptの配列が渡されます。textStatusには、successやerrorといった文字列が代入されます。jqXHRはコールバック関数を登録できるプロミスオブジェクトだと説明しましたが、jQueryXMLHttpRcauestの略であることから想像できるように、XMLHttpReauestが持っているreadyState、statusなどのプロパティと同じプロパティも持っています。doneのコールバック関数内にconsole.

log(jqXHR)を記述して、コンソールでjqXHRの中身を見てみましょう（リスト4、画面1）。

リスト4　$.ajaxメソッドの戻り値（main.js）

```
// 読み込みボタンのクリックイベントハンドラを定義
$('#load').on('click', clickHandler);
function clickHandler(event) {
  // 非同期通信でJSONを読み込む
  $.ajax({
    url : 'products.json',  // 通信先URL
    type: 'GET',            // 使用するHTTPメソッド(デフォルトがGETなので省略可能)
    dataType: 'json'        // レスポンスのデータタイプ
  })
  .done(function(data, textStatus, jqXHR){
    // ここに通信成功時の処理を記述する
    console.log(jqXHR);
  })
  .fail(function(jqXHR, textStatus, errorThrown){
    // ここに通信失敗時の処理を記述する
    console.log('通信が失敗しました');
  });
}
```

▼画面1　jqXHRの中身をコンソールで確認する

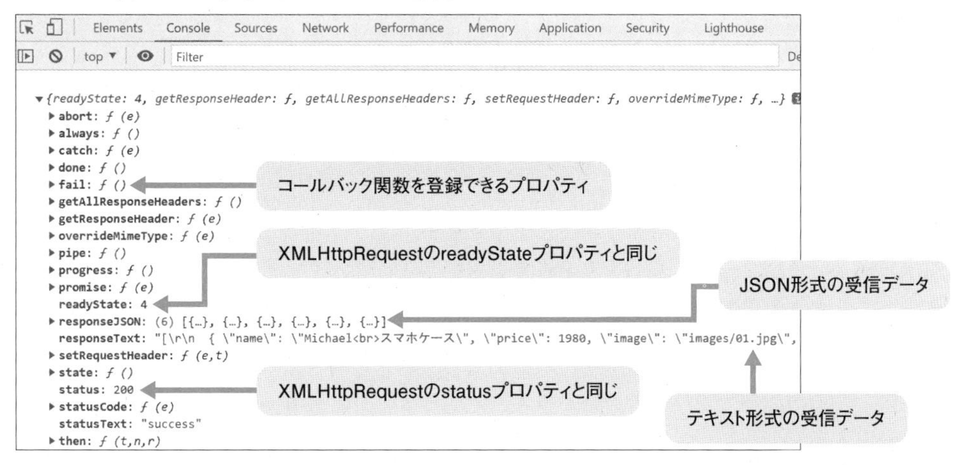

jqXHRにはいろんな情報が格納されているんだね

詳細はjQueryの公式リファレンスに記載されていますが、読んで得た知識は実際に自分の目で確かめたほうが定着しやすいので、コンソールを積極的に利用しましょう。

fail

failには、通信失敗時に実行したい処理を記述したコールバック関数を指定します。

書式
```
fail(function(jqXHR, textStatus, errorThrown)
```

failに指定したコールバック関数には3つの引数が渡されます（表2)。

▼表2 failのコールバック関数に渡される引数

引数	説明
jqXHR	$.ajax()が返すプロミスオブジェクト
textStatus	通信のステータスを表す文字列
errorThrown	エラーの意味を表す文字列

$.ajax()の引数に、実在しないURLを指定したり、dataTypeに間違ったタイプを指定したりすると、通信は確実に失敗するので、failのコールバック関数を試すことができます。

レスポンスを処理する

では、通信が成功した場合のコールバック関数に、受信したJSONを画面に描画する処理を追加してみましょう（リスト5)。

リスト5 受信したデータを画面に反映する（main.js）
```
// 読み込みボタンのクリックイベントハンドラを定義
$('#load').on('click', clickHandler);
function clickHandler(event) {
  // 非同期通信でJSONを読み込む
  $.ajax({
    url : 'products.json',  // 通信先URL
    type: 'GET',            // 使用するHTTPメソッド（デフォルトがGETなので省
略可能)
    dataType: 'json'        // レスポンスのデータタイプ
  })
  .done(function(data, textStatus, jqXHR) {
    // ここに通信成功時の処理を記述する
    updateScreen(data);
  })
  .fail(function(jqXHR, textStatus, errorThrown) {
    // ここに通信失敗時の処理を記述する
```

```
    console.log('通信が失敗しました');
  });
}

// 商品一覧の描画を更新する
function updateScreen(products) {
  // 商品リストの子ノードを全て削除する
  $('#result').empty();
  // 商品の子ノードをDOMに挿入する
  let list = '';
  for (let i=0; i<products.length; i++) {
    list += '<div>';
    list += '商品名:' + products[i].name;
    list += ' 料金:' + products[i].price;
    list += ' 画像パス:' + products[i].image;
    list += ' 送料:' + products[i].shipping;
    list += ' セール対象:' + products[i].isSale;
    list += '</div>';
  }
  $('#result').append(list);
}
```

商品一覧の描画を更新する処理は、関数化してイベントハンドラから分離しました。MVCモデル（2-2節、38ページ）に当てはめると、イベントハンドラは通信の成功と失敗に応じて処理を振り分けるコントローラー（Controller）であり、描画の更新はビュー（View）に相当するからです。短いプログラムでも、役割に応じて記述場所を分けることを意識しましょう。

jQueryにはDOMの操作を簡潔に記述できるメソッドが多数あります。empty()は子ノードを一括削除し、append()は引数に指定したノードを子ノードの最後に追加するメソッドです。公式リファレンスのManipulationのカテゴリーにDOM操作用のメソッド一覧が載っているので、暗記に頼らず、思い出せないことがあったらすぐに検索することを心掛けましょう。

Manipulation | jQuery API Documentation

https://api.jquery.com/category/manipulation/

171ページの方法でクロスドメイン制約を回避したブラウザでリスト5を実行すると、次のようになります（画面2）。

▼画面2　jQueryでJSONを読み込む

読み込み
商品名:Michael
スマホケース 料金:1980 画像パス:images/01.jpg 送料:0 セール対象:true
商品名:Raphael
スマホケース 料金:3980 画像パス:images/02.jpg 送料:0 セール対象:true
商品名:Gabriel
スマホケース 料金:2980 画像パス:images/03.jpg 送料:240 セール対象:true
商品名:Uriel
スマホケース 料金:1580 画像パス:images/04.jpg 送料:0 セール対象:true
商品名:Ariel
スマホケース 料金:2580 画像パス:images/05.jpg 送料:0 セール対象:false
商品名:Azrael
スマホケース 料金:1280 画像パス:images/06.jpg 送料:0 セール対象:false

jQueryで
JSONが取得できた

いかがでしょうか？　純粋なJavaScriptを使った方法とjQueryを使った方法のどちらも、JSONを取得するプログラム自体はそれほど複雑ではないことを感じていただけたでしょうか。

むしろ、取得したJSONを描画に反映するDOM操作のほうが複雑かもしれません。ここではJSONの商品データを単純に文字列で連結したものを描画しましたが、実際のアプリケーションではきちんとタグで囲って項目を分けて描画することになるでしょう。もし、受信したJSONをVue.jsでDOMにデータバインディングできたら、とてもプログラムが楽になり、コードが簡潔になると思いませんか？

4-5節でその方法を解説しますが、その前にドメインの壁を超える現実的な方法を次の節で解説します。

4-4 JSONPでクロスドメイン制約を回避する

JSONPは、クロスドメイン制約を回避できる方法です。書き方はJSONと似ていますが、メカニズムが全く異なるので、混同しないように丁寧に理解を進めていきましょう。

JSONPとは？

JSONPとは、「JSON形式のデータを引数で受け取る関数」を実行するJavaScriptのコードです。JSONはデータの形式につけられた名前ですが、JSONPは関数を実行するプログラムであって、データの形式ではありません。

たとえば第3章で作成した商品リストのJSONをJSONPにすると、次の形になります（リスト1）。

リスト1　商品リストのJSONP（products.js）

```
// products関数にJSONを渡す
products([
  { "name": "Michael<br>スマホケース", "price": 1980, "image": "images/01.jpg", "shipping": 0, "isSale": true },
  { "name": "Raphael<br>スマホケース", "price": 3980, "image": "images/02.jpg", "shipping": 0, "isSale": true },
  { "name": "Gabriel<br>スマホケース", "price": 2980, "image": "images/03.jpg", "shipping": 240, "isSale": true },
  { "name": "Uriel<br>スマホケース", "price": 1580, "image": "images/04.jpg", "shipping": 0, "isSale": true },
  { "name": "Ariel<br>スマホケース", "price": 2580, "image": "images/05.jpg", "shipping": 0, "isSale": false },
  { "name": "Azrael<br>スマホケース", "price": 1280, "image": "images/06.jpg", "shipping": 0, "isSale": false }
]);
```

もし、このコードよりも手前にfunction products(){…}という関数が定義されていれば、リスト1のJSONPは決して新しい構文ではなく、ただ単に定義済みのproducts()関数を呼び出すだけの見慣れたコードということになります（リスト2）。

リスト2　JSONPは単なる関数呼び出し

```
// products関数を定義する
function products(json) {
  //jsonに入っている商品リストを画面に描画する処理
}
```

```
// JSONを引数としてproducts関数を実行する
products(ここにJSONを記述する);  // ←この行のことをJSONPと呼んでいるだけ
```

さてここで、JSONPの部分だけを別ファイル（ここではproducts.jsとします）にして、ローカルまたはサーバーの任意の場所に置いたとしましょう（図1）。

図1 JSONPをサーバーに配置した場合

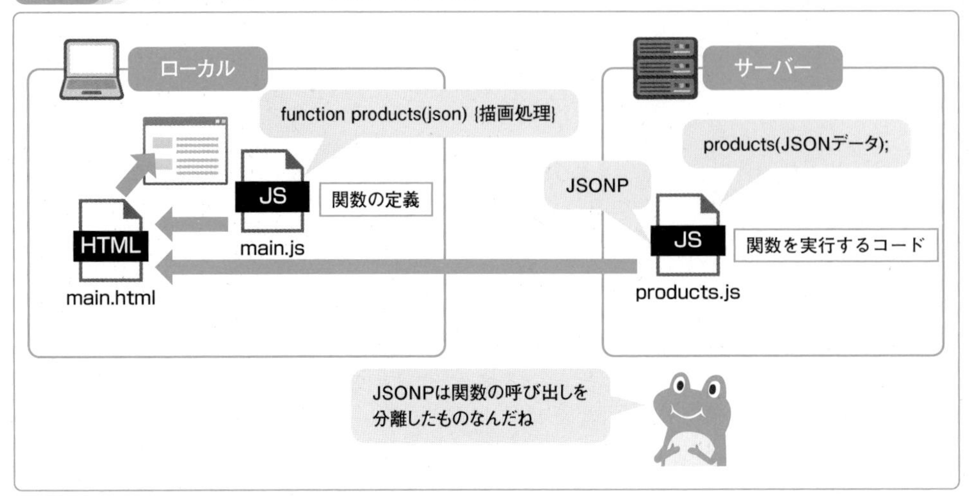

main.jsはアプリケーションのメインロジックを記述したJavaScriptファイルで、ここにproducts()関数の定義が記述されているものとします。そして、main.jsとproducts.jsをこの順番に<script>タグでHTMLに読み込むと、main.jsにリスト2を直接記述した場合と全く同じ状態になります。この状況は、まるでイベントハンドラに設定したコールバック関数がサーバーから呼び出されているように捉えることができます。すなわち、ローカル側のmain.jsに定義したproducts()関数は、サーバー側のJSONPがHTMLに読み込まれたタイミングで実行されるイベントハンドラであると見なすことができます。

このとき、JSONPは<script>タグを使って読み込んでいるので、クロスドメイン制約を受けません。<script>タグで読み込んだリソースはクロスドメイン制約を受けないという例外があるからです（170ページ）。JSONだとそうはいきません。

JSONは単なるテキスト形式のデータなので、<script>タグで読み込んでも実行できません。そこでXMLHttpRequestオブジェクトを使って読み込むわけですが、XMLHttpRequestはクロスドメイン制約があるので、同じサーバーの同じドメイン内に置かなければ読み込むことができません。

しかしJSONPは関数を実行するJavaScriptのプログラムなので、異なるサーバー、異なるドメインに置いても<script>タグで読み込むことができます。

JSONPを非同期で読み込む

リスト1のproducts.jsをサーバーに置き、products.js を<script>タグの代わりにjQueryの$.ajax()を使って非同期で読み込むと、次のようになります（リスト3）。

リスト3　JSONPを非同期で読み込む（main.html、main.js）

HTML

```html
<!DOCTYPE html>
<html lang="ja">
<head>
  <meta charset="utf-8">
  <title>商品一覧</title>
</head>
<body>
<script src="https://code.jquery.com/jquery-3.6.0.min.js"></script>
<script src="main.js"></script>
</body>
</html>
```

JavaScript

```javascript
// JSONPのURL（サーバーに配置する）
const url = 'サーバーのURL/products.js';
// 非同期通信でJSONPを読み込む
$.ajax({
  url : url,                  // 通信先URL
  type: 'GET',                // 使用するHTTPメソッド
  dataType: 'jsonp',          // レスポンスのデータタイプ
  jsonp: 'callback',          // クエリパラメータの名前
  jsonpCallback: 'products'   // コールバック関数の名前
})
.done(function(data, textStatus, jqXHR) {
  console.log(data);
})
.fail(function(jqXHR, textStatus, errorThrown) {
  console.log('通信が失敗しました');
});
```

「サーバーのURL」には、http://●●●.comのように、products.jsを配置するサーバーのURLを記述します。

受信するデータはJSONPなので、dataTypeにはjsonpを指定します。jsonpとjsonpCallbackはJSONPを扱う場合に必要なパラメータです。ブラウザはJSONPを要求するとき、サーバーに対して「http://.../products.js?callback=コールバック関数名」のように、URLの後ろに「JSONPに定義してある関数のうち、どの関数を呼び出すのか」を表すパラメータを付与したリクエストを送信します。ブラウザとサーバー間でやり取りされたリクエストとレスポンスの中身は、デベロッパーツールのNetworkタブで確認できます（画面1）。

▼画面1　実際に送信されたJSONPのリクエスト

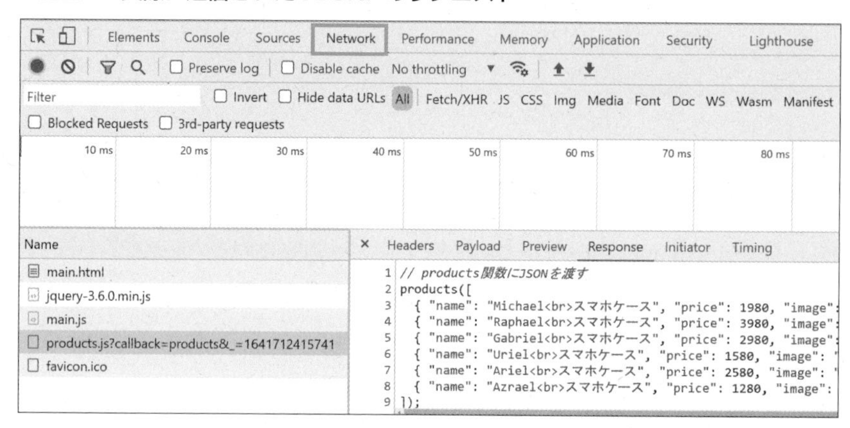

Networkタブでリクエストの内容を確認しよう

ブラウザはJSONPのリクエストURLを構築する際、jsonpに指定された文字列をクエリパラメータ名（callbackの部分）に当てはめます。同様に、jsonpCallbackに指定された文字列をクエリパラメータの値（「=」の後ろの部分）に当てはめます。その結果、「callback=products」となり、JSONPの受信後にproducts関数が呼び出されるようになります。

もしjsonpを指定しなかった場合、ブラウザはデフォルトで"callback"という文字列をクエリパラメータ名として使います。別のクエリパラメータ名で公開されているウェブサービスを利用する場合は、jsonpに正しいパラメータ名を指定しなければなりません。

jsonpCallbackを指定しなかった場合、jQueryは"callback=jQuery33108327…"のようなランダムな文字列を自動的に付与します。そのため、読み込んだJSONPに記述してある関数を認識することができず、通信エラーが発生してしまいます（画面2）。

▼画面2　コールバック関数名が一致しない場合

```
⊗ ▶Uncaught ReferenceError: products is not defined
      at <anonymous>:2:1
      at b (jquery-3.6.0.min.js:2)
      at Function.globalEval (jquery-3.6.0.min.js:2)
      at text script (jquery-3.6.0.min.js:2)
      at jquery-3.6.0.min.js:2
      at l (jquery-3.6.0.min.js:2)
      at XMLHttpRequest.<anonymous> (jquery-3.6.0.min.js:2)
   通信が失敗しました
```

JSONPに記述した関数を
ブラウザが認識できないんだね

Point　$.ajax() でJSONPを取得する場合の注意点

- dataTypeにjsonpを指定する。
- JSONPに記述した関数名と、jsonpCallbackに指定する文字列を一致させる。

サーバーにproducts.jsを配置して、ローカルのmain.htmlをブラウザで読み込んでみましょう。コンソールに商品リストの配列が出力されれば成功です（画面3）。

▼画面3　外部のJSONPを非同期で読み込む

```
▼(6) [{…}, {…}, {…}, {…}, {…}, {…}] ℹ
  ▶0: {name: 'Michael<br>スマホケース', price: 1980, image: 'images/01.jpg',
  ▶1: {name: 'Raphael<br>スマホケース', price: 3980, image: 'images/02.jpg',
  ▶2: {name: 'Gabriel<br>スマホケース', price: 2980, image: 'images/03.jpg',
  ▶3: {name: 'Uriel<br>スマホケース', price: 1580, image: 'images/04.jpg', sh
  ▶4: {name: 'Ariel<br>スマホケース', price: 2580, image: 'images/05.jpg', sh
  ▶5: {name: 'Azrael<br>スマホケース', price: 1280, image: 'images/06.jpg', s
   length: 6
  ▶[[Prototype]]: Array(0)
```

JSONPで商品リストを読み込めたよ

うまくいきましたか？　これで、ドメインの壁を越えてJSON形式のデータを非同期で受信する方法が手に入りました。

4-5 Vue.jsアプリケーションでAjaxを利用する

第3章で作成したアプリケーションに、Ajaxを利用して商品リストを外部から読み込む処理を実装してみましょう。実行にはサーバー環境が必要です。

商品リストをAjaxで読み込む

第3章では商品リストを最初からdataオプションに定義していましたが、外部ファイルにした商品リストを読み込むタイミングは、createdライフサイクルフック（52ページ）を利用するとよいでしょう。3-5節リスト9（154ページ）を次のように書き換えます（リスト1）。

リスト1 Ajaxで商品リストを読み込む（main.html、main.js）

HTML

```
<!--$.ajaxを使うためにjQueryを読み込む-->
<script src="https://code.jquery.com/jquery-3.6.0.min.js"></script>
<script src="https://unpkg.com/vue@next"></script>
<script src="main.js"></script>
</body>
</html>
```

JavaScript

```
const app = Vue.createApp({
  data() {
    return {
      // セール対象のチェック（true：有り、false：無し）
      check1: false,
      // 送料無料のチェック（true：有り、false：無し）
      check2: false,
      // ソート順（0：未選択、1：標準、2：安い順）
      order: 0,
      // 商品リスト
      list: []
    }
  },
  // ライフサイクルフック
  created() {
    // JSONPのURL（サーバーに配置する）
    const url = 'サーバーのURL/products.js';
    // 非同期通信でJSONPを読み込む
```

```
    $.ajax({
      url : url,                    // 通信先URL
      type: 'GET',                  // 使用するHTTPメソッド
      dataType: 'jsonp',            // レスポンスのデータタイプ
      jsonp: 'callback',            // クエリパラメータの名前
      jsonpCallback: 'products' // コールバック関数の名前
    })
    .done(function(data, textStatus, jqXHR) {
      this.list = data;
    }.bind(this))
    .fail(function(jqXHR, textStatus, errorThrown) {
      console.log('通信が失敗しました');
    });
  },
  computed: {
    ・・・中略・・・
  }
})
app.config.globalProperties.$filters = {
  ・・・中略・・・
}
const vm = app.mount('#app');
```

「サーバーのURL」には、http://●●●.comのように、products.jsを配置するサーバーのURLを記述します。4-2節（165ページ）の方法を使ってローカル環境で動かしたい場合は、main.jsから見た相対パスを記述します。

非同期通信の部分をXMLHttpRequestオブジェクトではなくjQueryの$.ajax()メソッドで行う理由は、XMLHttpRequestではJSONPが扱えないことと、クロスドメイン制約によりドメインの壁を越えてデータを取得することができないためです。

次に、「JSONPのURL」で指定した場所に、4-4節リスト1（183ページ）の"image"の値をサーバーに置いた画像のURLに書き換えたファイルを配置します（リスト2）。

リスト2　商品リストのJSONP（products.js）

```
// products関数にJSONを渡す
products([
  { "name": "Michael<br>スマホケース", "price": 1980, "image": "サーバーの
URL/images/01.jpg", "shipping": 0, "isSale": true },
  { "name": "Raphael<br>スマホケース", "price": 3980, "image": "サーバーの
URL/images/02.jpg", "shipping": 0, "isSale": true },
```

```
  { "name": "Gabriel<br>スマホケース", "price": 2980, "image": "サーバーの
URL/images/03.jpg", "shipping": 240, "isSale": true },
  { "name": "Uriel<br>スマホケース", "price": 1580, "image": "サーバーの
URL/images/04.jpg", "shipping": 0, "isSale": true },
  { "name": "Ariel<br>スマホケース", "price": 2580, "image": "サーバーの
URL/images/05.jpg", "shipping": 0, "isSale": false },
  { "name": "Azrael<br>スマホケース", "price": 1280, "image": "サーバーの
URL/images/06.jpg", "shipping": 0, "isSale": false }
]);
```


JSONPのフォーマットは4-4節（183ページ）を振り返っておきましょう。

main.html、main.css、main.jsをローカルに、products.jsと画像フォルダをサーバーに配置してmain.htmlをブラウザで読み込むと、Ajaxでサーバーから読み込んだ商品リストがDOMにバインドされ、次のような初期表示が得られます（画面1）。

▼画面1　Ajaxで商品リストを読み込む

さて、リスト1で重要な点が1つあります。非同期通信が成功した場合に実行されるコールバック関数done()に、bind(this)を作用させている点です。done()の中で行いたいことは、受信した商品リストをdataオプションのlistプロパティに代入することです。そのためには、

this.listのthisが、アプリケーションのインスタンスを指し示さなければなりません。しかし、無名関数内でのthisは、関数の呼び出し元である$.ajax()という関数オブジェクト自身を指してしまいます。そこで、JavaScriptのbind()関数を使って、関数内でのthisがアプリケーションのインスタンスを指すように仕向けます。bind()関数の役割や使い方は、第3章コラム（156ページ）を振り返っておきましょう。

通信エラー発生時の処理を追加する

実際のアプリケーションでは、通信相手のサーバーが常に正常に稼働しているとは限りません。サーバーに問題がなくても、通信回線の問題でデータが取得できないことも考えられます。そのような場合を想定して、非同期通信が失敗した場合にアプリケーションがどのように振る舞うべきかを考え、プログラムを追加しておきましょう。

最もシンプルな対処法は、画面にエラーメッセージを表示させることです。そこで、アプリケーションのdataオプションに、通信の成否を保持するプロパティと、エラーメッセージを保持するプロパティを追加します（リスト3）。

リスト3 エラーの有無とメッセージを保持するプロパティを追加する（main.js）

```
const app = Vue.createApp({
  data() {
    return {
      // セール対象のチェック（true：有り、false：無し）
      check1: false,
      // 送料無料のチェック（true：有り、false：無し）
      check2: false,
      // ソート順（0：未選択、1：標準、2：安い順）
      order: 0,
      // 商品リスト
      list: [],
      // エラーの有無
      isError: false,
      // メッセージ
      message: ''
    }
  },
...
```

そして、$.ajax()が失敗した場合に実行されるコールバック関数fail()の中で、リスト3で追加したisErrorとmessageを更新します（リスト4）。

リスト4 エラーの有無とメッセージを保持するプロパティを追加する (main.js)

```
...
  // ライフサイクルフック
  created() {
    // JSONPのURL（サーバーに配置する）
    const url = 'サーバーのURL/products.js';
    // 非同期通信でJSONPを読み込む
    $.ajax({
      url : url,                 // 通信先URL
      type: 'GET',               // 使用するHTTPメソッド
      dataType: 'jsonp',         // レスポンスのデータタイプ
      jsonp: 'callback',         // クエリパラメータの名前
      jsonpCallback: 'products'  // コールバック関数の名前
    })
    .done(function(data, textStatus, jqXHR) {
      this.list = data;
    }.bind(this))
    .fail(function(jqXHR, textStatus, errorThrown) {
      this.isError = true;
      this.message = '商品リストの読み込みに失敗しました。';
    }.bind(this));
  },
...
```

ここでも、無名関数内のthisがアプリケーションのインスタンスを指し示すように、fail()に.bind(this)を作用させることに注意しましょう。

一方、テンプレート側には、v-ifでエラーが発生している場合だけメッセージを表示します(リスト5)。

リスト5 エラー発生時にメッセージを表示する (main.html)

```
<!--商品一覧-->
<div v-if="isError" class="error">{{message}}</div>
<div class="products">
  ・・・中略・・・
</div>
```

エラーメッセージはCSSで装飾を追加できるようにclassを付与しておくとよいでしょう。JSONPのproducts.jsを別の場所に移動させるなどして通信エラーを発生させると、次のような表示になります（画面2）。

▼画面2　通信エラー発生時の表示

商品一覧

検索結果 0件

商品リストの読み込みに失敗しました。

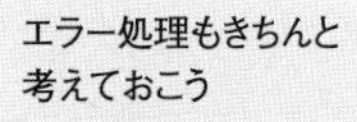

エラー処理もきちんと
考えておこう

ここまでの学習で、アプリケーションらしいモジュール構造になりましたが、実際のアプリケーションで商品リストがファイルとしてサーバーに置かれることはまずありません。専用の管理画面などから商品情報を登録すると、登録した内容はデータベースに保存されるのが一般的です。

次のコラムで、サーバーサイドのプログラムを介してデータベースから商品リストを取得し、Vue.jsアプリケーションに読み込む方法を紹介します。

Column　PHPでデータベースからJSONを動的に生成する

セキュリティの観点から、実際のアプリケーションでサーバーにJSONを直接配置するのは好ましくありません。代わりに、「データベースから目的のデータを取り出してJSONに変換したものをレスポンスで返す中継プログラム」をサーバーに配置し、JavaScriptから中継プログラムへリクエストを投げることによって、常にサーバーから最新のデータが取得できるようにする方法があります（図1）。

図1　JSONを返す中継プログラムを利用したアプリケーション構成

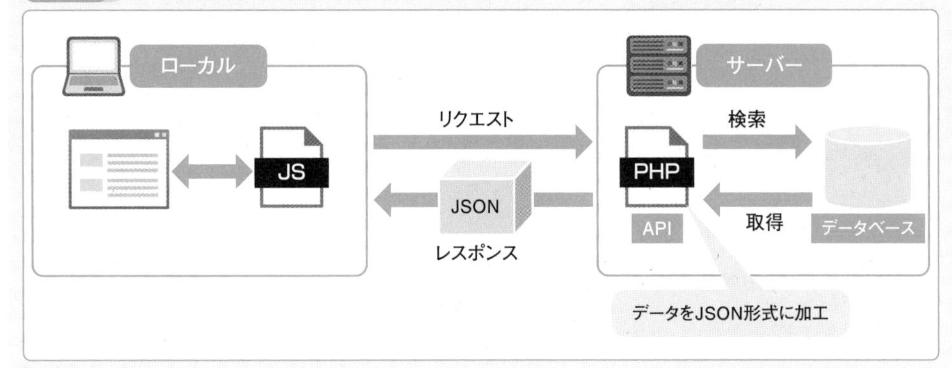

このように、サーバーとクライアント（ウェブアプリケーションの場合はブラウザのこと）が通信するアプリケーションにおいて、クライアントから要求された処理をサーバー側で実行する中継プログラムをAPI（Application Programming Interface）と呼びます。データベースの検索や更新といった処理は、PHPなどのサーバー上で動作するプログラムを使わなければ実行できません。そのため、サーバー側にAPIを実装しておいて、JavaScript側ではAPIを呼び出して目的の処理を行います。

APIの例として、データベースから商品データを検索してJSON形式のレスポンスを返すPHPプログラムを示します。XAMPPでローカルにサーバー環境を構築してデータベースに商品データを登録しておきます（画面1）。

▼画面1　データベースに商品データを登録する

id	name	price	image	shipping	isSale
1	Michael スマホケース	1980	http://localhost/shop/images/01.jpg	0	1
2	Raphael スマホケース	3980	http://localhost/shop/images/02.jpg	0	1
3	Gabriel スマホケース	2980	http://localhost/shop/images/03.jpg	240	1
4	Uriel スマホケース	1580	http://localhost/shop/images/04.jpg	0	1
5	Ariel スマホケース	2580	http://localhost/shop/images/05.jpg	0	0
6	Azrael スマホケース	1280	http://localhost/shop/images/06.jpg	0	0

データベース名:shop
テーブル名:product
で商品データを登録したよ

次に、このデータベースに接続して商品リストを取得し、JSONを返すAPIをPHPで作成します（リスト1）。

リスト1　商品リストを返すAPI（products.php）

```
<?php
// 定数定義：データベースの識別情報、ユーザー名、パスワード
define('DSN', 'mysql:host=localhost;dbname=shop');
define('DB_USER', 'sample_shop_api');
define('DB_PASSWORD', 'bCfv4LkK8hn_BU6R');

// エラー通知レベルを設定
error_reporting(E_ALL & ~E_NOTICE);

// データベースに接続する
$pdo = new PDO(DSN, DB_USER, DB_PASSWORD);

// 商品リストを取得する
$stmt = $pdo->prepare("SELECT * FROM product");
$stmt->execute();

// 商品レコードをPHPの配列に積み込む
$products = array();
while ($row = $stmt->fetch(PDO::FETCH_ASSOC)) {
  $products[] = array(
```

```
    'name'      => $row['name'],
    'price'     => (int)$row['price'],
    'image'     => $row['image'],
    'shipping'  => (int)$row['shipping'],
    'isSale'    => (boolean)$row['isSale']
  );
}

// PHPの配列をJSONに変換
$json = json_encode($products, JSON_UNESCAPED_SLASHES | JSON_UNESCAPED_
UNICODE);

// JSONを出力
header("Content-Type: application/json");
echo $json;
?>
```

緑文字の部分はご自身の環境に合わせて書き換えてください。XAMPPのウェブ公開ディレクトリにproducts.phpと画像フォルダを配置し、4-5節リスト4のmain.jsを次のように書き換えます（リスト2）。

リスト2 APIで商品リストを受信する（main.js）

```
const app = Vue.createApp({
  data() {
    ・・・中略・・・
  },
  // ライフサイクルフック
  created() {
    // JSONを返すAPIのURL
    const url = 'http://localhost/api/products.js';
    // 非同期通信でJSONPを読み込む
    $.ajax({
      url : url,                // 通信先URL
      type: 'GET',              // 使用するHTTPメソッド
      dataType: 'json',         // レスポンスのデータタイプ
      jsonp: 'callback',        // クエリパラメータの名前
      jsonpCallback: 'products' // コールバック関数の名前
    })
    .done(function(data, textStatus, jqXHR) {
      this.list = data;
```

```
    }.bind(this))
    .fail(function(jqXHR, textStatus, errorThrown) {
      this.isError = true;
      this.message = '商品リストの読み込みに失敗しました。';
    }.bind(this));
  },
・・・中略・・・
})
・・・
```

ローカルのウェブ公開ディレクトリ（xampp/htdocs）にshopやapiなど役割に応じた名前のディレクトリを作成し、モジュールを次のように配置します（図2）。

図2 モジュールの配置

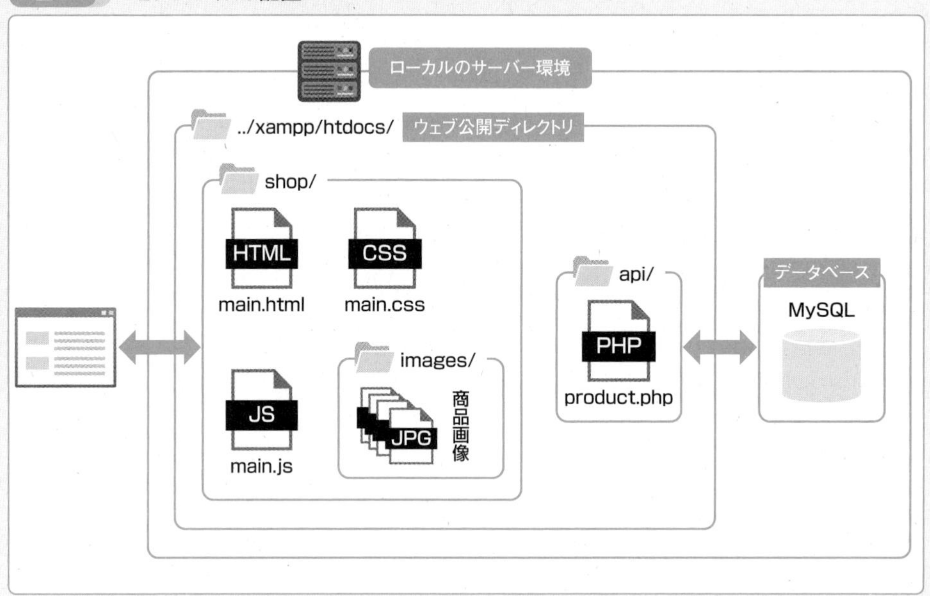

ブラウザでhttp://localhost/shop/main.htmlにアクセスすると、4-5節画面1（190ページ）と同じ表示が得られます（画面2）。

▼画面2　APIで商品リストを受信する

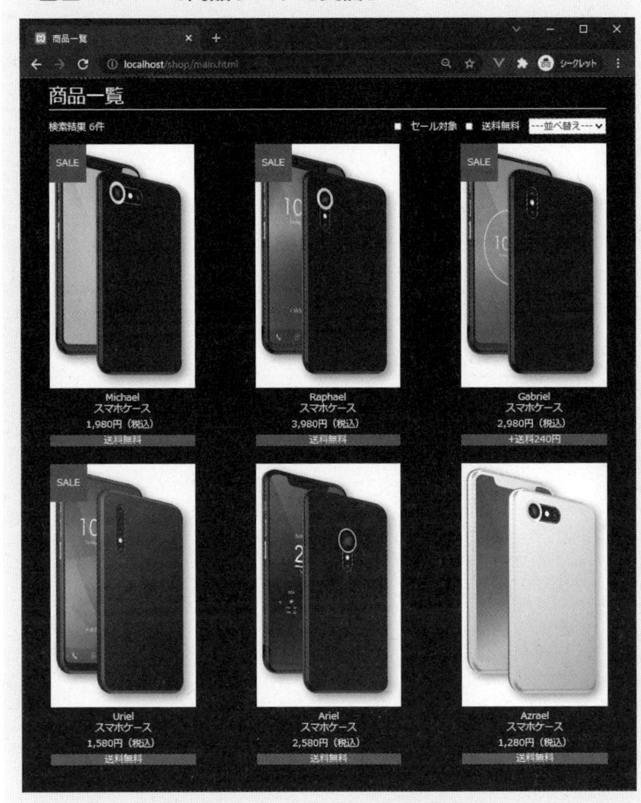

APIを利用して
データを受信できた

PHPでデータベースにアクセスするプログラムは、サーバーにインストールされているPHPのバージョンや、データベースの設定によって異なる場合があります。学習が進んだら挑戦してみましょう。

Column 公開APIを呼び出してデータを自動取得してみよう

非同期通信ライブラリaxios（6ページ）を使って、GitHubのリポジトリを検索する公開APIを呼び出します。入力した検索ワードが名前に含まれるリポジトリへのリンクを、評価（★マーク）の数と一緒に一覧表示します（リスト）。

リスト　リポジトリ一覧の非同期検索（main.html、main.js）

HTML

```
<div id="app">
  <input type="text" v-model="keyword" placeholder="検索ワード" />
  <ul>
```

```
    <li v-for="item in list">
      <a v-bind:href="item.html_url">{{item.full_name}}</a>
      ★{{item.stargazers_count}}
    </li>
  </ul>
</div>
<script src="https://unpkg.com/axios@0.25.0/dist/axios.min.js"></
script>
<script src="https://unpkg.com/vue@next"></script>
<script src="main.js"></script>
```

JavaScript

```
const app = Vue.createApp({
  data() {
    return {
      keyword: '',
      list: []
    }
  },
  watch: {
    keyword() {
      const url = "https://api.github.com/search/repositories";
      // 非同期通信でJSONを読み込む
      axios.get(url, {
        params: {
          q: this.keyword + encodeURI("in:title")
        }
      })
      .then(function (response) {
        this.list = response.data.items;
      }.bind(this))
    }
  }
})
const vm = app.mount("#app");
```

第5章

Vue.jsで自動見積フォームを作ってみよう！

本章では、商品やサービスを販売するウェブサイトにおける自動見積フォームを作成します。第３章と同様に、最初はHTMLでモックアップを作成し、段階的にVue.jsを適用していきます。どのような算出プロパティやメソッドを用意すれば効率的に作成できるかを考えながら学習を進めていきましょう。

5-1 自動見積フォームの仕様

これから作成するのは、結婚式の余興ムービー編集代行サービスを提供している架空のウェブサイトにおける、自動見積フォームです。サービスを申し込んだ場合、制作されたムービーはDVDで納品されるものとします。以下にフォームの仕様を説明します。

フォームの仕様

自動見積フォームの初期表示は次のようになります（画面1）。

▼画面1　初期表示

自動見積フォーム

制作したいムービー 必須
余興ムービー　サプライズムービー　生い立ちムービー　オープニングムービー

挙式日 必須
2022/03/12
結婚式のお日にちを選択してください。

DVD納品希望日 必須
2022/03/05
挙式日の1週間前までにDVDが必要な場合が多いため、納品希望日を挙式日の1週間前に設定しております。

基本料金（税込）　55,000 円

オプションメニュー 任意
BGM手配　+5,500円
当社で曲を手配させていただく場合は、1曲あたり5,500円（税込）がかかります。
撮影　+5,500円
当社に撮影を依頼する場合の料金です。
DVD盤面印刷　+5,500円
当社でDVDの盤面をデザインさせていただく場合は、5,500円（税込）がかかります。
写真スキャニング　+550円　0 枚
プリントアウトした写真のスキャニングをご希望の方は、1枚あたり550円にて承ります。

オプション料金（税込）　0 円

合計（税込）　55,000 円

完成イメージだよ

制作したいムービーは「余興ムービー、サプライズムービー、生い立ちムービー、オープニングムービー」の4種類から1つをラジオボタンで選択できるようにします。初期値は「余興ムービー」を選択しておきます。

挙式日にはフォームを開いた日から数えて2ヵ月後の日付を初期表示し、カレンダーで選択できるようにします。また、挙式日を変更するとDVD納品希望日の選択値を破棄して、変更後の挙式日から数えて1週間前の日付を設定します。

DVD納品希望日もカレンダーで選択できますが、初期表示のときと挙式日を変更したときは、挙式日の1週間前の日付を設定します。ただし、当日納品はできないので、フォームを開いた日の翌日以降しか選択できないように制御します。

基本料金は、制作したいムービーのどれを選択しても一律55,000円（税込）とし、DVD納品希望日が当日から数えて3週間未満の場合は、納期に応じた割増料金が基本料金に追加されることとします（表1）。

▼表1　短納期の場合の割増料金

DVD納品希望日	割増料金（税抜）	割増料金（税込）
3週間未満	10,000円	11,000円
2週間未満	15,000円	16,500円
1週間未満	20,000円	22,000円
3日以内	35,000円	38,500円

また、オプションサービスとしてBGMの手配、撮影、DVD盤面印刷（いずれも税込5,500円追加）と、写真スキャニング（1枚につき税込550円追加）を選択できるようにします。ただし、写真の枚数は0から30までしか入力できないように制御します。

初期表示では、オプションは全て未入力（チェックボックスはチェック無し、写真の枚数は0）の状態とします。

以上の仕様に従って、フォームの入力内容が変わると「基本料金（税込）」「オプション料金（税込）」「合計（税込）」の3つが再計算され、自動で表示を更新します（画面2）。

▼画面2　料金の自動計算

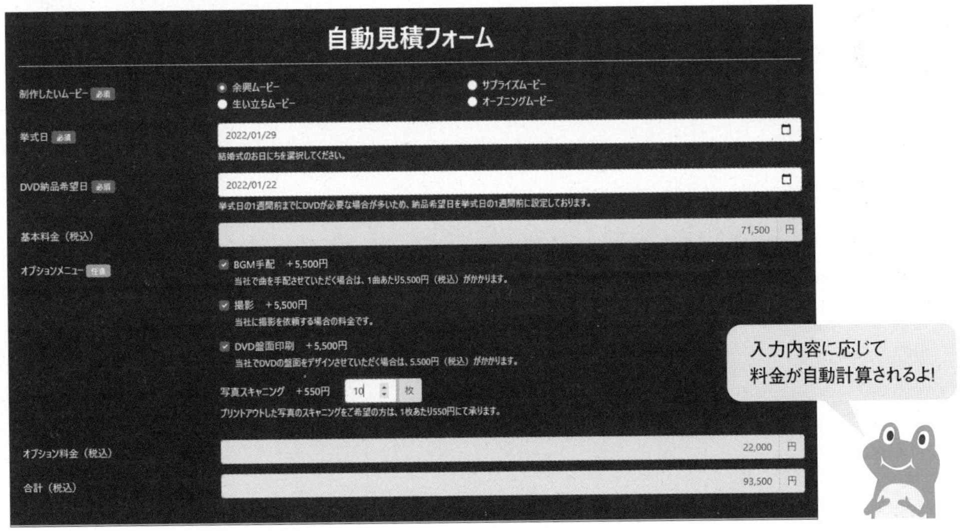

5-2 モックアップの作成

HTMLとCSSで静的なページを作成する

第3章と同様に、HTMLとCSSだけで静的なページを作成しましょう（リスト1）。

リスト1　初期表示のモックアップ（main.html）

```
<!DOCTYPE html>
<html lang="ja">
<head>
  <meta charset="utf-8">
  <title>自動見積フォーム</title>
  <link href="https://cdn.jsdelivr.net/npm/bootstrap@5.1.3/dist/css/
bootstrap.min.css" rel="stylesheet">
</head>
<body>
<div id="app">
  <div class="container bg-dark text-white p-4">
    <h1 class="text-center border-bottom pb-3 mb-4">
      自動見積フォーム
    </h1>
    <!--ムービーの種類-->
    <div class="row mb-3">
      <label class="col-md-3 col-form-label">制作したいムービー
        <span class="badge bg-danger">必須</span>
      </label>
      <div class="col-md-9">
        <div class="row">
          <div class="col-md-5">
            <div class="form-check form-check-inline">
              <input class="form-check-input" type="radio" name="movie_
type" id="type1" value="余興ムービー" checked>
              <label class="form-check-label" for="type1">余興ムービー</
label>
            </div>
          </div>
          <div class="col-md-5">
            <div class="form-check form-check-inline">
              <input class="form-check-input" type="radio" name="movie_
type" id="type2" value="サプライズムービー">
```

```
          <label class="form-check-label" for="type2">サプライズムー
ビー</label>
        </div>
      </div>
      <div class="col-md-5">
        <div class="form-check form-check-inline">
          <input class="form-check-input" type="radio" name="movie_
type" id="type3" value="生い立ちムービー">
          <label class="form-check-label" for="type3">生い立ちムービー
</label>
        </div>
      </div>
      <div class="col-md-5">
        <div class="form-check form-check-inline">
          <input class="form-check-input" type="radio" name="movie_
type" id="type4" value="オープニングムービー">
          <label class="form-check-label" for="type4">オープニングムー
ビー</label>
        </div>
      </div>
    </div>
  </div>
</div>
<!-- 挙式日 -->
<div class="row mb-3">
  <label class="col-md-3 col-form-label" for="wedding_date">挙式日
    <span class="badge bg-danger">必須</span>
  </label>
  <div class="col-md-9">
    <input class="form-control" type="date" id="wedding_date"
placeholder="日付をお選びください。">
    <div class="form-text text-white">結婚式のお日にちを選択してください。
</div>
  </div>
</div>
<!--DVD納品希望日 -->
<div class="row mb-3">
  <label class="col-md-3 col-form-label" for="delivery_date">DVD納品
希望日
    <span class="badge bg-danger">必須</span>
  </label>
```

```
        <div class="col-md-9">
          <input class="form-control" type="date" id="delivery_date" 
min="2022-12-01" placeholder="日付をお選びください。">
          <div class="form-text text-white">挙式日の1週間前までにDVDが必要な
場合が多いため、納品希望日を挙式日の1週間前に設定しております。</div>
        </div>
      </div>
      <!--小計：基本料金-->
      <div class="row mb-3">
        <label class="col-md-3 col-form-label">基本料金（税込）</label>
        <div class="col-md-9">
          <div class="input-group">
            <input type="text" class="form-control text-end" id="sum_base" 
value="55,000" readonly>
            <span class="input-group-text">円</span>
          </div>
        </div>
      </div>
      <!--オプションメニュー-->
      <div class="row mb-3">
        <label class="col-md-3 col-form-label">オプションメニュー
          <span class="badge bg-info">任意</span>
        </label>
        <div class="col-md-9">
          <div class="form-check mb-3">
            <input class="form-check-input" type="checkbox" id="opt1">
            <label class="form-check-label" for="opt1">BGM手配　+5,500円</
label>
            <div class="form-text text-white">当社で曲を手配させていただく場合
は、1曲あたり5,500円（税込）がかかります。</div>
          </div>
          <div class="form-check mb-3">
            <input class="form-check-input" type="checkbox" id="opt2">
            <label class="form-check-label" for="opt2">撮影　+5,500円</
label>
            <div class="form-text text-white">当社に撮影を依頼する場合の料金で
す。</div>
          </div>
          <div class="form-check mb-3">
            <input class="form-check-input" type="checkbox" id="opt3">
            <label class="form-check-label" for="opt3">DVD盤面印刷　+5,500
円</label>
```

```
          <div class="form-text text-white">当社でDVDの盤面をデザインさせて
いただく場合は、5,500円（税込）がかかります。</div>
        </div>
        <div class="row mb-3 align-items-center">
          <div class="col-auto">
            <label class="form-check-label" for="opt4">写真スキャニング +
550円</label>
          </div>
          <div class="col-auto">
            <div class="input-group">
              <input class="form-control" type="number" id="opt4"
value="0" min="0" max="30">
              <span class="input-group-text" for="opt4">枚</span>
            </div>
          </div>
          <span class="form-text text-white">プリントアウトした写真のスキャニ
ングをご希望の方は、1枚あたり550円にて承ります。</span>
        </div>
      </div>
    </div>
    <!--小計：オプション料金-->
    <div class="row mb-3">
      <label class="col-md-3 col-form-label">オプション料金（税込）</label>
      <div class="col-md-9">
        <div class="input-group">
          <input type="text" class="form-control text-end" id="sum_opt"
value="0" readonly>
          <span class="input-group-text">円</span>
        </div>
      </div>
    </div>
    <!--合計：基本料金+オプション料金-->
    <div class="row mb-3">
      <label class="col-md-3 col-form-label">合計（税込）</label>
      <div class="col-md-9">
        <div class="input-group">
          <input type="text" class="form-control text-end" id="sum_total"
value="55,000" readonly>
          <span class="input-group-text">円</span>
        </div>
      </div>
```

```
      </div>
    </div>
  </div>
</body>
</html>
```

今回はHTMLの冒頭でBootstrapを読み込んでいるおかげで、CSSを1行も書かずにフォームのデザインが完成しました。HTMLの中に登場するclass名は全てBootstrapが提供しているclass名です。これらはフォームのレイアウトやデザインを定義しているだけなので、Vue.jsには一切影響しません。

Bootstrap（5.1.3）・・・ウェブページのUI構築に便利なCSSフレームワーク

```
https://cdn.jsdelivr.net/npm/bootstrap@5.1.3/dist/css/bootstrap.min.css
```


JavaScriptで自動計算処理を実装する

Vue.jsを使うかどうかに関わらず、ユーザーの操作に反応するコンポーネントを作成するときは、「いつ」「何を」すれば目的通りの結果になるかを考えます。「いつ」に相当するのは主にイベントであることから、次のような手順が思いつくのではないでしょうか（図1）。

図1 プログラムの処理手順

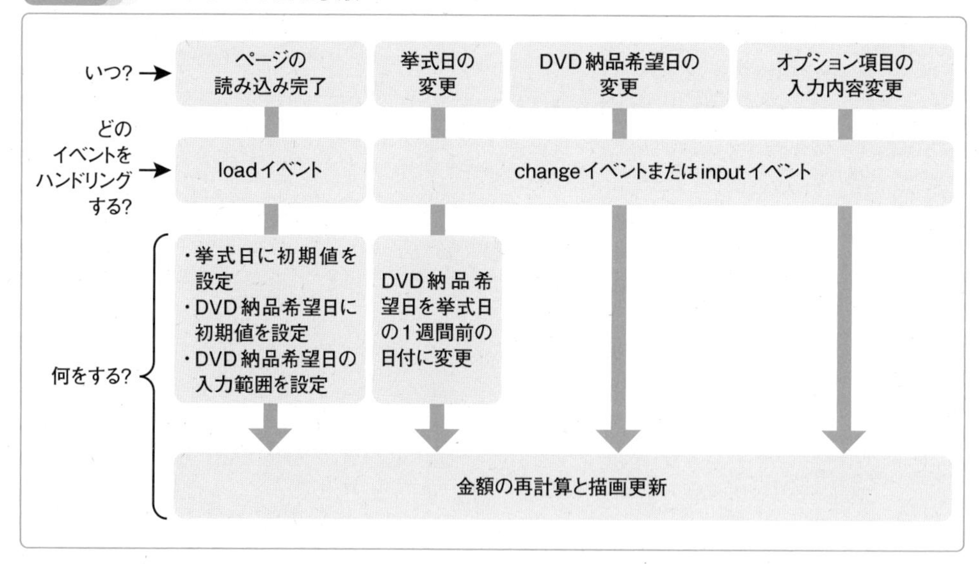

アプリケーションの仕様を言葉で理解するのは難しくありませんが、それをいきなりプログラムのコードに書き起こすのは難しいものです。プログラムは設計の段階で9割が完成するといっても過言ではありません。まずは、図1のように「いつ」「何を」するかを書き表して

みることです。そうすると、プログラム全体をどのような部品（イベントハンドラや関数）に分ければよいかが見えてきます。たとえば金額の再計算と描画の更新は、ページの読み込みが完了したタイミング（初期表示）だけでなく、金額に関係するフォームコントロールの入力内容を変更したタイミングでも実行する必要があるので、使い回しができるように関数化したほうがよいでしょう。

このように考えた結果をJavaScriptのプログラムに置き換えると、次のようになります（リスト2）。

リスト2 自動計算処理をJavaScriptで実装（main.html、main.js）

HTML

```
. . .
<script src="main.js"></script>
</body>
</html>
```

JavaScript

```
//-------------------------------------------------
// 変数宣言
//-------------------------------------------------

// コンポーネントのルートノード
const app = document.querySelector('#app');
// 消費税率
const taxRate = 0.10;

//-------------------------------------------------
// イベントハンドラの割り当て
//-------------------------------------------------

// ページの読み込み完了イベント
window.addEventListener('load', onPageLoad, false);
// 入力内容変更イベント（挙式日）
app.querySelector('#wedding_date').addEventListener('change',
onWeddingDateChanged, false);
// 入力内容変更イベント（DVD納品希望日）
app.querySelector('#delivery_date').addEventListener('change',
onInputChanged, false);
// 入力内容変更イベント（BGM手配）
app.querySelector('#opt1').addEventListener('change', onInputChanged,
false);
```

```
// 入力内容変更イベント（撮影）
app.querySelector('#opt2').addEventListener('change', onInputChanged,
false);
// 入力内容変更イベント（DVD盤面印刷）
app.querySelector('#opt3').addEventListener('change', onInputChanged,
false);
// 入力内容変更イベント（写真スキャニング）
app.querySelector('#opt4').addEventListener('input', onInputChanged,
false);

//-----------------------------------------------
// イベントハンドラ
//-----------------------------------------------

// ページの読み込みが完了したとき呼び出されるイベントハンドラ
function onPageLoad(event) {
  // 挙式日に2ヶ月後の日付を設定
  /* ここにコードを追加する */
  // DVD納品希望日に、挙式日の1週間前の日付を設定
  /* ここにコードを追加する */
  // DVD納品希望日に翌日以降しか入力できないようにする
  /* ここにコードを追加する */
  // 金額の再計算と描画更新
  updateForm();
}

// 挙式日を変更したとき呼び出されるイベントハンドラ
function onWeddingDateChanged(event) {
  // DVD納品希望日に、挙式日の1週間前の日付を設定
  /* ここにコードを追加する */
  // 金額の再計算と描画更新
  updateForm();
}

// 入力内容を変更したとき呼び出されるイベントハンドラ
function onInputChanged(event) {
  // 金額の再計算と描画更新
  updateForm();
}

//-----------------------------------------------
```

```
// 関数
//-----------------------------------------------

// 金額の再計算と描画更新を行う関数
function updateForm() {
  // 金額を再計算
  /* ここにコードを追加する */
  // 表示を更新
  /* ここにコードを追加する */
}
```

図1の「何をする？」に相当する具体的なプログラムはまだ作成せずに、コメントで処理の概要を書き並べるだけに留めておきます。段階的に作成していかないと、どこに何のための処理を書いているのかを見失い、道に迷ってしまうからです。

ルートノードは、フォームの入力内容を取得したり更新したりするたびに使うので、全てのイベントハンドラや関数の中から参照できるように、グローバル定数appに代入しておきます。消費税率は金額計算に使いますが、税率が変わったときにプログラムを1箇所だけ修正すれば済むように、グローバル定数taxRateに代入しておきます。

イベントハンドラは、ページの読み込みが完了したタイミング（windowオブジェクトのloadイベント）と、挙式日、DVD納品希望日およびオプションの入力内容が変化したタイミング（各input要素のchangeイベントかinputイベント）に割り当てます。オプションの「写真スキャニング」はチェックボックスではなく、<input type="number">のスピンボタン付き入力欄です。そのため、changeイベントではなくinputイベントにハンドラを割り当てます。changeイベントに割り当てると、入力値を変更しただけではイベントが発生しないからです（入力欄からフォーカスを外すと発生します）。

初期表示のタイミングで行う処理を実装する

リスト2のイベントハンドラonPageLoadで行う処理を実装しましょう。ここでは日付に関する処理を行うので、JavaScriptのDateオブジェクトを利用することになります。ただし、Dateオブジェクト自身には「今日から数えて何日後の日付を特定の書式で返す」といった便利なメソッドが存在しないので、「あったら便利だろう」「毎回コードを書くと大変だろう」と思われる処理はあらかじめ名前を決めて関数化しておくとよいでしょう（リスト3）。

リスト3 自動計算処理をJavaScriptで実装（main.js）

```
...
//-----------------------------------------------
// イベントハンドラ
```

```
//-----------------------------------------------

// ページの読み込みが完了したとき呼び出されるイベントハンドラ
function onPageLoad(event) {
  // フォームコントロールを取得
  const wedding_date  = app.querySelector('#wedding_date');   // 挙式日
  const delivery_date = app.querySelector('#delivery_date');  // DVD納品希望日
  // 今日の日付を取得
  let dt = new Date();
  // 挙式日に2ヵ月後の日付を設定
  dt.setMonth(dt.getMonth() + 2);
  wedding_date.value = formatDate(dt);
  // DVD納品希望日に、挙式日の1週間前の日付を設定
  dt.setDate(dt.getDate() - 7);
  delivery_date.value = formatDate(dt);
  // DVD納品希望日に翌日以降しか入力できないようにする
  delivery_date.setAttribute('min', tomorrow());
  // 金額の再計算と描画更新
  updateForm();
}
・・・中略・・・
//-----------------------------------------------
// 関数
//-----------------------------------------------

// 日付をYYYY-MM-DDの書式で返すメソッド
function formatDate(dt) {
  return [
    dt.getFullYear(),
    ('00' + (dt.getMonth()+1)).slice(-2),
    ('00' + dt.getDate()).slice(-2)
  ].join('-');
}

// 明日の日付をYYYY-MM-DDの書式で返す関数
function tomorrow() {
  const dt = new Date();
  dt.setDate(dt.getDate() + 1);
  return formatDate(dt);
}
・・・
```

ここでは、日付をYYYY-MM-DD書式の文字列として返す関数formatDateと、明日の日付をYYYY-MM-DD書式の文字列として返す関数tomorrowを定義しました。Dateオブジェクトは引数無しでnewすると今日の日付を持ち、年・月・日・時・分・秒・ミリ秒・1970/01/01 00:00:00からの経過ミリ秒をそれぞれget系メソッドで取得、set系メソッドで設定できます。

Point Dateオブジェクトの注意点

getMonth()は1からではなく0から数えた月を返すので、今月を表示したいときはgetMonth()の結果に1を加算した数値を表示しなければなりません。

Dateオブジェクトを使って「何日後」「何日前」を求めるには、次の手順を踏みます。

【手順1】

現在の日付を持つDateオブジェクトを生成する（たとえば変数dtに代入しておく）。

【手順2】

現在の日付をdt.getDate()で取り出す。取り出した結果は文字列ではなく数値型になる。

【手順3】

【手順2】で取り出した数値に、加算（または減算）したい日数nを加算（減算）した値をdt.setDate()の引数に渡す。

この手順を短くまとめると、const dt = new Date(); dt.setDate(dt.getDate() + n); となります。nを1にすると、dtが内部に保持している日付が1日前に進むので、翌日を指すことになります。この状態でdt.getDate()すると、翌日の日付が返ってきます。

しかしdtはオブジェクトなので、YYYY-MM-DD書式の文字列を得るには加工をしなければなりません。このように、Dateオブジェクトから特定の書式を持つ文字列に変換する処理は何度も使うことになるので、formatDateという名前で関数化しました。tomorrow関数は、たった3行の短いプログラムですが、これらの手順を組み合わせて作られています。

また、formatDate関数では月が常に2桁の文字列として得られるように、月を表す数値(dt.getMonth() + 1)の手前に0を文字列として2つ連結し、その結果をslice()関数で後ろから2文字だけ切り取っています。例えば3月の場合は'003'を後ろから2文字だけ切り取ると'03'となり、10月の場合は'0010'を後ろから2文字だけ切り取ると'10'となるので、1桁の月でも2桁の月でも必ず2桁の結果が得られます。日も同様です。少しトリッキーな印象を受けますが、昔からよく使われている方法です。なお、getFullYear()メソッドはもともと4桁で年を返すので、このような加工が要りません。

DVD納品希望日に翌日以降しか入力できないようにする仕掛けは意外と簡単です。<input type="date">には、入力できる日付の最小値を指定するmin属性や、最大値を指定するmax属性が使えるので、JavaScriptのsetAttribute()関数を使って翌日の日付をYYYY-MM-DD書式にした文字列を設定すればOKです。そのためにtomorrow関数を定義しました。

挙式日を変更したタイミングで行う処理を実装する

初期表示と同様に、挙式日を変更したときもDVD納品希望日を「挙式日から数えて1週間前の日付」に変更します。リスト2のイベントハンドラonWeddingDateChangedで行う処理を実装しましょう（リスト4）。

リスト4 自動計算処理をJavaScriptで実装（main.js）

```
. . .
//----------------------------------------------
// イベントハンドラ
//----------------------------------------------

// ページの読み込みが完了したとき呼び出されるイベントハンドラ
function onPageLoad(event) {
  ・・・中略・・・
}

// 挙式日を変更したとき呼び出されるイベントハンドラ
function onWeddingDateChanged(event) {
  // フォームコントロールを取得
  const wedding_date  = app.querySelector('#wedding_date');   // 挙式日
  const delivery_date = app.querySelector('#delivery_date');  // DVD納品
希望日
  // DVD納品希望日に、挙式日の1週間前の日付を設定
  const y = wedding_date.value.split('-')[0];
  const m = wedding_date.value.split('-')[1];
  const d = wedding_date.value.split('-')[2];
  const dt = new Date(y, m - 1, d);
  dt.setDate(dt.getDate() - 7);
  delivery_date.value = formatDate(dt);
  // 金額の再計算と描画更新
  updateForm();
}
. . .
```

金額の再計算と描画更新を実装する

金額の再計算と描画更新を一度に作成しようとすると複雑になるので、「基本料金を計算する関数」「オプション料金を計算する関数」「計算結果を描画に反映する関数」の3つに分けて実装していきます（リスト5）。

リスト5　自動計算処理をJavaScriptで実装（main.js）

```
・・・
//--------------------------------------------------
// 関数
//--------------------------------------------------

・・・中略・・・

// 税抜き金額を税込み金額に変換する関数
function incTax(untaxed) {
  return Math.floor(untaxed * (1 + taxRate));
}

// 数値を通貨書式「#,###,###」に変換する関数
function number_format(val) {
  return val.toLocaleString();
}

// 再計算した基本料金（税込）を返す関数
function taxedBasePrice() {
  // 基本料金（税込）を返す
}

// 再計算したオプション料金（税込）を返す関数
function taxedOptPrice() {
  // オプション料金（税込）を返す
}

// 金額の再計算と描画更新を行う関数
function updateForm() {
  // フォームコントロールを取得
  const sum_base  = app.querySelector('#sum_base');   // 基本料金（税込）
  const sum_opt   = app.querySelector('#sum_opt');    // オプション料金（税
込）
  const sum_total = app.querySelector('#sum_total');  // 合計（税込）
```

```
  // 金額を再計算
  const basePrice  = taxedBasePrice();      // 基本料金（税込）
  const optPrice   = taxedOptPrice();       // オプション料金（税込）
  const totalPrice = basePrice + optPrice; // 合計（税込）

  // 表示を更新
  sum_base.value  = number_format(basePrice);   // 基本料金（税込）
  sum_opt.value   = number_format(optPrice);    // オプション料金（税込）
  sum_total.value = number_format(totalPrice);  // 合計（税込）
}
```

処理の実行順は次のようになります。

【手順1】

フォームコントロールのイベントハンドラからupdateForm関数が呼び出される。

【手順2】

基本料金を計算するtaxedBasePrice()関数とオプション料金を計算するtaxedOptPrice()関数を呼び出し、それぞれの計算結果を取得する。まだ描画には反映しない。

【手順3】

【手順2】の計算結果を合計する。これで3つの金額欄に表示する数値が再計算できたので、通貨書式に変換する自作関数number_formatを通してフォームコントロールのvalue値を上書きする。この瞬間に描画が更新される。

これで処理の流れる道が整ったので、基本料金とオプション料金を計算するロジックを追加しましょう（リスト6）。

リスト6 自動計算処理をJavaScriptで実装（main.js）

```
・・・
//-------------------------------------------
// 関数
//-------------------------------------------

・・・中略・・・

// 日付の差を求める関数
function getDateDiff(dateString1, dateString2) {
```

```
  // 日付を表す文字列から日付オブジェクトを生成
  const date1 = new Date(dateString1);
  const date2 = new Date(dateString2);
  // 2つの日付の差分（ミリ秒）を計算
  const diff  = date1.getTime() - date2.getTime();
  // 求めた差分（ミリ秒）を日付に変換
  // 差分÷(1000ミリ秒×60秒×60分×24時間)
  return Math.ceil(diff / (1000 * 60 * 60 * 24));
}

// 再計算した基本料金（税込）を返す関数
function taxedBasePrice() {
  // 割増料金
  let addPrice = 0;
  // フォームコントロールを取得（DVD納品希望日）
  const delivery_date = app.querySelector('#delivery_date');
  // 納期までの残り日数を計算
  const diff = getDateDiff(delivery_date.value, (new Date()).
toLocaleString());
  // 割増料金を求める
  if (14 <= diff && diff < 21) {
    // 納期まで3週間未満の場合
    addPrice = 10000;
  }
  else if (7 <= diff && diff < 14) {
    // 納期まで2週間未満の場合
    addPrice = 15000;
  }
  else if (3 < diff && diff < 7) {
    // 納期まで1週間未満の場合
    addPrice = 20000;
  }
  else if (diff <= 3) {
    // 納期まで3日以内の場合
    addPrice = 35000;
  }
  // 基本料金（税込）を返す
  return incTax(50000 + addPrice);
}

// 再計算したオプション料金（税込）を返す関数
```

```
function taxedOptPrice() {
  // オプション料金
  let optPrice = 0;
  // フォームコントロールを取得
  const opt1 = app.querySelector('#opt1');  // BGM手配
  const opt2 = app.querySelector('#opt2');  // 撮影
  const opt3 = app.querySelector('#opt3');  // DVD盤面印刷
  const opt4 = app.querySelector('#opt4');  // 写真スキャニング
  // BGM手配
  if (opt1.checked) { optPrice += 5000; }
  // 撮影
  if (opt2.checked) { optPrice += 5000; }
  // DVD盤面印刷
  if (opt3.checked) { optPrice += 5000; }
  // 写真スキャニング
  if (opt4.value === '') { opt4.value = 0; }
  optPrice += opt4.value * 500;
  // オプション料金（税込）を返す
  return incTax(optPrice);
}

// 金額の再計算と描画更新を行う関数
function updateForm() {
  // フォームコントロールを取得
  const sum_base  = app.querySelector('#sum_base');   // 基本料金（税込）
  const sum_opt   = app.querySelector('#sum_opt');    // オプション料金（税
込）
  const sum_total = app.querySelector('#sum_total');  // 合計（税込）

  // 金額を再計算
  const basePrice  = taxedBasePrice();       // 基本料金（税込）
  const optPrice   = taxedOptPrice();        // オプション料金（税込）
  const totalPrice = basePrice + optPrice; // 合計（税込）

  // 表示を更新
  sum_base.value  = number_format(basePrice);   // 基本料金（税込）
  sum_opt.value   = number_format(optPrice);    // オプション料金（税込）
  sum_total.value = number_format(totalPrice);  // 合計（税込）
}
```

リスト6の緑文字部分をリスト5に追加しましょう。基本料金は、今日からDVD納品希望日までの残り日数に応じて割増料金が発生するので、「今日の日付」と「DVD納品希望日の入力値」の差を求めなければなりません。日付は文字列のままでは 2022/05/30 - 2022/05/01 = 29 のように計算できないので、比較したい2つの日付をDateオブジェクトに変換します。そして、getTime()メソッドで1970/01/01 00:00:00からそれぞれの日付までの経過ミリ秒を数値として取得し、その差を求めます。すると、2つの日付の差がミリ秒の単位で求まるので、日数に換算するために86400000（＝1000ミリ秒×60秒×60分×24時間）で割り戻します。割り算した結果は小数点以下の端数が生じるので、Mathオブジェクトのceil関数を通して小数点以下を切り捨てます。

これで全てのイベントハンドラが動くようになりました。日付やチェックボックスを操作して、見積金額が自動的に変わることを確認してみましょう。

5-3 フォームのプログラムにVue.jsを適用する（JavaScript）

先ほど作成したモックアップにVue.jsを組み込んでいきましょう。まずHTML（main.html）にVue.jsを読み込んで、JavaScript（main.js）の中でVue.jsの構文が使えるようにしておきましょう。そのあと、本節でmain.jsを書き換え、5-4節でmain.htmlを書き換えていきます。

Vue.jsを組み込む準備

5-2節で作成したHTMLに<script>タグを追加して、Vue.jsを読み込みましょう（リスト1）。

リスト1 Vue.jsを読み込む（main.html）

```
...
<script src="https://unpkg.com/vue@next"></script>
<script src="main.js"></script>
</body>
</html>
```

main.jsには、アプリケーションのインスタンスを生成するコードを記述しましょう（リスト2）。

リスト2 アプリケーションのインスタンスを生成する（main.js）

```
// 自動見積コンポーネント
const app = Vue.createApp({
  data() {
    return {
      /* ここにアプリケーションのデータを定義する */
    }
  }
})
const vm = app.mount('#app');
```

この時点で、ページの表示は次のようになっています（画面1）。

▼画面1　Vue.js本体を読み込んだだけの状態

自動見積フォーム
制作したいムービー 必須　余興ムービー　サプライズムービー　生い立ちムービー　オープニングムービー
挙式日 必須　年 /月/日
結婚式のお日にちを選択してください。
DVD納品希望日 必須　年 /月/日
挙式日の1週間前までにDVDが必要な場合が多いため、納品希望日を挙式日の1週間前に設定しております。
基本料金（税込）　55,000 円
オプションメニュー 任意　BGM手配　+5,500円
当社で曲を手配させていただく場合は、1曲あたり5,500円（税込）がかかります。
撮影　+5,500円
当社に撮影を依頼する場合の料金です。
DVD盤面印刷　+5,500円
当社でDVDの盤面をデザインさせていただく場合は、5,500円（税込）がかかります。
写真スキャニング　+550円　0 枚
プリントアウトした写真のスキャニングをご希望の方は、1枚あたり550円にて承ります。
オプション料金（税込）　0 円
合計（税込）　55,000 円
この状態からはじめるよ

dataオプションにデータを定義する

　次に、dataオプションに定義するデータを決めましょう。フォームの入力項目のうち、料金の計算に関係するものは全てデータ化の対象と考えます（画面2）。

▼画面2　データを洗い出す

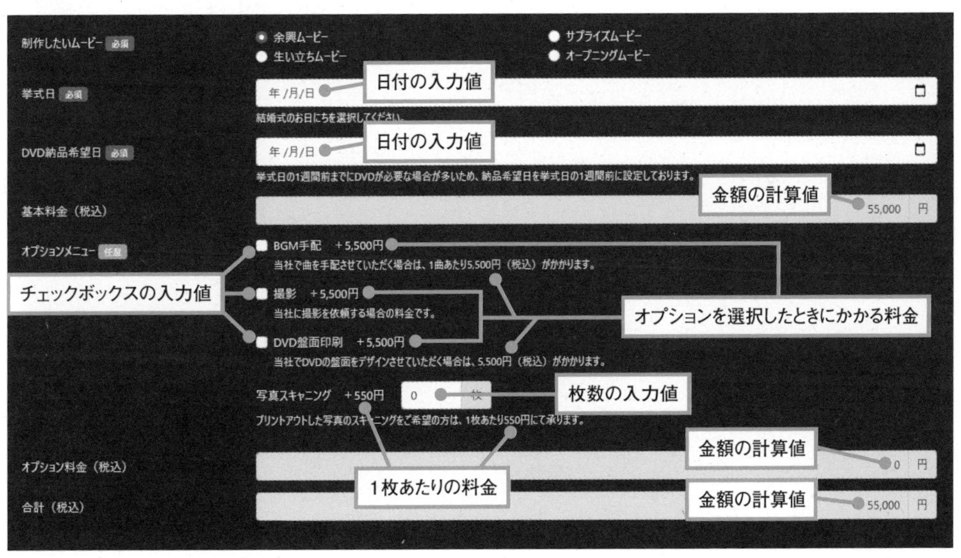

　フォームの仕様（5-1節、200ページ）に基づいて考えると、「DVD納品希望日」と4つのオプションメニュー「BGM手配」「撮影」「DVD盤面印刷」「写真スキャニング」は料金の計算に直接影響するので、dataオプションのプロパティとして定義し、HTMLにバインドすることにしましょう。「制作したいムービー」と「挙式日」は料金には影響しない項目ですが、将来

的にムービーの種類を増やしたり、ムービーの種類によって基本料金を変更したりといった仕様変更が行われる可能性を考えると、（今は使わなくても）データ化しておいたほうがよいでしょう。特に「挙式日」は、2ヵ月後の日付を初期値として設定しなければならないので、ページの読み込みが完了したタイミング（window.loadイベント）で日付を計算してDOMを更新するよりも、データ化してバインドする（Vue.jsの力を借りる）ほうが簡単でしょう。

一方、「基本料金」「オプション料金」「合計」は読み取り専用なのでユーザーが入力することはありませんが、これらもデータ化してv-bindディレクティブでバインドしておけば、再計算された料金が自動的に反映されます。もちろん、テンプレートの中にマスタッシュを持ちこんで{{value1 + value2 + value3}}のように計算式を埋め込んでも実装できますが、テンプレートにはなるべく複雑なプログラムを持ち込まず、計算結果がセットされたプロパティをバインドするだけで済むように考えたほうがよいでしょう。

さて、見落としやすいのが各オプションメニューの料金です。HTMLには直接「5,500円」と記述してありますが、もしも料金の改定や消費税率の変更が発生したら、HTMLを修正しなければなりません。せっかく料金を自動計算するのですから、テキストで表記している各オプションメニューの料金もデータ化して、テンプレートにバインドしておいたほうがよいでしょう。

実はもう1つ、大事なデータがあることに気が付いたでしょうか？　それは消費税率です。直近では2019年10月に消費税率の変更が行われましたが、1989年の消費税3%導入以後、30数年の間に4回変わっています。消費税率は実際のアプリケーションにおいても非常に重要なデータです。データ化して管理元を一箇所に集約しておかないと、税率が変わったときにプログラムの修正に大変な労力とコストがかかってしまいます。本アプリケーションにおいても、消費税率はdataオプションのプロパティとしてデータ化することにしましょう。

データの持たせ方を決める

データが洗い出せたので、データ型（数値、文字列、真偽値、配列、オブジェクト）や変数名を決めましょう（表1）。

▼表1　データの持たせ方

No.	変数名	データ型	説明
1	taxRate	数値	現行の消費税率（2022年1月時点では0.10）
2	movieType	文字列	制作したいムービーの種類
3	basePrice	数値	基本料金（税抜）
4	addPrice1	数値	納期まで3週間未満の場合の割増料金（税抜）
5	addPrice2	数値	納期まで2週間未満の場合の割増料金（税抜）
6	addPrice3	数値	納期まで1週間未満の場合の割増料金（税抜）
7	addPrice4	数値	納期まで3日以内の場合の割増料金（税抜）
8	optPrice	数値	オプション料金の合計（税抜）

9	totalPrice	数値	合計金額（税抜）	
10	wedding_date	文字列	挙式日（書式：YYYY-MM-DD）	
11	delivery_date	文字列	DVD納品希望日（書式：YYYY-MM-DD）	
12	opt1_check	真偽値	true	「BGM手配」を利用する
			false	「BGM手配」を利用しない
13	opt1_price	数値	「BGM手配」の料金（税抜）	
14	opt2_check	真偽値	true	「撮影」を利用する
			false	「撮影」を利用しない
15	opt2_price	数値	「撮影」の料金（税抜）	
16	opt3_check	真偽値	true	「DVD盤面印刷」を利用する
			false	「DVD盤面印刷」を利用しない
17	opt3_price	数値	「DVD盤面印刷」の料金（税抜）	
18	opt4_num	数値	「写真スキャニング」の利用枚数	
19	opt4_price	数値	「写真スキャニング」1枚あたりの料金（税抜）	

dataオプションを書き換える

表1を確認しながら、dataオプションの中身を書き換えていきましょう（リスト3）。

リスト3 dataオプションを書き換える（main.js）

```
data() {
  return {
    // 消費税率
    taxRate: 0.10,
    // 制作したいムービー
    movieType: '余興ムービー',
    // 基本料金（税抜）
    basePrice: 50000,
    // 割増料金
    addPrice1: 10000, // 納期まで3週間未満の場合
    addPrice2: 15000, // 納期まで2週間未満の場合
    addPrice3: 20000, // 納期まで1週間未満の場合
    addPrice4: 35000, // 納期まで3日以内の場合
    // オプション料金（税抜）
    optPrice: 0,
    // 合計金額（税抜）
    totalPrice: 0,
    // 挙式日（日付）
    wedding_date: '',
    // DVD納品希望日（日付）
    delivery_date: '',
```

```
      // オプション「BGM手配」
      opt1_check: false,  // true：利用する、false：利用しない
      opt1_price: 5000,   // 料金（税抜）
      // オプション「撮影」
      opt2_check: false,  // true：利用する、false：利用しない
      opt2_price: 5000,   // 料金（税抜）
      // オプション「DVD盤面印刷」
      opt3_check: false,  // true：利用する、false：利用しない
      opt3_price: 5000,   // 料金（税抜）
      // オプション「写真スキャニング」
      opt4_num: 0,        // 利用枚数
      opt4_price: 500,    // 料金（税抜）
    }
  }
```

金額データは最終的に全て税込みで表示しますが、プロパティの初期値には税抜き金額をセットしておきます。最初から税込み金額をセットすると、消費税率が変わったときに修正箇所が増えてしまうからです。

その代わり、計算後の金額を税込みに変換するメソッドと、税込み金額を返す算出プロパティを用意して、HTMLには算出プロパティをバインドすることにします。つまり、現在の消費税率に関係なく料金計算は常に税抜きで行い、バインドする直前に税率を掛けて税込みに変換するという考え方です（図1）。

図1 金額計算の考え方

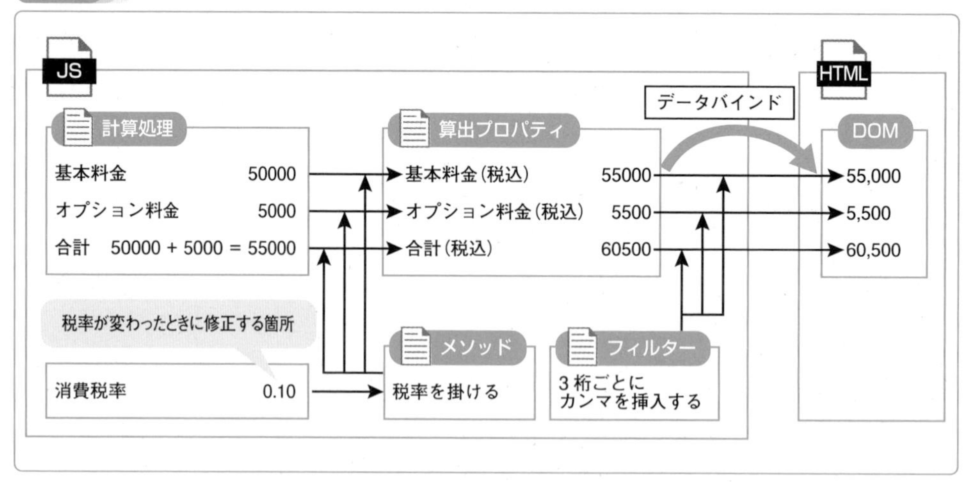

このように構成すると、消費税率が変わっても、プログラムを1箇所修正するだけで対応できます。

算出プロパティを追加する

金額を税込みに変換するメソッドと、税込み金額を返す算出プロパティを追加しましょう（リスト4）。

リスト4 税込み金額に変換するメソッドと税込み金額を返す算出プロパティ（main.js）

```
// 自動見積コンポーネント
const app = Vue.createApp({
  data() {
    ・・・中略・・・
  },
  // メソッド
  methods: {
    // 税抜金額を税込金額に変換するメソッド
    incTax(untaxed) {
      return Math.floor(untaxed * (1 + this.taxRate));
    }
  },
  // 算出プロパティ
  computed: {
    // オプション「BGM手配」の税込金額
    taxedOpt1() {
      return this.incTax(this.opt1_price);
    },
    // オプション「撮影」の税込金額
    taxedOpt2() {
      return this.incTax(this.opt2_price);
    },
    // オプション「DVD盤面印刷」の税込金額
    taxedOpt3() {
      return this.incTax(this.opt3_price);
    },
    // オプション「写真スキャニング」の税込金額
    taxedOpt4() {
      return this.incTax(this.opt4_price);
    },
    // 基本料金（税込）
    taxedBasePrice() {
      // TODO:基本料金（税込）を返す
    },
    // オプション料金（税込）
```

```
    taxedOptPrice() {
      // TODO:オプション料金（税込）を返す
    },
    // 合計金額（税込）を返す算出プロパティ
    taxedTotalPrice() {
      // 基本料金（税込）とオプション料金（税込）の合計を返す
      return (this.taxedBasePrice + this.taxedOptPrice);
    }
  }
})
const vm = app.mount('#app');
```

税込み金額に変換するメソッドincTax()は、5-2節リスト5（213ページ）のincTax()関数をVue.jsの構文に合わせて移植したものです。

合計金額以外の算出プロパティは、全てincTax()メソッドを経由させていることに注意しましょう。これらの算出プロパティをバインドすれば、自動的に税込み金額が表示されることになります。

合計金額の算出プロパティは、税込みに変換した後の基本料金とオプション料金を合計した金額を返します。こうすれば、ユーザーの操作によって基本料金とオプション料金のいずれかが変化する場合にだけ合計金額が再計算されるので、無駄がありません。

では、基本料金とオプション料金の具体的な計算ロジックを5-2節リスト6（214ページ）から移植しましょう（リスト5）。

リスト5　基本料金とオプション料金の計算ロジック（main.js）

```
// 自動見積コンポーネント
const app = Vue.createApp({
  data() {
    ・・・中略・・・
  },
  methods: {
    // 税抜金額を税込金額に変換するメソッド
    incTax(untaxed) {
      return Math.floor(untaxed * (1 + this.taxRate));
    },
    // 日付の差を求めるメソッド
    getDateDiff(dateString1, dateString2) {
      // 日付を表す文字列から日付オブジェクトを生成
      const date1 = new Date(dateString1);
```

```
      const date2 = new Date(dateString2);
      // 2つの日付の差分（ミリ秒）を計算
      const diff  = date1.getTime() - date2.getTime();
      // 求めた差分（ミリ秒）を日付に変換
      // 差分÷(1000ミリ秒×60秒×60分×24時間)
      return Math.ceil(diff / (1000 * 60 * 60 * 24));
    }
  },
  // 算出プロパティ
  computed: {
    ・・・中略・・・
    // 基本料金（税込）
    taxedBasePrice() {
      // 割増料金
      let addPrice = 0;
      // 納期までの残り日数を計算
      const diff = this.getDateDiff(this.delivery_date, (new Date()).
toLocaleString());
      // 割増料金を求める
      if (14 <= diff && diff < 21) {
        // 納期まで3週間未満の場合
        addPrice = this.addPrice1;
      }
      else if (7 <= diff && diff < 14) {
        // 納期まで2週間未満の場合
        addPrice = this.addPrice2;
      }
      else if (3 < diff && diff < 7) {
        // 納期まで1週間未満の場合
        addPrice = this.addPrice3;
      }
      else if (diff <= 3) {
        // 納期まで3日以内の場合
        addPrice = this.addPrice4;
      }
      // 基本料金（税込）を返す
      return this.incTax(this.basePrice + addPrice);
    },
    // オプション料金（税込）
    taxedOptPrice() {
      // オプション料金
```

```
      let optPrice = 0;
      // BGM手配
      if (this.opt1_check) { optPrice += this.opt1_price; }
      // 撮影
      if (this.opt2_check) { optPrice += this.opt2_price; }
      // DVD盤面印刷
      if (this.opt3_check) { optPrice += this.opt3_price; }
      // 写真スキャニング
      if (this.opt4_num === '') { this.opt4_num = 0; }
      optPrice += this.opt4_num * this.opt4_price;
      // オプション料金（税込）を返す
      return this.incTax(optPrice);
    },
    // 合計金額（税込）を返す算出プロパティ
    taxedTotalPrice() {
      // 基本料金（税込）とオプション料金（税込）の合計を返す
      return (this.taxedBasePrice + this.taxedOptPrice);
    }
  }
})
const vm = app.mount('#app');
```

日付の差を求めるgetDateDiff()関数は、methodsオプションにメソッドとして定義します。dataオプションのプロパティや、算出プロパティ、メソッドなどは、同じコンポーネント内ならthisで参照できます。

データの初期値を設定する

挙式日には本日から数えて2ヵ月後の日付を、DVD納品希望日には挙式日の1週間前の日付をそれぞれ初期値として設定しましょう。いずれも本日を基準として計算で求めなければならないので、最初からdataオプションの中で初期値を設定しておくことはできません。

そこで、createdライフサイクルフック（2-3節、52ページ）を利用します。createdが発生するタイミングは、コンポーネントのインスタンスが生成し終わってDOMと結びつく前です。そのため、このタイミングでdataオプションに初期値を設定しておけば、最初のDOM更新に間に合います（リスト6）。

リスト6 ライフサイクルフックでプロパティを初期化する（main.js）

```
// 自動見積コンポーネント
const app = Vue.createApp({
  data() {
```

```
    ・・・中略・・・
  },
  // メソッド
  methods: {
    // 日付をYYYY-MM-DDの書式で返すメソッド
    formatDate(dt) {
      return [
        dt.getFullYear(),
        ('00' + (dt.getMonth()+1)).slice(-2),
        ('00' + dt.getDate()).slice(-2)
      ].join('-');
    },
    ・・・中略・・・
  },
  computed: {
    ・・・中略・・・
  },
  // ライフサイクルフック
  created() {
    // 今日の日付を取得
    const dt = new Date();
    // 挙式日に2ヵ月後の日付を設定
    dt.setMonth(dt.getMonth() + 2);
    this.wedding_date = this.formatDate(dt);
    // DVD納品希望日に、挙式日の1週間前の日付を設定
    dt.setDate(dt.getDate() - 7);
    this.delivery_date = this.formatDate(dt);
  }
});
```

createdの中で行うべき処理は、5-2節リスト3（210ページ）のイベントハンドラonPageLoad()で行う処理と同じですが、直接DOMを操作するかどうかが異なります。Vue.jsアプリケーションではなるべくDOMを直接操作せず、データバインディングに任せます。そのため、必然的にdataオプションのプロパティを操作することになります。

ところで、5-2節リスト3のonPageLoad()では、DVD納品希望日に翌日以降しか入力できないようにするために、<input type="date">のmin属性に翌日の日付を設定する処理を行いましたが、Vue.jsではどうすればよいでしょうか？

ここはフォームを表示する際に一度だけ設定すればよいので、必ずしもデータバインディングを利用する必要はありません。ユーザーがフォームに何を入力しようとも、全く影響を

受けないからです。そのため、onPageLoad()と全く同じように、DOMに直接アクセスしてmin属性を設定しても問題ありません。

とは言っても、v-bind:min="tomorrow"のように、HTMLを見ただけで「ここには翌日以降の日付しか入力させない」という意図を読み取れるほうが、プログラムの保守性は高まります。そこで、dataオプションにtomorrowという名前のプロパティを追加して、createdライフサイクルフックの中で翌日の日付を設定しておく方法が考えられます(リスト7)。

リスト7 プロパティの追加で対処する(main.js)

```
// 自動見積コンポーネント
const app = Vue.createApp({
  data() {
    return {
      ・・・中略・・・
      // 翌日の日付
      tomorrow: null
    }
  },
  ・・・中略・・・
  // ライフサイクルフック
  created() {
    // 今日の日付を取得
    const dt = new Date();
    // 挙式日に2ヵ月後の日付を設定
    dt.setMonth(dt.getMonth() + 2);
    this.wedding_date = this.formatDate(dt);
    // DVD納品希望日に、挙式日の1週間前の日付を設定
    dt.setDate(dt.getDate() - 7);
    this.delivery_date = this.formatDate(dt);
    // 明日の日付を求める
    const dt2 = new Date();
    dt2.setDate(dt2.getDate() + 1);
    this.tomorrow = this.formatDate(dt2);
  }
})
const vm = app.mount('#app');
```

もちろんこれでも動作するのですが、制御に必要だからという理由でdataオプションにプロパティをどんどん追加していくと、どのプロパティがどの場面で何のために必要なのかがわかりにくくなり、コンポーネントの保守性が低下します。

dataオプションのプロパティには、コンポーネント内で保持しておきたいデータだけを定

義するように考えます。そこで、tomorrowを算出プロパティとして定義してみましょう(リスト8)。

リスト8 算出プロパティの追加で対処する(main.js)

```
computed: {
  ・・・中略・・・
  // 明日の日付
  tomorrow() {
    const dt = new Date();
    dt.setDate(dt.getDate() + 1);
    return this.formatDate(dt);
  }
}
```

こうすると、テンプレート側ではdataオプションに定義したプロパティと全く同じように<input type="date" v-bind:min="tomorrow">と記述できます。

挙式日とDVD納品希望日を連動する

挙式日を変更したとき、DVD納品希望日を「挙式日から数えて1週間前の日付」に変更する処理を実装しましょう。挙式日はdataオプションに定義したリアクティブなデータなので、watchオプションを使って値の変更を検出することができます。5-2節リスト4(212ページ)のonWeddingDateChangedイベントハンドラが行っている処理をwatchオプションに移植すると次のようになります(リスト9)。

リスト9 watchオプションを追加する(main.js)

```
// 自動見積コンポーネント
const app = Vue.createApp({
  ・・・中略・・・
  // ウォッチャ
  watch: {
    // 挙式日
    wedding_date(newValue, oldValue) {
      // DVD納品希望日に、挙式日の1週間前の日付を設定
      const y = this.wedding_date.split('-')[0];
      const m = this.wedding_date.split('-')[1];
      const d = this.wedding_date.split('-')[2];
      const dt = new Date(y, m - 1, d);
      dt.setDate(dt.getDate() - 7);
      this.delivery_date = this.formatDate(dt);
    }
```

```
  },
  ・・・中略・・・
})
const vm = app.mount('#app');
```

フィルターを追加する

ここまでのプログラムは金額を数値として扱ってきましたが、DOMに反映するのは「55,000」のように3桁ごとにカンマを挿入した書式でなければなりません。JavaScriptでは55000は数値型なので計算できますが、55,000は文字列型なので計算できません。このように、データ上は数値のままにしておいたほうが扱いやすいけれども、描画時には書式を変えたいという場合にフィルターが役に立ちます(リスト10)。

リスト10 フィルターを追加する(main.js)

```
// 自動見積コンポーネント
const app = Vue.createApp({
  ・・・中略・・・
})
app.config.globalProperties.$filters = {
  // 数値を通貨書式「#,###,###」に変換するフィルター
  number_format(val) {
    return val.toLocaleString();
  }
}
const vm = app.mount('#app');
```

汎用的なフィルターなので、グローバルスコープに登録することにします。グローバルスコープに登録するフィルターの定義は、アプリケーションをDOMにマウントするよりも先に記述する必要があることに注意しましょう(69ページ)。

これでJavaScript側の書き換えは一通り完了です。次はHTMLを書き換えていきましょう。

5-4 フォームのテンプレートにVue.jsを適用する（HTML）

Vuc.jsのテンプレート構文を使ってHTMLを書き換えていきましょう。先ほどmain.jsに定義したプロパティや算出プロパティをHTMLにバインドする作業が中心になります。

基本料金のデータバインド

まず、基本料金の計算に関する部分をデータバインドしましょう。コメントの「ムービーの種類」から「小計：基本料金」の範囲にあるフォームコントロールに、dataオプションに定義したプロパティをバインドします（リスト1）。

リスト1 基本料金のデータバインド（main.html）

```
<!-- ムービーの種類 -->
<div class="row mb-3">
  <label class="col-md-3 col-form-label">制作したいムービー
    <span class="badge bg-danger">必須</span>
  </label>
  <div class="col-md-9">
    <div class="row">
      <div class="col-md-5">
        <div class="form-check form-check-inline">
          <input class="form-check-input" type="radio" name="movie_type" 
id="type1" value="余興ムービー" v-model="movieType">
          <label class="form-check-label" for="type1">余興ムービー</label>
        </div>
      </div>
      <div class="col-md-5">
        <div class="form-check form-check-inline">
          <input class="form-check-input" type="radio" name="movie_type" 
id="type2" value="サプライズムービー" v-model="movieType">
          <label class="form-check-label" for="type2">サプライズムービー</
label>
        </div>
      </div>
      <div class="col-md-5">
        <div class="form-check form-check-inline">
          <input class="form-check-input" type="radio" name="movie_type" 
id="type3" value="生い立ちムービー" v-model="movieType">
          <label class="form-check-label" for="type3">生い立ちムービー</
```

```
label>
        </div>
      </div>
      <div class="col-md-5">
        <div class="form-check form-check-inline">
          <input class="form-check-input" type="radio" name="movie_type"
id="type4" value="オープニングムービー" v-model="movieType">
          <label class="form-check-label" for="type4">オープニングムービー
</label>
        </div>
      </div>
    </div>
  </div>
</div>
<!--挙式日-->
<div class="row mb-3">
  <label class="col-md-3 col-form-label" for="wedding_date">挙式日
    <span class="badge bg-danger">必須</span>
  </label>
  <div class="col-md-9">
    <input class="form-control" type="date" id="wedding_date"
placeholder="日付をお選びください。" v-model="wedding_date">
    <div class="form-text text-white">結婚式のお日にちを選択してください。</
div>
  </div>
</div>
<!--DVD納品希望日-->
<div class="row mb-3">
  <label class="col-md-3 col-form-label" for="delivery_date">DVD納品希望日
    <span class="badge bg-danger">必須</span>
  </label>
  <div class="col-md-9">
    <input class="form-control" type="date" id="delivery_date"
v-bind:min="tomorrow" placeholder="日付をお選びください。"
v-model="delivery_date">
    <div class="form-text text-white">挙式日の1週間前までにDVDが必要な場合が
多いため、納品希望日を挙式日の1週間前に設定しております。</div>
  </div>
</div>
<!--小計:基本料金-->
<div class="row mb-3">
```

```
  <label class="col-md-3 col-form-label">基本料金（税込）</label>
  <div class="col-md-9">
    <div class="input-group">
      <input type="text" class="form-control text-end" id="sum_base"
v-bind:value="$filters.number_format(taxedBasePrice)" readonly>
      <span class="input-group-text">円</span>
    </div>
  </div>
</div>
```

ユーザーが入力するフォームコントロールは、双方向バインディング（89ページ）になるようにv-modelディレクティブを使ってバインドします。たとえば「制作したいムービー」のラジオボタンには「v-model="movieType"」を追加します。checked属性は残しておいても構いませんが、Vue.jsはデータバインドしたフォームコントロールのchecked属性やselected属性を無視するので（2-9節、91ページ）、混乱を避けるため削除しておいたほうがよいでしょう。

DVD納品希望日のmin属性は、JavaScript→HTMLの一方向バインディングで構わないので、v-bindディレクティブでバインドします。バインドするのは、main.jsに実装した「翌日の日付」を返す算出プロパティtomorrowです。

基本料金の小計欄には、計算済みの税込み料金を返す算出プロパティtaxedBasePriceをバインドします。算出プロパティが返す数値を金額フォーマットの文字列に変換した結果がDOMに反映されるように、number_formatフィルターを通します。

ここまでを正しく記述できていれば、挙式日に2ヵ月後の日付、DVD納品希望日に挙式日の1週間前の日付が表示され、DVD納品希望日に3週間未満の日付を入力すると基本料金に割増料金が自動的に加算されます（画面1）。

▼画面1　基本料金に関するデータバインドの完成

みなさんがオリジナルのVue.jsアプリケーションを開発するときは、答えとなるサンプルコードはありません。そのため、「このデータをここにバインドしたい」と考えたとき、期待通りにバインドできたかどうかを自分自身で確認できることが重要です。console.log()をプログラムの中に記述してデバッグすることに慣れてきたら、ぜひVue.js devtools（第1章コラム、34ページ）を使ってみましょう。console.log()を記述しなくても、コンポーネント内のプロパティや算出プロパティの現在の値が簡単に確認できるので、間違っている箇所の特定や原因

の推測がしやすくなり、開発の効率が上がるでしょう(画面2)。

▼画面2　Vue.js devtoolsを活用して開発効率をアップする

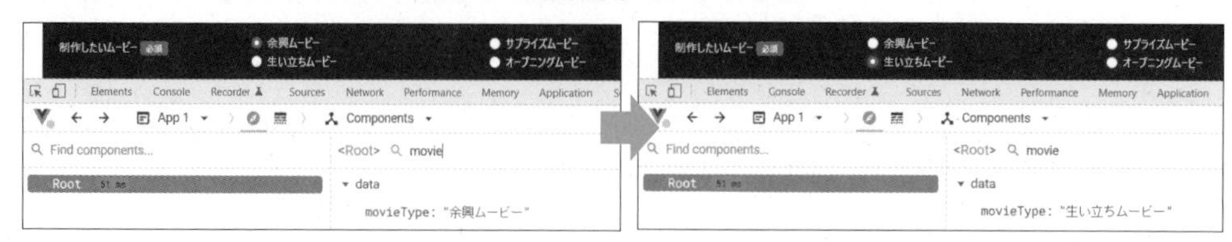

期待通りにバインドできているか
どうかを簡単に確認できるよ

オプション料金のデータバインド

次に、オプション料金の計算に関する部分をデータバインドしましょう(リスト2)。

リスト2　オプション料金のデータバインド(main.html)

```
<!--オプションメニュー-->
<div class="row mb-3">
  <label class="col-md-3 col-form-label">オプションメニュー
    <span class="badge bg-info">任意</span>
  </label>
  <div class="col-md-9">
    <div class="form-check mb-3">
      <input class="form-check-input" type="checkbox" id="opt1"
v-model="opt1_check">
      <label class="form-check-label" for="opt1">BGM手配　+{{$filters.
number_format(taxedOpt1)}}円</label>
      <div class="form-text text-white">当社で曲を手配させていただく場合は、1
曲あたり{{$filters.number_format(taxedOpt1)}}円(税込)がかかります。</div>
    </div>
    <div class="form-check mb-3">
      <input class="form-check-input" type="checkbox" id="opt2"
v-model="opt2_check">
      <label class="form-check-label" for="opt2">撮影　+{{$filters.
number_format(taxedOpt2)}}円</label>
      <div class="form-text text-white">当社に撮影を依頼する場合の料金です。
</div>
    </div>
    <div class="form-check mb-3">
      <input class="form-check-input" type="checkbox" id="opt3"
```

```
v-model="opt3_check">
      <label class="form-check-label" for="opt3">DVD盤面印刷 +
{{$filters.number_format(taxedOpt3)}}円</label>
      <div class="form-text text-white">当社でDVDの盤面をデザインさせていた
だく場合は、{{$filters.number_format(taxedOpt3)}}円（税込）がかかります。</
div>
    </div>
    <div class="row mb-3 align-items-center">
      <div class="col-auto">
        <label class="form-check-label" for="opt4">写真スキャニング +
{{$filters.number_format(taxedOpt4)}}円</label>
      </div>
      <div class="col-auto">
        <div class="input-group">
          <input class="form-control" type="number" id="opt4" v-model.
number="opt4_num" min="0" max="30">
          <span class="input-group-text" for="opt4">枚</span>
        </div>
      </div>
      <span class="form-text text-white">プリントアウトした写真のスキャニング
をご希望の方は、1枚あたり{{$filters.number_format(taxedOpt4)}}円にて承ります。
</span>
    </div>
  </div>
</div>
<!--小計：オプション料金-->
<div class="row mb-3">
  <label class="col-md-3 col-form-label">オプション料金（税込）</label>
  <div class="col-md-9">
    <div class="input-group">
      <input type="text" class="form-control text-end" id="sum_opt"
v-bind:value="$filters.number_format(taxedOptPrice)" readonly>
      <span class="input-group-text">円</span>
    </div>
  </div>
</div>
```

チェックボックスもラジオボタンと同様に、v-modelディレクティブでバインドします。各オプションメニューの料金は、税込みの金額を返す算出プロパティに金額フォーマットのフィルターを適用してバインドします。

写真スキャニング枚数の入力欄には、.number修飾子を付けてバインドすることに注意しましょう。<input type="number">には数値しか入力できませんが、value属性にセットされる値は文字列型なので、バインドするプロパティを数値として扱いたい場合は.number修飾子を使います（2-9節、106ページ）。

合計金額のデータバインド

最後に、合計金額をデータバインドしましょう（リスト3）。

リスト3 合計金額のデータバインド（main.html）

```
<!--合計：基本料金＋オプション料金-->
<div class="row mb-3">
  <label class="col-md-3 col-form-label">合計（税込）</label>
  <div class="col-md-9">
    <div class="input-group">
      <input type="text" class="form-control text-end" id="sum_total"
v-bind:value="$filters.number_format(taxedTotalPrice)" readonly>
      <span class="input-group-text">円</span>
    </div>
  </div>
</div>
```

オプション料金と同様に、税込み金額を返す算出プロパティにフィルターを適用してバインドすれば完成です。

アプリケーションの動作確認

フォームを自由に入力して、金額の表示が正しく更新されるかどうか確認しておきましょう。確認すべき内容は、フォームの仕様（200ページ）から洗い出せます（表1）。

▼表1　フォームの動作確認項目

確認項目	確認内容
挙式日	本日から数えて2ヵ月後の日付が初期表示されること。
DVD納品希望日	挙式日の1週間前の日付が初期表示されること。
	翌日以降の日付しか入力できないこと。
	挙式日を変更すると、挙式日の1週間前の日付に変わること。
基本料金（税込）	DVD納品希望日が3週間以上先の場合、50000円＋消費税額が表示されること。
	DVD納品希望日が3週間未満の場合、60000円＋消費税額が表示されること。
	DVD納品希望日が2週間未満の場合、65000円＋消費税額が表示されること。
	DVD納品希望日が1週間未満の場合、70000円＋消費税額が表示されること。
	DVD納品希望日まで3日以内の場合、85000円＋消費税額が表示されること。
BGM手配	チェックをつけると5000円＋消費税額がオプション料金に加算されること。
撮影	チェックをつけると5000円＋消費税額がオプション料金に加算されること。

DVD盤面印刷	チェックをつけると5000円＋消費税額がオプション料金に加算されること。
写真スキャニング	1枚あたり500円＋消費税額がオプション料金に加算されること。
オプション料金（税込）	BGM手配、撮影、DVD盤面印刷、写真スキャニングの合計金額（税込）が表示されること。
合計（税込）	基本料金（税込）とオプション料金（税込）の合計金額が表示されること。
消費税率	消費税率のプロパティ値を変更すると、全ての金額表示に適用されること。

金額を表示する全ての箇所に消費税率が正しく適用されていることを確認するために、消費税率のプロパティを書き換えてみましょう（リスト4）。

リスト4 合計金額のデータバインド（main.js）

```
data() {
  return {
    // 消費税率
    taxRate: 0.12,
    ・・・中略・・・
  }
}
```

税込み金額を返す算出プロパティをバインドしているので、消費税率を書き換えるだけで自動的に全ての金額表示が変わります（画面3）。

▼**画面3　消費税率12％の場合**

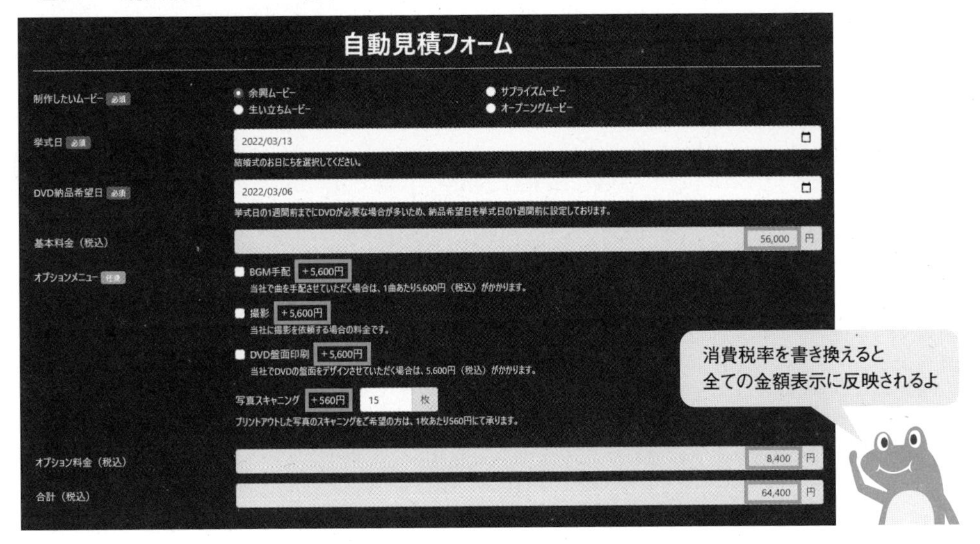

テンプレートが一瞬見えてしまうのはなぜ？

フォームが表示される最初の一瞬だけ、テンプレートのマスタッシュがそのまま見えてしまうことに気付いたでしょうか？（画面4）

▼画面4　コンパイル前のテンプレートが一瞬だけ見えてしまう

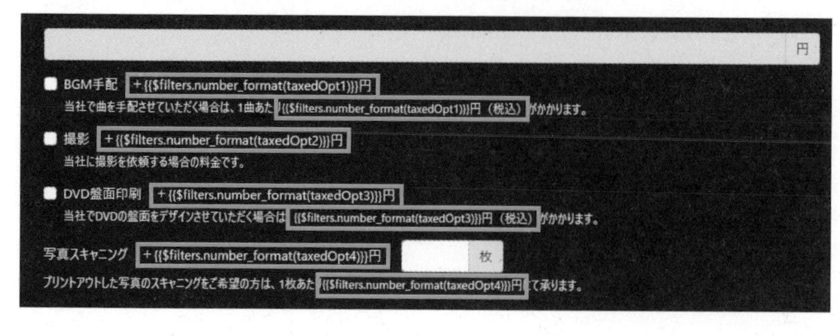

一瞬だけ、DOMが
更新される前の
状態が見えてしまう

原因は、Vue.jsがアプリケーションのインスタンスを初期化し終える前にブラウザがHTMLの描画を開始するからです。main.htmlは「①HTML→②Vue.jsの読み込み→③main.jsの読み込み」の順番で記述されているので、ブラウザは①HTMLの解析が終わった時点ですぐに描画を始めてしまうのです。

かといって、Vue.jsとmain.jsの読み込みを<head>タグ内に移動すると、スクリプトエラーが発生してしまいます（画面5）。

▼画面5　マウントする要素よりもmain.jsを先に読み込むとエラーになる

```
⚠ ▶[Vue warn]: Failed to mount app: mount target selector "#app" returned null.
```

main.jsが読み込まれると、すぐにVue.createApp()とmount()が実行され、Vue.jsはmount()の引数に指定したHTML要素を探そうとします。しかし、そのタイミングではまだアプリケーションのテンプレート部分が読み込まれていないので、「#appが見つからない」というエラーが発生します。

v-cloakディレクティブを使うと、この問題を解決できます（リスト5）。

リスト5　初期表示の問題を解決する（main.html）

```
<!DOCTYPE html>
<html lang="ja">
<head>
  ・・・中略・・・
  <style>
```

```
  [v-cloak] { opacity: 0; }
  </style>
</head>
<body>
<div id="app" v-cloak>
  ・・・中略・・・
</div>
<script src="https://unpkg.com/vue@next"></script>
<script src="main.js"></script>
</body>
</html>
```

v-cloakディレクティブは、その要素が属するコンポーネントのインスタンス生成とデータバインディングが完了するとDOMから消去されるという特殊な性質を持つディレクティブです。この性質を利用して、v-cloak がついている間だけ要素を非表示にするCSSを用意しておけば、画面4のようなバインディング完了前の状態をユーザーから隠すことができます。

Column Bootstrap Vueを利用してUIの作成を効率化しよう

本章では、Bootstrapの静的なCSSフレームワークを使うことで、一切CSSを記述することなくフォームの外観を作ることができました。目的に合ったclass名をHTMLに記述するだけで統一感のあるレスポンシブなスタイルが適用できるBootstrapは、非常に強力なUIフレームワークです。

しかし、ラジオボタンやセレクトボックスの選択肢をアプリケーションのデータと連動させたい場合、開発者はv-forディレクティブを使ったデータバインディングを手動で記述しなければなりません。静的なCSSにはデータバインディングの機能がないからです。次のコードは、配列データをバインドして4つのラジオボタンを描画する例です（リスト1、画面）。

リスト1 手動でデータバインディングの設定を行う

HTML

```
<div id="app">
  <div class="form-check form-check-inline" v-for="item in movieTypeList">
    <input class="form-check-input" type="radio" name="movie_type" v-bind:id="item.id" v-bind:value="item.value" v-model="movieType">
    <label class="form-check-label" v-bind:for="item.id">{{item.value}}</label>
  </div>
</div>
```

JavaScript
```
const app = Vue.createApp({
  data() {
    return {
      // 選択されているラジオボタンの値
      movieType: '余興ムービー',
      // ラジオボタンの選択肢
      movieTypeList: [
        { id: 'type1', value: '余興ムービー' },
        { id: 'type2', value: 'サプライズムービー' },
        { id: 'type3', value: '生い立ちムービー' },
        { id: 'type4', value: 'オープニングムービー' }
      ]
    }
  }
})
const vm = app.mount('#app');
```

▼画面　ブラウザの表示

◉ 余興ムービー　◎ サプライズムービー　◎ 生い立ちムービー　◎ オープニングムービー

このように、開発者は配列データをバインドするためにいくつものディレクティブをテンプレートに記述しなければなりません。チェックボックスやセレクトボックスも同じようにバインドすると、テンプレートが複雑になり、可読性が低下します。記述ミスも起こりやすくなります。

そこで、BootstrapVue3（25ページ）を使うとテンプレートがすっきりします。BootstrapVue3では、BootstrapのUIコンポーネントがVue.jsのコンポーネントとして提供されています（リスト2、リスト3）。

リスト2　アプリケーションの開始ポイントとなるコンポーネント（App.vue）

```
<template>
  <b-form-radio-group v-model="movieType"
v-bind:options="movieTypeList" name="movie_type"></b-form-radio-group>
</template>


<script>
export default {
  name: 'App',
  data() {
```

```
    return {
      // 選択されているラジオボタンの値
      movieType: '余興ムービー',
      // ラジオボタンの選択肢
      movieTypeList: [
        { text: '余興ムービー', value: '余興ムービー' },
        { text: 'サプライズムービー', value: 'サプライズムービー' },
        { text: '生い立ちムービー', value: '生い立ちムービー' },
        { text: 'オープニングムービー', value: 'オープニングムービー' }
      ]
    }
  }
}
</script>
```

リスト3　App.vueをHTMLに関連付ける（main.js）

```
import { createApp } from 'vue'
import App from './App.vue'

// BootstrapVue3を読み込む
import BootstrapVue3 from 'bootstrap-vue-3'

// BootstrapVue3のCSSを読み込む
import 'bootstrap/dist/css/bootstrap.css'
import 'bootstrap-vue-3/dist/bootstrap-vue-3.css'

// アプリケーションのインスタンスを生成する
const app = createApp(App)

// アプリケーションからBootstrapVue3を利用可能にする
app.use(BootstrapVue3)

// アプリケーションをDOMにマウントする
app.mount('#app')
```

<b-form-radio-group>はラジオボタンのグループを生成するBootstrapVue3のコンポーネントで、配列データをバインドするためのoptions属性を持っています。開発者はここに配列をバインドするだけです。各ラジオボタンのid属性やラベルのfor属性はコンポーネントが自動的に割り当ててくれるので、リスト1と実質的に同じ描画が得られます。

BootstrapVue3を利用するためには、第6章で解説する「.vue」という専用フォーマットに関する理解と、「Vue CLI」という開発環境の導入が必要です。第6章を終えたら、BootstrapVue3の導入に挑戦してみましょう。

☑ Point UIコンポーネントを利用するメリット

・自分でコードを記述する量を減らすことができ、テンプレートが簡潔になる。
・記述ミスで誤動作を起こす可能性を減らすことができる。

第6章

Vue.jsのコンポーネントをモジュール化してみよう！

本章では、アプリケーションを構成するUI部品をコンポーネントに分割して管理する方法と、そのために必要な開発環境の導入方法を解説します。本格的な開発に進む足掛かりとしてください。

6-1 コンポーネントの基本

今まで解説してきたアプリケーションでは、Vue.jsに慣れる学習のため、商品一覧や自動見積フォームのテンプレート部分をHTMLファイルに直接記述してきました。そのため、これらを「どんなページにも簡単に組み込める汎用性の高い部品」として扱うことができませんでした。

実際の開発では、アプリケーションを構成するUI部品を複数のコンポーネントに分割することによって、コンポーネントの独立性を高めることが重要になります（図1）。

図1 アプリケーションの構成部品をコンポーネント化する

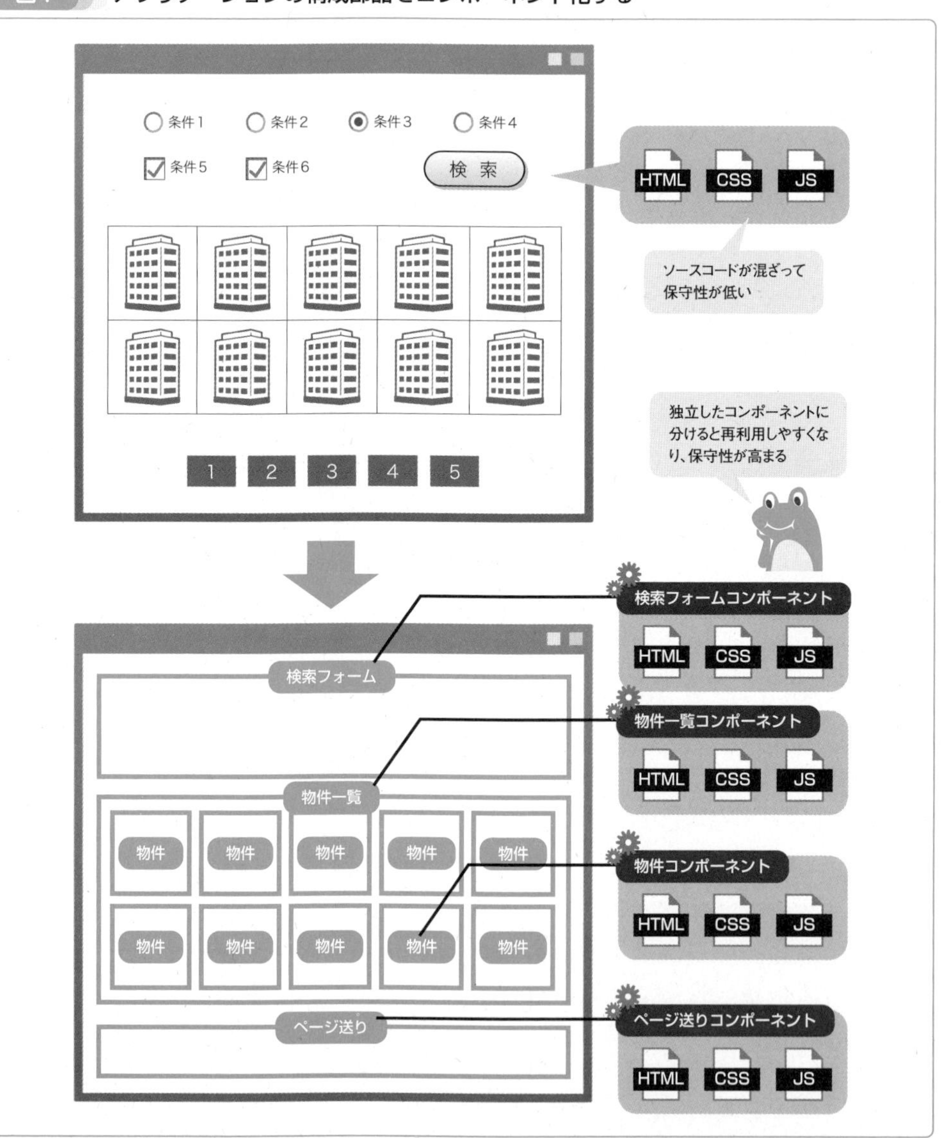

コンポーネントの定義方法

コンポーネントを登録するにはapp.component()メソッドを使います。appは、Vue.createApp()メソッドが返すアプリケーションのインスタンスを格納した変数名です。app.component()メソッドを実行すると、**グローバルスコープ**にコンポーネントを登録したことになり、アプリケーションのどこからでもコンポーネントが利用できるようになります。

書式

```
app.component('コンポーネントの名前',{コンポーネントのオプション});
```

第一引数に指定したコンポーネントの名前は、コンポーネントを利用するときに使うカスタムタグの名前になります。簡単な例として、「Hello Vue!」を描画するだけのコンポーネントを定義してみましょう（リスト1）。

リスト1 コンポーネントを定義する（show-hello.js）

JavaScript
```
const showHello = {
  template: 'Hello Vue!'
}
```

コンポーネントは、描画内容を表すtemplateオプションを持つオブジェクトとして定義します。このコンポーネントを使うには、アプリケーションのテンプレート内に<show-hello></show-hello>というカスタムタグを記述します（リスト2）。

リスト2 コンポーネントを描画する（main.html、main.js）

HTML
```
...
<div id="app">
  <!-- ↓ここにコンポーネントが入ります。↓ -->
  <show-hello></show-hello>
</div>
<script src="https://unpkg.com/vue@next"></script>
<script src="show-hello.js"></script>
<script src="main.js"></script>
...
```

JavaScript
```
// アプリケーションのインスタンスを生成する
const app = Vue.createApp();
// アプリケーションにコンポーネントを登録する
```

```
// ↓show-hello.jsに定義したコンポーネントを'show-hello'という名前で登録
app.component('show-hello', showHello);
// アプリケーションをマウントする
const vm = app.mount('#app');
```

ブラウザには次のように描画されます（画面1）。

▼画面1　実際の描画

<show-hello></show-hello>が
Hello Vue!に置き換わった

このように、<show-hello></show-hello>がコンポーネントのtemplateオプションの内容で置き換わります。

Point　コンポーネントを読み込む順番に注意

フィルターと同様に、app.component()は、アプリケーションをDOMにマウントするよりも先に実行しなければなりません。そのため、コンポーネントを定義したスクリプトファイル（show-hello.js）は、app.mount()を記述したスクリプトファイル（main.js）よりも先にHTMLへ読み込む必要があります。

app.component()の基本構造

app.component()メソッドの第二引数はオブジェクト形式です。リスト1のtemplateオプションだけでなく、Vue.createApp()と同様に様々なオプションを指定できます（リスト3）。

リスト3　app.component()の基本構造（show-hello.js）

```
const showHello = {
  // コンポーネントのテンプレート
  template: '{{message}}',
  // コンポーネントのデータ
  data() {
```

```
    return {
      message: 'Hello Vue!'
    }
  },
  // コンポーネントのメソッド
  methods: {
  },
  // コンポーネントの算出プロパティ
  computed: {
  },
  // コンポーネントのウォッチャ
  watch: {
  },
  // コンポーネントのライフサイクルフック
  created() {
  }
}
```

コンポーネントが持つデータはdataオプションで定義します。Vue.createApp()のdataオプションと同様に、{プロパティ名:値}形式のオブジェクトを返す関数にしなければなりません。

Point コンポーネントのdataオプション

{プロパティ名:値}形式のオブジェクトを返す関数として定義しなければならない。

その他のオプション（メソッド、算出プロパティ、ウォッチャ、ライフサイクルフックなど）は、Vue.createApp()のオプションと同様に、任意で指定できます。

テンプレートを見やすく記述する

テンプレート全体をバッククォート「`」で囲むと、テンプレートの中に改行を含めることができます（リスト4、画面2）。

リスト4 テンプレート内で改行できるようにする

```
template: `バッククォートで囲むとテンプレート内を改行できるので
長いテキストを見やすく記述したいときに便利です。<br>
ブラウザの表示を改行するには&lt;br&gt;タグを使います。`
}
```

▼画面2　実際の描画

バッククォートで囲むとテンプレート内を改行できるので 長いテキストを見やすく記述したいときに便利です。
ブラウザの表示を改行するには
タグを使います。

バッククォートは普段あまり使わない記号ですが、一般的なJISキーボードの場合は Shift + @、USキーボードの場合は Option + ~ で入力できます。

Point バッククォートについて

バッククォート「`」はテンプレートリテラル（テンプレート文字列）と呼ばれ、複数行のテキストを改行できるだけでなく、${...}というプレースホルダを使ってJavaScriptの変数や式を入れることができる便利な構文です。Vue.js特有の構文ではなく、JavaScriptの構文です。

ローカルスコープへの登録

親コンポーネントのcomponentsオプションに子コンポーネントを定義するとローカルスコープとなり、その親コンポーネント以外からは参照できないように制限することができます。次の例は、リスト1のコンポーネントをアプリケーションのルートコンポーネントにローカルスコープで登録するコードです（リスト5、リスト6）。

リスト5　コンポーネントを定義する（show-hello.js）

JavaScript
```
const showHello = {
  template: 'Hello Vue!'
}
```

リスト6　ローカルスコープにコンポーネントを登録する（main.html、main.js）

HTML
```
・・・
<div id="app">
  <!-- ↓ここにコンポーネントが入ります。↓ -->
  <show-hello></show-hello>
</div>
<script src="https://unpkg.com/vue@next"></script>
<script src="show-hello.js"></script>
<script src="main.js"></script>
・・・
```

JavaScript
```
// アプリケーションのインスタンスを生成する
const app = Vue.createApp({
  // ローカルスコープにコンポーネントを登録する
  // ↓show-hello.jsに定義したコンポーネントを'show-hello'という名前で登録
  components: {
    'show-hello': showHello
  }
})
// アプリケーションをマウントする
const vm = app.mount('#app');
```

show-hello.jsは、const showHello ={オブジェクト}の形をしています。つまり、JavaScriptのオブジェクトをshowHelloというグローバル定数に格納しているだけです。showHelloを宣言している場所はグローバルスコープなので、親コンポーネントのスクリプトファイル（main.js）から参照できます。そこで、親コンポーネントのcomponentsオプションに「show-hello」という名前のプロパティを定義して、プロパティの値にshowHelloオブジェクトを関連付けます。こうすることで、Vue.jsは親コンポーネントが「show-hello」という名前の子コンポーネントを持ち、「showHello」オブジェクトの中に子コンポーネントの定義が入っていることを認識します。

リスト6の「showHello」の部分にリスト5の{...}をそのまま記述してもプログラムとしては全く等価ですが、ファイルを分けたほうがコンポーネントの独立性が高まります。

ローカルスコープに登録したコンポーネントは、親コンポーネントのテンプレート内でしか使えません（リスト7）。

リスト7　ローカルスコープのコンポーネント（main.html）

```
<div id="app">
  <!-- ↓このコンポーネントは描画される↓ -->
  <show-hello></show-hello>
</div>
<div id="app2">
  <!-- ↓このコンポーネントは描画されない↓ -->
  <show-hello></show-hello>
</div>
```

> **Point** コンポーネントを登録するスコープ
>
> ・グローバルスコープに登録する場合はアプリケーションインスタンスのcomponent()メソッドを使う。
> ・ローカルスコープに登録する場合は親コンポーネントのcomponentsオプションを使う。

データの受け渡し（親コンポーネントから子コンポーネント）

第3章で作成した商品一覧が商品コンポーネントの集まりで構成されていると考えて、「商品コンポーネント」を作成してみましょう。

商品コンポーネントは商品名や価格などのデータを持ちますが、それらをコンポーネントのdataオプションに定義すると、特定の商品を表すコンポーネントになってしまうので使い回しが利きません。

そこで、子コンポーネント自身にはdataを持たせずに、親コンポーネントからデータを受け取るようにします。そのためには、親コンポーネントと子コンポーネントそれぞれに準備が必要です。まず、子が親からデータを受け取るプロパティ名を決めて、子コンポーネントのpropsオプションに定義します（リスト8）。

リスト8 子コンポーネントにpropsオプションを追加する（product.js）

```
const product = {
  template: `<div class="product">商品名：{{name}}　価格：{{price}}(円)</
div>`,
  props: ['name', 'price']
}
```

テンプレートの部分は簡略化して商品名と価格だけにしています。propsオプションに定義したプロパティは、親からデータを受け取るための入れ物になります。関数の引数に配列を渡すようなイメージです。このコンポーネントは、nameとpriceという名前のデータを受け取ることができます。

次に、親のテンプレートで子コンポーネントのカスタムタグに属性を追加します（リスト9）。

リスト9 親のテンプレート（main.html）

```
...
<div id="app">
  <product name="スマホケースA" price="1980"></product>
  <product name="スマホケースB" price="3980"></product>
</div>
...
```

このように、子コンポーネントのpropsオプションに定義したプロパティと同じ名前の属性を使って、渡したいデータを属性の値にセットします。

すると、main.htmlはブラウザに次のように出力されます（リスト10）。

リスト10 実際の出力

```
...
<div id="app">
  <div class="product">商品名：スマホケースA　価格：1980円</div>
  <div class="product">商品名：スマホケースB　価格：3980円</div>
</div>
...
```

propsオプションに定義したプロパティは親からの借り物ですが、子は自分自身のプロパティと同じようにテンプレートやメソッドの中から参照できるようになります。このように、親は子がpropsオプションに定義しているプロパティと同じ名前の属性を介してデータを渡します（図2）。

図2 親から子へデータを渡すイメージ

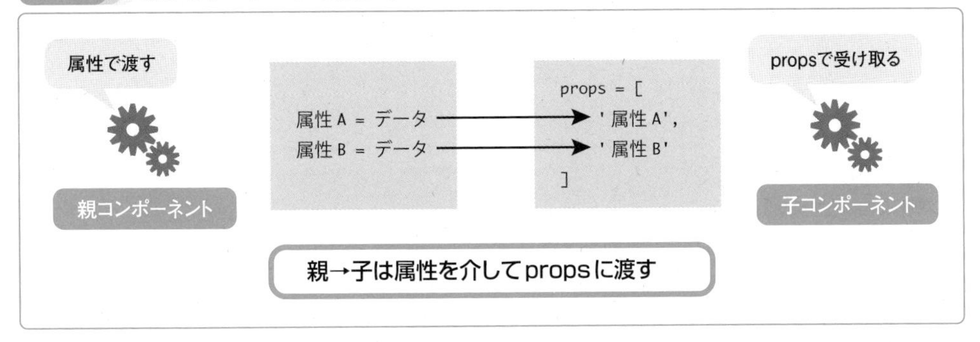

Point 親コンポーネントから子コンポーネントへデータを渡す手順

親コンポーネント：渡したいデータを子のカスタムタグの属性に指定する。
子コンポーネント：親から受け取りたい属性名をpropsオプションに定義する。

リアクティブなデータを渡す

通常のHTMLタグと同様に、親コンポーネントが持っているデータを子コンポーネントにバインドすると、親のデータが変わると子にも伝わります。

親が持つデータを子にバインドしてみましょう。まず、親コンポーネントにデータを持たせます（リスト11）。

リスト11 親コンポーネント（main.js）

```
// アプリケーションのインスタンスを生成する
const app = Vue.createApp({
  // 親コンポーネントにデータを持たせる
  data() {
    return {
      name: 'スマホケース',
      price: 1980
    }
  },
  // ローカルスコープにコンポーネントを登録する
  components: {
    'product': product
  }
})
// アプリケーションをマウントする
const vm = app.mount('#app');
```

次に、親のテンプレートに記述した子のカスタムタグに、v-bindディレクティブでデータバインドします（リスト12）。

リスト12 親のテンプレート（main.html）

```
<div id="app">
  <product v-bind:name="name" v-bind:price="price"></product>
</div>
```

main.htmlはブラウザに次のように出力されます（リスト13）。

リスト13 実際の出力

```
...
<div id="app">
  <div class="product">商品名：スマホケース　価格：1980円</div>
</div>
...
```

子コンポーネントの定義（product.js）はリスト8と同じです。せっかく親からデータをバインドしてもらっても、子がpropsオプションで属性名を受け入れる準備をしていないと受け取れないので、気を付けましょう。

データの受け渡し（子コンポーネントから親コンポーネント）

子から親へデータを渡す場合、子からは親のテンプレートが見えないので、属性を介してデータを渡すことはできません。そこで、子が親にイベントを通知して、親のイベントハンドラで検知する方法を採ります。データはイベントハンドラの引数として渡します（図3）。

図3　子から親へデータを渡すイメージ

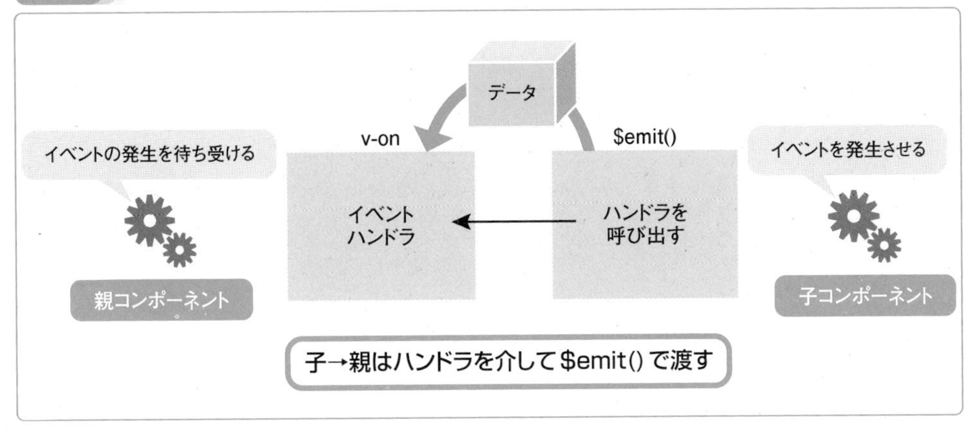

$emit()はコンポーネントに備わっているビルトイン（組み込み済み）のメソッドです。

書式
```
$emit('通知したいイベント名', イベントハンドラに渡すデータ,,,,);
```

$emit()の1つ目の引数には、子が親に通知したいイベントの名前を指定します。2つ目以降は可変長の引数で、イベントハンドラに渡すデータを必要な数だけ「,」で区切って列挙します。データを渡す必要がない場合は、2つ目以降の引数を省略できます。

子から親のメソッドを呼び出す

子コンポーネントのボタンをクリックしたとき親コンポーネントのメソッドを呼び出す例を見ておきましょう（リスト14）。

リスト14　子コンポーネント（product.js）

```
const product = {
  //(1)ボタンのイベントハンドラを設定する
  template: `<div class="product">商品名：{{name}}　価格：{{price}}円</div>
  <button v-on:click="onDiscount">値下げする</button>`,
  props: ['name', 'price'],
  methods: {
    //(2)ボタンがクリックされたら呼び出される
    onDiscount() {
```

```
      //(3)discount イベントを通知する
      this.$emit('discount');
    }
  }
}
```

子のボタンがクリックされると、v-onディレクティブに指定したonDiscountメソッドが呼び出されます (1)(2)。ここまでは親は一切関係なく、子の中だけで完結する通常のイベントハンドリングです。

ここで子は$emit()メソッドを実行して、**子にdiscountイベント**を発生させます (3)。discountはブラウザの標準イベントではなく、開発者が自由に決めるカスタムイベントです。このカスタムイベントは、**親のテンプレートを通じて親のイベントハンドラを呼び出すための仲介役**です。(1) のクリックイベントとは役目が違うので混同しないように気を付けましょう。

ここからは親は世界です。子にdiscountイベントが発生したとき親のonDiscountメソッドラが呼び出されるように、v-onディレクティブを使って親のテンプレート内でイベントハンドラを割り当てます（リスト15)。

リスト15 親のテンプレート (main.html)

```
...
<div id="app">
  <!--(4)子のdiscount イベントが発生したら親のonDiscount を呼び出す-->
  <product v-bind:name="name" v-bind:price="price"
           v-on:discount="onDiscount"></product>
</div>
...
```

次に、親のイベントハンドラを実装します。親のmethodsオプションにonDiscountメソッドを追加します（リスト16)。

リスト16 親コンポーネント (main.js)

```
const app = Vue.createApp({
  data() {
    return {
      name: 'スマホケース',
      price: 1980
    }
  },
```

```
  components: {
    'product': product
  },
  methods: {
    //(5)値下げ処理を行う
    onDiscount() {
      this.price -= 100;
    }
  }
})
const vm = app.mount('#app');
```

main.htmlをブラウザで表示させると次のようになります（画面3）。

▼**画面3　実際の描画**

商品名：スマホケース　価格：1980円

値下げする

商品名：スマホケース　価格：1880円

値下げする

ボタンをクリックするごとに100円ずつ安くなっていくよ

子の「値下げする」ボタンをクリックするたびに親のpriceが100ずつ減少します。priceはv-bindで子のカスタムタグにバインドしているので、クリックするたびに子のDOMが更新されて価格の表示が変わります。

目に見えないイベントを通して子から親へ処理をつなげていくので難しく感じられるかもしれませんが、いったん子のことは忘れてリスト15とリスト16だけを見ると、通常のイベントハンドリングと何ら変わりません。2-7節リスト1（78ページ）と見比べて、同じ形をしていることを確認しておきましょう。

子から親にデータを渡す

先ほどの例では、クリックするたびにいくらずつ値下げするかは親のメソッドが決定権を握っていました。しかし、将来的に値下げの可否や条件が変わった場合のことを考えると、子に決定権を持たせたほうがコンポーネントの独立性が高まります。

そこで、次の仕様に沿った動作になるよう、コンポーネントを作り変えてみましょう。

仕様

- 1500円以上の商品ならボタンをクリックするたびに100円ずつ値下げする。
- 1500円までしか値下げしない。

考え方のポイントは、$emit()の引数を利用して子から親へ値下げ幅を伝えることです。親は子から値下げ幅を渡された場合はそれに従い（子の決定に従う）、値下げ幅を渡されなかった場合は何もしません（親が勝手に値下げをしない）。

以上を踏まえてリスト14を書き換えると次のようになります（リスト17）

リスト17 子コンポーネント（product.js）

```
const product = {
  //(1) ボタンのイベントハンドラを設定する
  template: `<div class="product">商品名：{{name}}　価格：{{price}}円</div>
  <button v-on:click="onDiscount">値下げする</button>`,
  props: ['name', 'price'],
  methods: {
    //(2) ボタンがクリックされたら呼び出される
    onDiscount() {
      //(3) 値下げ幅を決めてdiscountイベントを発生させる
      let priceDown = 0;
      if (this.price - 100 < 1500) {
        // 例）現在の価格が1580円の場合、80円値下げする
        priceDown = this.price - 1500;
      } else {
        // 例）現在の価格が1600円以上の場合、100円値下げする
        priceDown = 100;
      }
      this.$emit('discount', priceDown);
    }
  }
}
```

子は、propsオプションで親から受け取っている現在のpriceからさらに100円値引きするとどうなるかを調べます。もし100円値下げすると1500円を下回ってしまう場合は、値下げ後の価格がちょうど1500円になるように、値下げ幅を計算します。もし100円値下げしても価格が1500円以上になる場合は、値下げ幅を100円として、$emit()の引数で値下げ幅を親のイベントハンドラに渡します。

リスト16は次のように書き換えます（リスト18）。

リスト18 親コンポーネント（main.js）

```
const app = Vue.createApp({
  data() {
    return {
      name: 'スマホケース',
      price: 1980
    }
  },
  components: {
    'product': product
  },
  methods: {
    //(5)値下げ処理を行う
    onDiscount(priceDown) {
      // 値下げ幅が指定されている場合
      if (priceDown !== undefined) {
        // 値下げする
        this.price -= priceDown;
      }
    }
  }
})
const vm = app.mount('#app');
```

子から渡されたデータをイベントハンドラで受け取れるように引数を追加しておきます。親と子は互いに独立したコンポーネントなので、親は子が引数を渡してこなかった場合の振る舞いを決めておかなければなりません。JavaScriptでは、未定義の変数を参照しようとするとundefinedという特別な値が返ってくるので、引数がundefinedかどうかで判断できます。

この状態でmain.htmlをブラウザで表示させると次のようになります（画面4）。

▼画面4　実際の描画

商品名：スマホケース　価格：1580円
[値下げする]

商品名：スマホケース　価格：1500円
[値下げする]

1500円までしか下がらないようになった

コンポーネントを繰り返し描画する

親から子へデータを渡す考え方を応用して、親が持つ配列データをv-forディレクティブで子にデータバインドすると、1つ1つの配列要素を子コンポーネントのテンプレートに当てはめて描画できます。商品コンポーネントを使って商品データの配列を描画してみましょう（リスト19、リスト20、リスト21）。

リスト19　親コンポーネント（main.js）

```
// アプリケーションのインスタンスを生成する
const app = Vue.createApp({
  // 親コンポーネントにデータを持たせる
  data() {
    return {
      // 商品リスト
      list: [
        { name: 'スマホケースA', price: 1980 },
        { name: 'スマホケースB', price: 3980 },
        { name: 'スマホケースC', price: 2980 }
      ]
    }
  },
  // ローカルスコープにコンポーネントを登録する
  components: {
    'product': product
  }
})
// アプリケーションをマウントする
const vm = app.mount('#app');
```

リスト20　子コンポーネント（product.js）

```
const product = {
  template: `<div class="product">ID：{{id}}　商品名：{{name}}　価格：
{{price}}円</div>`,
  props: ['id', 'name', 'price']
}
```

リスト21　親のテンプレート（main.html）

```
...
<div id="app">
```

```
  <product v-for="(item, index) in list"
           v-bind="item"
           v-bind:id="(index + 1)"
           v-bind:key="index">
  </product>
</div>
...
```

オブジェクトをv-bindすると、オブジェクトが持つプロパティを一括でバインドできます。次の書式はどちらも同じ意味になります。

書式

```
<要素名 v-bind="item">
<要素名 v-bind:name="item.name" v-bind:price="item.price"
```

Vue.js devtools（第1章コラム、34ページ）を導入しておくと、親であるルートコンポーネントに挿入された子コンポーネントに各配列要素がバインドされている様子を簡単に目視確認できます（画面5）。

▼画面5　実際の描画

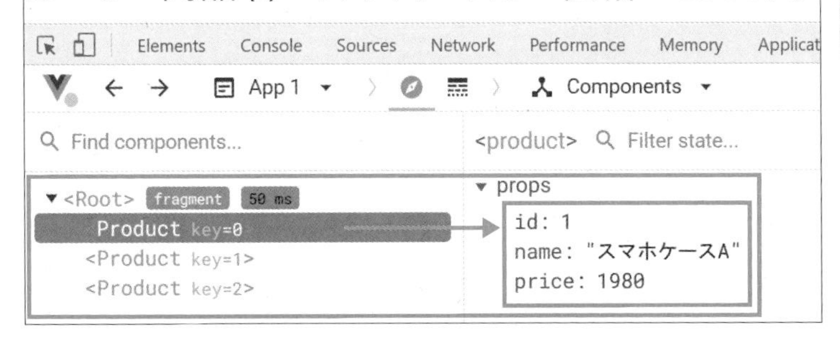

DOM同様にコンポーネントの階層関係やプロパティの状態が一目でわかるよ

コンポーネントの配置場所に関する制限

HTML5の仕様により、全てのHTML要素はコンテンツモデルと呼ばれる7つのグループに分類され、親や子にできる要素が決まっています。たとえば<tr>の子要素にできるのは<th>または<td>だけであり、<select>の子要素にできるのは<option>または<optgroup>だけです。間違った場所に配置された要素は無効となり、ブラウザに正しく描画されません。

この仕様はコンポーネントのカスタムタグにも適用されます。たとえば、親から受け取ったデータを<tr>を使って描画するproductコンポーネントを次のように定義したとします(リスト22)。

リスト22 子コンポーネント（product.js）

```
const product = {
  template: `
  <tr class="product">
    <td>商品名：{{name}}</td>
    <td>価格：{{price}}円</td>
  </tr>`,
  props: ['name', 'price']
}
```

このコンポーネントを、親のテンプレートで次のように配置するとどうなるでしょうか（リスト23)。

リスト23 親のテンプレート（main.html）

```
・・・
<div id="app">
  <table border="1">
    <tbody>
      <product v-for="(item, index) in list"
               v-bind="item"
               v-bind:key="index">
      </product>
    </tbody>
  </table>
</div>
・・・
```

<tbody>～～</tbody>の中に<tr>～～</tr>が描画されるように思えますが、ブラウザには次のように出力されてしまいます（リスト24)。

リスト24 ブラウザへの出力結果

```
<tr class="product"><td>商品名：スマホケースA</td><td>価格：1980円</td></tr>
<tr class="product"><td>商品名：スマホケースB</td><td>価格：3980円</td></tr>
<tr class="product"><td>商品名：スマホケースC</td><td>価格：2980円</td></tr>
<table border="1"><tbody></tbody></table>
```

本来なら<tbody>と</tbody>の間に<tr>が入るべきです。これは、Vue.jsがコンポーネントのtemplateオプションを解析してDOMに反映する前に、ブラウザが<product>をDOMの要素名であると認識し、<tbody>要素の直下に配置することが許可されていない要素と判断して<table></table>の外に押し出してしまうために起こる問題です。ブラウザはVue.jsを読み込むよりも早い段階でコンポーネントのカスタムタグを見つけてしまうので、Vue.jsが<product>を<tr>に変換しようとしたときにはもう遅いのです。

この問題を解決するには、HTMLの仕様通りに<tr>を親のテンプレートに記述するしかありません。その代わり、ブラウザが<tr>を読み込んだ後で「この<tr>はproductコンポーネントを使って描画してください」という命令をVue.jsに伝えるために、**is属性**を使います（リスト25）。

リスト25　親のテンプレート（main.html）

```
...
<div id="app">
  <table border="1">
    <tbody>
      <tr is="vue:product" v-for="(item, index) in list"
               v-bind="item"
               v-bind:key="index">
      </tr>
    </tbody>
  </table>
</div>
...
```

main.htmlの出力結果は次のようになります（リスト26）。

リスト26　ブラウザへの出力結果

```
<div id="app" data-v-app="">
  <table border="1">
    <tbody>
      <tr class="product">
        <td>商品名：スマホケースA</td>
        <td>価格：1980円</td>
      </tr>
      <tr class="product">
        <td>商品名：スマホケースB</td>
        <td>価格：3980円</td>
      </tr>
      <tr class="product">
        <td>商品名：スマホケースC</td>
```

```
        <td>価格：2980円</td>
      </tr>
    </tbody>
  </table>
</div>
```

is属性は、Vue.jsがコンポーネントとの関連付けを知るために参照する制御用の属性なので、最終的なDOMには出力されません。

書式

```
<要素名 is="vue:カスタムタグの名前">
```

使用頻度が高い<select>要素についても見ておきましょう（リスト27、リスト28）。

リスト27　子コンポーネント（product.js）

```
const product = {
  template: `<option v-bind:value="id">{{name}}  {{price}}円</option>`,
  props: ['id', 'name', 'price']
}
```

リスト28　親のテンプレート（main.html）

```
...
<div id="app">
  <select class="product">
    <option is="vue:product" v-for="(item, index) in list"
            v-bind="item"
            v-bind:id="(index + 1)"
            v-bind:key="index">
    </option>
  </select>
</div>
...
```

main.htmlの出力結果は次のようになります（リスト29）。

リスト29　ブラウザへの出力結果

```
<select class="product">
  <option value="1">スマホケースA  1980円</option>
  <option value="2">スマホケースB  3980円</option>
```

```
  <option value="3">スマホケースC　2980円</option>
</select>
```

各HMTL要素の制限については、HMTL5コンテンツモデルガイドなどで確認できます。

参考：HMTL5コンテンツモデルガイド

https://webgoto.net/html5/

Point HTMLコンテンツモデルの制限

- HTMLの仕様により、多くのHTML要素は配置できる子要素に制限がある。
- 制限のためカスタムタグが配置できない場合はis属性を使う。

6-2 商品一覧をコンポーネント化する

第3章で作成した商品一覧をコンポーネント化してみましょう。商品データをAjax（非同期通信）で読み込む方法を第4章で扱いましたが、ブラウザの起動オプションを変更しないとローカルでは動かないので、ここではアプリケーションのルートコンポーネントに商品データを定義することにします。

コンポーネントの分割方法を決める

次のようにコンポーネントを分割することにしましょう（図1）。

図1 コンポーネントの分割

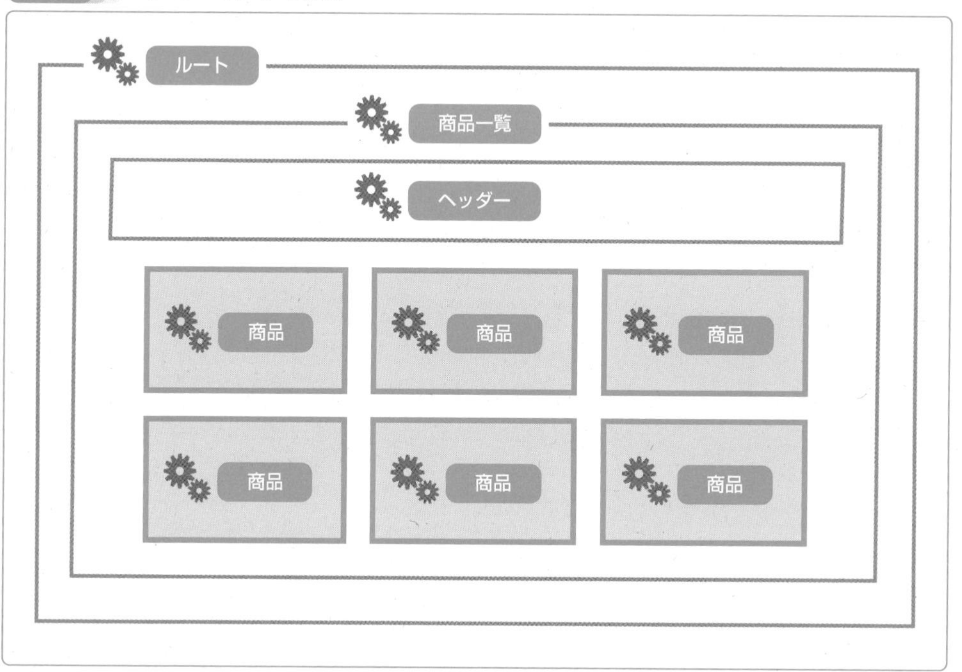

Vue.createApp()で生成するルートコンポーネントは、商品データを保持し、商品一覧コンポーネントを配置するコンテナの役目をします。商品一覧コンポーネントはルートコンポーネントの中に子コンポーネントとして配置します。

商品一覧コンポーネントの中には、商品の絞り込みや並び順を選択するためのフォームコントロールが入ったヘッダーコンポーネントと、1つ1つの商品を並べて表示する商品コンポーネントを配置します。

このように、機能や役割が異なる部分に注目してコンポーネントを分割します。

ファイルを分割する

第3章では商品一覧の全てをルートコンポーネントに実装しましたが、今回はコンポーネントを1つ1つ別ファイルにして、componentsフォルダに入れて管理することにしましょう（図2）。

図2 モジュールの分割

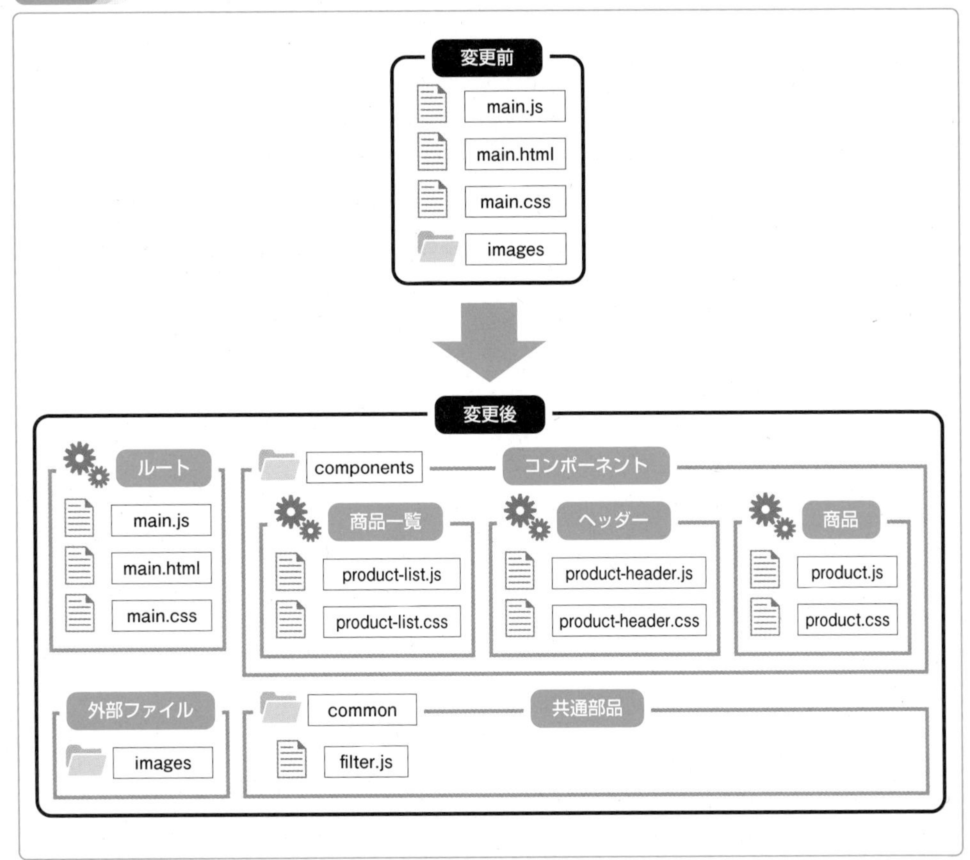

filter.jsは、全てのコンポーネントから利用できる汎用的なフィルターを格納するためのファイルです。今回は、金額を3桁ごとにカンマで区切った書式に変換するフィルターをここに移植します。

CSSも、それぞれのコンポーネントに必要なスタイルを元のmain.cssから抜き出して別ファイルにしたのものをcomponentsフォルダに格納します。

ファイルの役割が明確になる半面、ファイルの数が増えるので難しくなってしまうのではないかと不安に感じるかもしれませんが、安心してください。6-4節で解説する開発環境を導入することで、各コンポーネントをそれぞれたった1つのファイルに格納できるようになり、生産性が飛躍的に高まります。

データの持たせ方を決める

コンポーネントはオブジェクトなので、2-3節（42ページ）で学んだようにプロパティ（＝データ）とメソッド（＝動作）を備えます。ここでいうプロパティとは、コンポーネントに持たせるデータを指します。メソッドとは、コンポーネントが自分自身のテンプレートを描画したり、イベントハンドラを介して他のコンポーネントにデータを渡したりするような動作を指します。

データと動作を決めることでコンポーネントの仕様が決まり、具体的なプログラムに落とし込めるようになります。

では、各コンポーネントにどのようなデータを持たせるかを考えましょう。元のルートコンポーネントが持っていたデータは、大雑把に**商品データ**と**検索条件**の2つに分けられます。

ルートコンポーネント（main.js）

ルートコンポーネントには商品データを持たせます。実際のアプリケーションではデータベースなどから外部データとして取り込みますが、ここではルートコンポーネントが既に商品データをdataオプションのプロパティに取り込み済みであるとします。

商品一覧コンポーネント（product-list.js）

商品一覧コンポーネントは、子コンポーネントである商品コンポーネントを描画するために商品データを参照できなければなりません。商品データはルートコンポーネントに持たせることに決めたので、商品一覧コンポーネントではpropsオプション（250ページ）を用意しておいて、ルートコンポーネントからから商品データを受け取ることとします（親から子へデータを渡す）。

また、描画する商品の絞り込みや並び順を切り替えるために、ヘッダー部分のチェックボックスやセレクトボックスの現在値を知っておかなければならないので、これらは商品一覧コンポーネントのdataオプションに持たせることにしましょう。

ヘッダーコンポーネント（product-header.js）

ヘッダーコンポーネントには、商品を絞り込む検索条件と並び順の選択値が必要です。これは親である商品一覧コンポーネントに持たせることに決めたので、propsオプションを用意して親から受け取ることにしましょう。

また、「検索結果　何件」を描画するために、現在の検索条件に該当する商品数を知らなければなりません。これも、商品一覧コンポーネントからpropsオプションで受け取ればよいでしょう。

商品コンポーネント（product.js）

商品コンポーネントには、商品1個分のデータが必要です。親である商品一覧コンポーネントからpropsオプションで受け取ればよいでしょう。

以上の検討結果を整理してみましょう（表1）。

▼表1　各コンポーネントに保持するデータ

コンポーネント	データ	定義場所	備考
ルート（main.js）	商品データ	dataオプション	実際のアプリケーションでは外部から受け取る
商品一覧（product-list.js）	商品データ	propsオプション	親コンポーネント（main.js）から受け取る
	検索条件	dataオプション	子コンポーネント（product-header.js）に渡す
ヘッダー（product-header.js）	検索条件	propsオプション	親コンポーネント（product-list.js）から受け取る
	表示件数	propsオプション	親コンポーネント（product-list.js）から受け取る
商品（product.js）	商品データ	propsオプション	親コンポーネント（product-list.js）から受け取る

コンポーネントの動作仕様を決める

次に、各コンポーネントの動作を決めましょう。

ルートコンポーネント（main.js）

ルートコンポーネントは、子である商品一覧コンポーネントに**商品データ**を渡します。ほとんどの場合、親から子に渡すときはデータバインディングを使えば済むので、2-3節で学んだようにJavaScriptでメソッドを定義するような感覚とは少し離れた印象を受けるかもしれません。

商品一覧コンポーネント（product-list.js）

2つの子コンポーネントを持つ、最も忙しいコンポーネントです。最初の子であるヘッダーコンポーネントには、**現在の検索条件に該当する商品数、商品を絞り込む検索条件と並び順の初期値**を渡します（親から子にデータを渡す）。逆に、ユーザーが検索条件や並び順を変更したらヘッダーコンポーネントから変更後の値を受け取って（子から親にデータを渡す）、変更後の条件を適用した新しい商品データを生成します。2番目の子である商品コンポーネントには、**現在の検索条件と並び順を適用した商品データ**を1件ずつ繰り返しながら渡します（親から子にデータを渡す）。

ヘッダーコンポーネント（product-header.js）

検索条件や並び順が変更されたとき、親である商品一覧コンポーネントに変更後の選択値を渡します（子から親にデータを渡す）。

商品コンポーネント（product.js）

最も暇なコンポーネントです。ヘッダーの検索条件や並び順がどのように変更されようとも、ただ親である商品一覧コンポーネントから渡される1件分の商品データを描画するだけです。

さあ、これで全てのコンポーネントの仕様が決まりました。コンポーネントの実装に進みましょう。

ルートコンポーネントの作成

ルートコンポーネントのテンプレートは次のようになります（リスト1）。

リスト1 ルートコンポーネントのテンプレート（main.html）

```
<!DOCTYPE html>
<html lang="ja">
<head>
  <meta charset="utf-8">
  <title>商品一覧</title>
  <link rel="stylesheet" href="https://cdnjs.cloudflare.com/ajax/libs/
normalize/8.0.1/normalize.min.css">
  <link rel="stylesheet" href="main.css">
  <link rel="stylesheet" href="components/product-header.css">
  <link rel="stylesheet" href="components/product.css">
  <link rel="stylesheet" href="components/product-list.css">
</head>
<body>
<div id="app">
  <product-list v-bind:list="list"></product-list>
</div>
<script src="https://unpkg.com/vue@next"></script>
<script src="common/filters.js"></script>
<script src="components/product-header.js"></script>
<script src="components/product.js"></script>
<script src="components/product-list.js"></script>
<script src="main.js"></script>
</body>
</html>
```

<product-list></product-list>の部分に商品一覧コンポーネントが描画されます。コンポーネントを分割したおかげで、元は40行以上あったルートコンポーネントのテンプレート部分がたったの3行に減りました。

Point スクリプトを読み込む順番に注意

ルートコンポーネントも含めて、コンポーネントのスクリプトファイル（*.js）は、子から親の順番で読み込まなくてはなりません。子は親のテンプレート内で使われるので、親より先に読み込まないと、Vue.jsがテンプレートの解析に失敗してエラーになります。

元のmain.cssから子コンポーネントに関するスタイルを取り除くと、ルートコンポーネントのスタイルシートはたった数行になります（リスト2）。

リスト2　ルートコンポーネントのスタイル（main.css）

```
body {
  background: #000000;
  color: #ffffff;
}
```

表1の通り、ルートコンポーネントのdataオプションには、第3章と同じ商品データの配列を持たせます（リスト3）。

リスト3　ルートコンポーネントのスクリプト（main.js）

```
// アプリケーションのルートコンポーネント
const app = Vue.createApp({
  data() {
    return {
      // 商品リスト
      list: [
        { name: 'Michael<br>スマホケース', price: 1980, image: 'images/01.
jpg', shipping: 0, isSale: true },
        { name: 'Raphael<br>スマホケース', price: 3980, image: 'images/02.
jpg', shipping: 0, isSale: true },
        { name: 'Gabriel<br>スマホケース', price: 2980, image: 'images/03.
jpg', shipping: 240, isSale: true },
        { name: 'Uriel<br>スマホケース', price: 1580, image: 'images/04.
jpg', shipping: 0, isSale: true },
        { name: 'Ariel<br>スマホケース', price: 2580, image: 'images/05.
jpg', shipping: 0, isSale: false },
        { name: 'Azrael<br>スマホケース', price: 1280, image: 'images/06.
jpg', shipping: 0, isSale: false }
      ]
    }
  },
  // 子コンポーネントを登録する
  components: {
    'product-list': productList
  }
})

// アプリケーションにカスタムフィルターを登録する
```

```
app.config.globalProperties.$filters = customFilters;

// アプリケーションをマウントする
const vm = app.mount('#app');
```

componentsオプションには商品一覧コンポーネントをproduct-listというプロパティ名で登録します。productListは、リスト9（275ページ）で商品一覧コンポーネントの定義を格納するグローバル定数の名前です。

グローバルプロパティにはフィルターを登録します。customFiltersは、次のリスト4でフィルターの定義を格納するグローバル定数の名前です。

フィルターの作成

元のmain.jsから、フィルターを定義するコードだけを取り出して別ファイルにします（リスト4）。

リスト4 フィルターのスクリプト（common/filter.js）

```
// カスタムフィルター
const customFilters = {
  // 数値を通貨書式「#,###,###」に変換するフィルター
  number_format(value) {
    return value.toLocaleString();
  }
}
```

商品コンポーネントの作成

商品コンポーネントのスクリプトは次のようになります（リスト5）。

リスト5 商品コンポーネントのスクリプト（components/product.js）

```
// 商品コンポーネント
const product = {
  template: `
  <div class="product">
    <div class="product__body">
      <template v-if="item.isSale">
        <div class="product__status">SALE</div>
      </template>
      <img class="product__image" v-bind:src="item.image" alt="">
    </div>
    <div class="product__detail">
```

```
      <div class="product__name" v-html="item.name"></div>
      <div class="product__price"><span>{{$filters.number_format(item.
price)}}</span>円（税込）</div>
      <template v-if="item.shipping === 0">
        <div class="product__shipping">送料無料</div>
      </template>
      <template v-else>
        <div class="product__shipping">+送料<span>{{$filters.number_
format(item.shipping)}}</span>円</div>
      </template>
    </div>
  </div>`,
  // コンポーネントが親から受け取るデータ
  props: ['item']
}
```

親である商品一覧コンポーネントから商品1個分のデータを受け取るために、propsオプションにプロパティを定義しておくことを忘れないようにしましょう。

また、このコンポーネントは商品一覧コンポーネントの中でのみ使用するので、ローカルスコープ（6-1節、248ページ）に登録することにします。そのため、コンポーネントの定義をオブジェクトにしてproductという名前のグローバル定数に格納しておきます。この定数は、後からmain.htmlに読み込まれる商品一覧コンポーネントのスクリプト（product-list.js）から参照して、ローカルスコープに登録するために使います。

商品コンポーネントのスタイルシートは、元のmain.cssから商品1個分に関するスタイルだけを抜き出して別ファイルにします（リスト6）。

リスト6　商品コンポーネントのスタイル（components/product.css）

```
.product {
  width: 250px;
}

.product__status {
  position: absolute;
  top: 0;
  left: 0;
  width: 4em;
  height: 4em;
  display: flex;
  align-items: center;
```

```
  justify-content: center;
  background: #bf0000;
  color: #ffffff;
}

.product__body {
  position: relative;
}

.product__image {
  display: block;
  width: 100%;
  height: auto;
}

.product__detail {
  text-align: center;
}

.product__name {
  margin: 0.5em 0;
}

.product__price {
  margin: 0.5em 0;
}

.product__shipping {
  background: #bf0000;
  color: #ffffff;
}
```


ヘッダーコンポーネントの作成

ヘッダーコンポーネントのスクリプトは次のようになります（リスト7）。

リスト7 ヘッダーコンポーネントのスクリプト（components/product-header.js）

```
// 商品ヘッダーコンポーネント
const productHeader = {
  template: `
```

```
  <div class="search">
    <div class="search__result">
      検索結果 <span class="search__count">{{count}}件</span>
    </div>
    <div class="search__condition">
      <input type="checkbox"
        v-bind:checked="check1"
        v-on:change="$emit('check1Changed')"> セール対象
      <input type="checkbox"
        v-bind:checked="check2"
        v-on:change="$emit('check2Changed')"> 送料無料
      <select class="search__order"
        v-bind:value="order"
        v-on:change="$emit('orderChanged', parseInt($event.target.
value))">
        <option value="0">---並べ替え---</option>
        <option value="1">標準</option>
        <option value="2">安い順</option>
      </select>
    </div>
  </div>`,
  // コンポーネントが親から受け取るデータ
  props: ['count', 'check1', 'check2', 'order']
}
```

ヘッダーコンポーネントも商品一覧コンポーネントの中でのみ使用するので、コンポーネントを定義するオブジェクトをproductHeaderというグローバル定数に格納しておきます。この定数は、後からmain.htmlに読み込まれる商品一覧コンポーネントのローカルスコープに登録するために使います。

親から受け取るデータ

絞り込み条件および並び順の初期値と表示件数を商品一覧コンポーネントから受け取れるように、propsにプロパティを定義します。

テンプレート

検索条件のチェックボックスに注目しましょう。チェックボックスの初期値(チェックあり・なし)は、親である商品一覧コンポーネントから受け取ります。受け取り先は、propsに定義したcheck1とcheck2プロパティです。これをv-bindでチェックボックスのchecked属性にバインドします。これにより、チェック状態の初期値が親と連動します。**value属性ではなくchecked属性にバインドすることに注意**しましょう。

次に、ユーザーがチェックを切り替えたときの動作を考えましょう。チェックの状態が変わると、チェックボックスのchangeイベントが発生します。ヘッダーコンポーネントは、親にそのことを伝えなければなりません。

そこで、子から親にデータを渡すときに使う方法を利用します（6-1節、253ページ）。v-on:change="イベントハンドラ"とすることで、チェックの状態が変わるたびにイベントハンドラが呼び出されるようにします。イベントハンドラで行いたい処理が短い場合は、コンポーネントのmethodsオプションに関数として定義せずに、直接テンプレート内にインラインで記述しても構いません。親のイベントハンドラを呼び出すだけなら、直接$emit()を実行するコードを記述してもよいでしょう。

これにより、**チェックの状態が変わるたびにcheck1Changed、check2Changedという名前のイベントが親コンポーネントに通知されるようになります。**通知を受けた親がどうするかは親が決めることなので、後で商品一覧コンポーネントにこの名前でイベントハンドラを実装します。子の役目はイベントの発生を親に通知するところまでです。

並び順のセレクトボックスも親から初期値を受け取ります。受取先はpropsのorderプロパティなので、セレクトボックスのvalue属性にorderをバインドすれば、該当のoption要素が選択されます。

ユーザーがセレクトボックスの選択肢を変更すると、changeイベントが発生します。ここで、orderChangedという名前のイベントを発生させて親コンポーネントに通知します。チェックボックスの場合は2つの状態（チェックあり・なし）が交互に切り替わるので、親にデータを渡す必要はありませんでした。しかし、セレクトボックスは複数の選択肢を持つので、現在選択されている値を$emit()の引数に乗せて親に渡さなくてはなりません。現在選択されている値は、$event.target.valueで参照できます（2-7節、82ページ）。ただし、select要素のvalue属性が返す値は文字列型です。親である商品一覧コンポーネントではorderを数値型として扱いたいので、JavaScriptのparseInt()関数で値を数値型に変換して渡します。

ヘッダーコンポーネントのスタイルシートは、元のmain.cssからヘッダー部分に関するスタイルだけを抜き出して別ファイルにします（リスト8）。

リスト8 ヘッダーコンポーネントのスタイル（components/product-header.css）

```
.title {
  font-weight: normal;
  border-bottom: 2px solid;
  margin: 15px 0;
}

.search {
  display: flex;
```

```
  justify-content: space-between;
  align-items: center;
  margin-bottom: 15px;
}

.search__condition {
  display: flex;
  align-items: center;
  grid-gap: 15px;
}
```

商品一覧コンポーネントの作成

商品一覧コンポーネントのスクリプトは次のようになります（リスト9)。

リスト9 商品一覧コンポーネントのスクリプト（components/product-list.js）

```
// 商品一覧コンポーネント
const productList = {
  template: `
  <div class="container">
    <h1 class="title">商品一覧</h1>
    <!--検索欄-->
    <product-header
      v-bind:count="filteredList.length"
      v-bind:check1="check1"
      v-bind:check2="check2"
      v-bind:order="order"
      v-on:check1Changed="check1 =! check1"
      v-on:check2Changed="check2 =! check2"
      v-on:orderChanged="orderChanged"
    >
    </product-header>
    <!--商品一覧-->
    <div class="products">
      <product
        v-for="(item, index) in filteredList"
        v-bind:item="item"
        v-bind:id="(index + 1)"
        v-bind:key="index">
      </product>
```

```
  </div>
</div>`,
// コンポーネントが親から受け取るデータ
props: ['list'],
// 子コンポーネントを登録する
components: {
  'product-header': productHeader,
  'product': product
},
// コンポーネントが持つデータ
data() {
  return {
    // セール対象のチェック（true：有り、false：無し）
    check1: false,
    // 送料無料のチェック（true：有り、false：無し）
    check2: false,
    // ソート順（0：未選択、1：標準、2：安い順）
    order: 0
  }
},
methods: {
  //「並び替え」の選択値が変わったとき呼び出されるメソッド
  orderChanged(order) {
    // 現在の選択値を新しい選択値で上書きする
    this.order = order;
  }
},
computed: {
  // 検索条件で絞り込んだリストを返す算出プロパティ
  filteredList() {
    // コンポーネントのインスタンスを取得
    const vm = this;
    // 商品の絞り込み
    const filteredList = this.list.filter(function(item){
      // 表示判定（true：表示する、false：表示しない）
      let show = true;
      // 検索条件：セール対象チェックあり
      if (vm.check1) {
        // セール対象外の商品なら表示対象外
        if (!item.isSale) {
          show = false;
```

```
          }
        }
        // 検索条件：送料無料チェックあり
        if (vm.check2) {
          // 送料がかかる商品なら表示対象外
          if (item.shipping !== 0) {
            show = false;
          }
        }
        // 表示判定を返す
        return show;
      });
      // 商品の並べ替え
      filteredList.sort(function(a,b){
        //「標準」が選択されている場合
        if (vm.order === 1) {
          // 元のlistと同じ順番なので何もしない
          return 0;
        }
        //「安い順」が選択されている場合
        else if (vm.order === 2) {
          // 価格が安い順にソート
          return a.price - b.price;
        }
      });
      // 商品リストを返す
      return filteredList;
    }
  }
}
```

自分のデータと親から受け取るデータ

商品一覧コンポーネントのテンプレートでヘッダーコンポーネントと商品コンポーネントを使えるようにするために、リスト5とリスト7で宣言しておいたオブジェクトをcomponentsオプションでローカルスコープに登録します。

propsオプションには、親であるルートコンポーネントから商品データを受け取るプロパティ名を定義します。配列を受け取ることがソースコードから想像しやすいように、listというプロパティ名にしました。

dataオプションには、絞り込み条件と並び順の現在の値を保持するプロパティを定義します。

算出プロパティ

絞り込みと並び替えの条件を反映した商品データの配列を返す算出プロパティfilteredListを3-5節リスト9（154ページ）から移植しましょう。filteredListのプログラム内でthisはコンポーネントのインスタンスを表すので、vm.check1は商品一覧コンポーネントのdataオプションに定義したcheck1プロパティを指しています。

ちなみに、vmはVue.jsの設計モデルであるMVVM（Model-View-ViewModel）のViewModelの略称で、慣習的にアプリケーションやコンポーネントのインスタンスを表すとき使われます（53ページ）。

子コンポーネントとのやり取り（商品部分）

テンプレートで商品を繰り返す部分を、<product></product>に置き換えます。商品コンポーネントは、filteredListが返す商品リストを1件ずつ描画するために使うので、v-forディレクティブでfilteredListを繰り返しながら、配列要素（1件分の商品データ）を商品コンポーネントのitemプロパティにバインドします。

子コンポーネントとのやり取り（ヘッダー部分）

テンプレートのヘッダー部分を<product-header></product-header>で置き換えます。表示件数のcountプロパティには、算出プロパティfilteredListが返す配列の要素数を渡せばよいので、filteredList.lengthをバインドします。絞り込み条件と並び順も、同様にバインドします。

また、ヘッダーコンポーネントから絞り込み条件と並び順の変更を通知してもらうために、**ヘッダーコンポーネント側で決めた**3つのカスタムイベント名「check1Changed」「check2Changed」「orderChanged」をv-onディレクティブに指定します。これらのうち、check1Changedとcheck2Changedはチェックボックスの状態が変わったときに発生するので、商品一覧コンポーネント自身がdataオプションに持っている値を交互に切り替えればよいでしょう。真偽値（trueまたはfalse）を反転させる最も簡潔な方法は、「!」演算子で反転させた値を「=」で自分自身に代入することです。

一方、orderChangedは値を受け取る必要があるので、methodsオプションにイベントハンドラ用のメソッドを追加します。ここではカスタムイベントと同じ名前のメソッドにしています。

商品一覧コンポーネントのスタイルシートは、元のmain.cssから商品をグリッド状に並べるためのスタイルを抜き出して別ファイルにします（リスト10）。

リスト10 商品一覧コンポーネントのスタイル（components/product-list.css）

```
.container {
  width: 960px;
  margin: 0 auto;
}

.title {
  font-weight: normal;
  border-bottom: 2px solid;
  margin: 15px 0;
}

.products {
  display: flex;
  flex-wrap: wrap;
  grid-gap: 30px 105px;
  margin-bottom: 30px;
}
```

コンポーネントの完成

これで商品一覧アプリケーションを適切なコンポーネントに分割することができました。見た目と動作は第3章で作成したものと全く同じですが、Vue.js devtoolsで見ると、コンポーネント同士がDOMのような階層構造になっている様子が確認できます（画面1）。

▼**画面1** Vue.js devtoolsで見たコンポーネントの階層構造

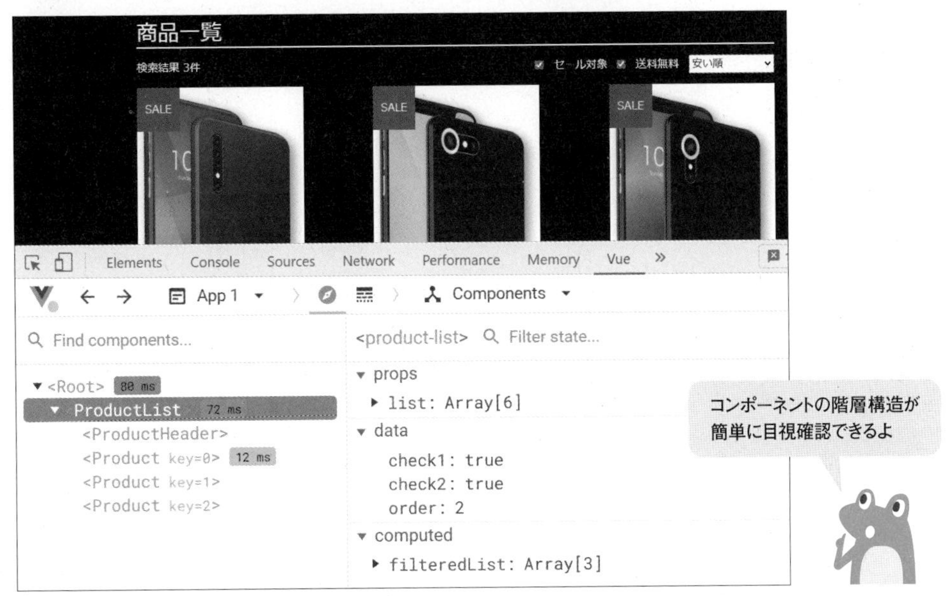

6-3 単一ファイルコンポーネントとは？

単一ファイルコンポーネントとは、コンポーネントのHTMLとCSSとJavaScriptを1つのファイルにまとめて、「.vue」という独自の拡張子をつけたモジュールのことです。Single File Componentsの頭文字をとって**SFC**とも呼ばれます。

SFCは開発環境でのみ使える特殊なフォーマットなので、ブラウザでそのまま実行することはできません。6-4節で解説する開発環境「Vue CLI」をインストールして、実行可能な形式（通常のHTML、CSS、JavaScriptファイル）に変換する必要があります。ここではまず、SFCがどのようなフォーマットなのかを見ておきましょう。

単一ファイルコンポーネントの例

単一ファイルコンポーネントの例を示します（リスト1）。

リスト1　シンプルな単一ファイルコンポーネント（App.vue）

```
<template>
  <div class="sample">
    <img src="./assets/logo.png">
    <h1>{{ msg }}</h1>
  </div>
</template>

<script>
export default {
  data () {
    return {
      msg: 'Welcome to Your Vue.js App'
    }
  }
}
</script>

<style scoped>
.sample {
  text-align: center;
  color: #2c3e50;
  margin-top: 60px;
}
</style>
```

実際の表示は次のようになります（画面1）。

▼**画面1　シンプルな単一ファイルコンポーネント**

単一ファイルコンポーネントのフォーマットはとてもシンプルです。**コンポーネントのtemplateオプションに相当するテンプレートを<template></template>に、それ以外のオプションを<script></script>に、そしてコンポーネントのスタイルシートを<style></style>に記述**します。

これによって、コンポーネントのソースコードを1つのファイルにまとめて管理できるようになります。「export default」や「scoped」という見慣れない記述が登場しましたので、簡単に解説しておきます。

importとexport

JavaScriptの仕様ES2015（ES6）をサポートするブラウザでは、importという構文を使って別のモジュールから関数やオブジェクトを読み込むことができます。export defaultは、そのモジュールが別のモジュールから読み込まれたときに返す（外部に公開する）デフォルトの内容を定義するものです。単一ファイルコンポーネントを使って開発を行う場合、コンポーネントの読み込みにimportを使います。

たとえば次のモジュールは、商品名と価格をプロパティに持つオブジェクトを返します（リスト2）。

リスト2　商品オブジェクトを返すモジュール（product.js）

```
export default {
  name: 'スマホケース',
  price: 1580
}
```

これを、別のモジュールからimport文で読み込みます（リスト3）。

リスト3 **商品オブジェクトを読み込むモジュール（main.js）**

```
import Product from './product.js';
// 商品名と価格をコンソールに出力する
console.log(Product.name, Product.price);
```

読み込んだオブジェクトのプロパティを参照するには、オブジェクトの変数名が必要です。ここでは、Productという変数名をつけました。読み込まれたオブジェクトをどのような変数名で利用するかは、読み込む側が決めます。

書式

```
import [読み込んだオブジェクトを参照する変数名] from "[読み込むモジュールのパス]";
```

HTMLでは、読み込む側（importを記述したモジュール）のscriptタグにtype="module"をつけます（リスト4）。

リスト4 **商品オブジェクトを読み込むモジュール（main.html）**

```
<!DOCTYPE html>
<html lang="ja">
<head>
  <meta charset="utf-8">
</head>
<body>
<script src="main.js" type="module"></script>
</body>
</html>
```

これによって、HTMLとJavaScriptの独立性が高まり、開発が分業しやすくなるメリットがあります。

ほかにもimport文には、特定のオブジェクトや関数だけを選択的に読み込んだり、関数のようにソースコード内で動的に呼び出したりする機能もあります。より詳しい仕様はリファレンスを参照してください。

import - MDN - Mozilla

https://developer.mozilla.org/ja/docs/Web/JavaScript/Reference/Statements/import

ただし、ローカル環境では、クロスドメイン制約（169ページ）による制限やMIME TYPE（コンテンツの形式を表す識別子）が認識されないなどの理由で、リスト4は動作しません。

実際のウェブサーバーや、ローカルにXAMPPなどでウェブサーバーを稼働させた環境なら動作します。この問題は、6-4節の開発環境「Vue CLI」を導入すると解消します。

scoped属性（スタイルシートの適用範囲を制限する）

scopedはSFC独自の属性で、styleタグに定義したスタイルにスコープを与えます。scoped属性を付与して定義したスタイルは、そのコンポーネントだけに適用されるようになります。開発環境を使うとリスト1は次のようなHTMLとCSSに変換されます（リスト5、リスト6）。

リスト5 scoped属性が適用されたHTML

```
<div class="sample" data-v-7ba5bd90="">
  <img src="/img/logo.82b9c7a5.png" data-v-7ba5bd90="">
  <h1 data-v-7ba5bd90="">Welcome to Your Vue.js App</h1>
</div>
```

リスト6 scoped属性が適用されたCSS

```
<style type="text/css">
.sample[data-v-7ba5bd90] {
  text-align: center;
  color: #2c3e50;
  margin-top: 60px;
}
</style>
```

このように、data-v-の後ろに他のコンポーネントと重複しない識別番号を連結した属性がHTMLとCSSに挿入されます。

これによって、同一ページ内に読み込んだ複数のコンポーネントの中に、たまたま同じCSSセレクタを使っているコンポーネントがあったとしても、スタイルの衝突が発生しません。

Point 単一ファイルコンポーネント（SFC）

- HTML、CSS、JavaScriptを1つにまとめた独自フォーマット。拡張子は「.vue」。
- SFCのモジュールはES6のimport構文を使って読み込むように設計されている。
- SFCを実行するにはVue CLIを使ってブラウザが実行できる形式に変換する必要がある。

6-4 開発環境「Vue CLI」を導入する

Vue CLIとは？

Vue CLIは、Vue.jsアプリケーションの開発支援ツールです。単一ファイルコンポーネント（SFC）をはじめ、ページ間の遷移（ルーティング）を定義したり、アプリケーションのデータを集中管理したり、より高度なアプリケーションに求められる機能を効率よく開発するためには、Vue CLIが欠かせません。

Vue CLIを使った開発では、1つ1つのコンポーネントを「.vue」ファイルで管理します。Vue CLIが備えているローカルサーバー上では「.vue」をブラウザで実行できます。開発が完了したモジュールは、Vue CLIの機能を使って運用可能な形式（通常のHTML、JavaScript、CSS）に変換してサーバー等にアップロードします（図1）。

図1 Vue CLIを利用した開発のイメージ

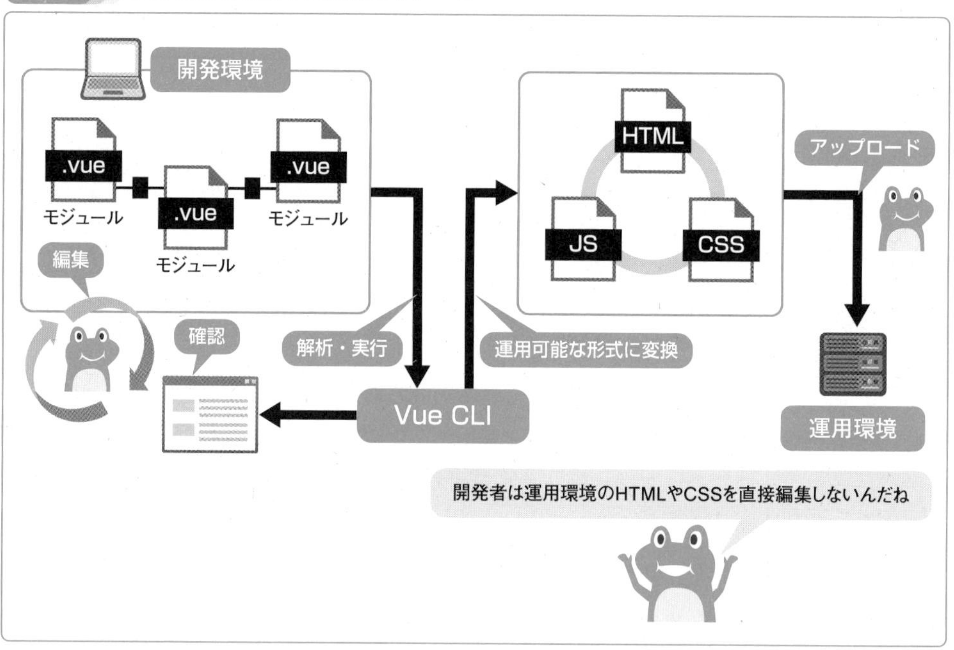

このように、Vue CLIを使った開発では、開発者は運用環境のモジュールを編集するのではなく、開発環境でのみ実行可能な「.vue」を編集します。今まで運用環境のHTMLやJavaScriptファイルをダウンロードしてローカルで編集したものをサーバーに上書きでアップロードしてきた人にとっては馴染みのない方法だと思いますが、フロントエンド開発の現場ではこれが通常の方法です。

開発中のソースコードを、PCなどの端末やブラウザで実行可能なファイル形式に変換する作業のことを、プログラミング用語で**コンパイル**と呼びます。ただし、コンパイルしたモジュール単体ではアプリケーションとして動作しません。モジュールAの実行には別のモジュールBが必要で、モジュールBの実行にはさらに別のモジュールCが必要だったりするからです。そこで、コンパイルされたモジュール同士をリンクさせたり、実行に必要な外部ライブラリをアプリケーションに同梱したり関連付けたりする作業が必要です。この作業を**バンドル**と呼び、コンパイルとバンドルの両方をまとめて行うことを**ビルド**と呼びます。

モジュールをバンドルするには一般にwebpackなどのモジュールバンドラーと呼ばれる専用のツールを利用しますが、Vue CLIにはwebpackが同梱されており、Vue CLIをインストールするとwebpackの初期設定も自動で行われます。

Point Vue CLIを使った開発方法の特徴

- コンポーネントは独自フォーマットの「.vue」で作成する。
- 開発環境（Vue CLIのローカルサーバー上）ならブラウザで「.vue」を実行できる。
- 運用環境（公開用のサーバー等）には、「.vue」をビルドして生成したHTMLやCSS、JavaScriptファイルを配置する。

開発環境（Vue CLI）の導入手順

Vue CLI導入までの流れ

Vue CLIのインストールは、Windowsのコマンドプロンプトや Macのターミナルなどといったコマンドラインツール（以後の解説ではコマンドラインと表記）から**npm**というコマンドを入力して行います。コマンドの内容によってはOSのアクセス制限にひっかかることがありますので、**コマンドラインツールは管理者権限で起動**しましょう。

npmは、JavaScript用のパッケージ管理ツールです。JavaScriptの実行環境である**Node.js**をインストールすると、npmも一緒にインストールされます。従って、「Node.js→Vue CLI」の順番でインストールしていきます。Vue CLIの最新バージョンは4.5.15（2022年1月時点）ですが、最新バージョンをインストールしたい場合は、先に古いバージョンをアンインストールしておきましょう。

旧バージョンのVue CLIのアンインストール

旧バージョンがインストールされている環境にはnpmが入っているはずですから、コマンドラインから次のnpmコマンドを入力して削除します。まだ1度もVue CLIをインストールしていない場合、この手順は不要です。

書式

```
npm uninstall -g vue-cli
```

Node.jsのインストール

Node.jsのインストールは、公式サイトから該当するプラットフォームのインストーラーを入手して行います（画面1）。

▼画面1　Node.jsダウンロードページ

自分の環境にあったインストーラーをダウンロードしよう

Node.jsダウンロードページ

```
https://nodejs.org/ja/download/
```

Windowsの場合はインストーラー（.msi）を選択すると簡単です。画面の指示に従ってインストールを進めていきましょう（画面2〜画面4）。

▼**画面2　初期画面とライセンス同意画面**

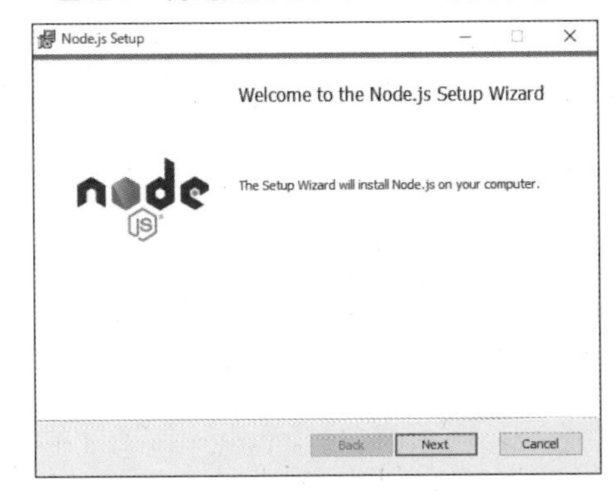

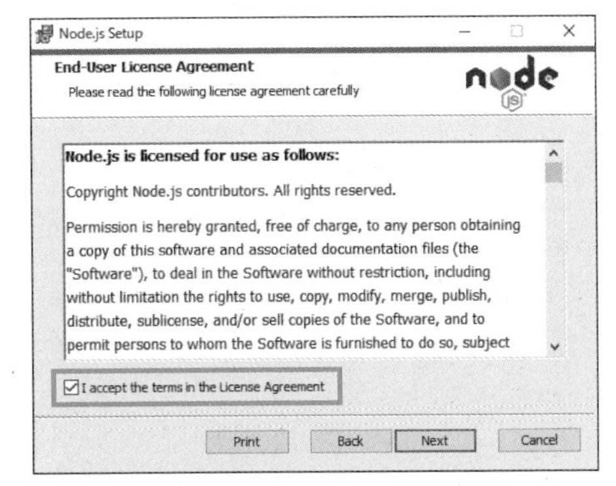

ライセンス同意のチェックをつけて次へ進もう

ライセンス同意画面ではチェックボックスにチェックを入れて［Next］で次へ進みます。

▼**画面3　インストール先とインストール内容の選択画面**

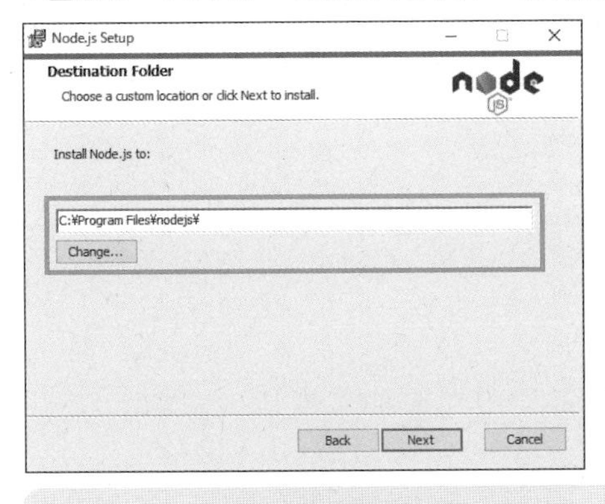

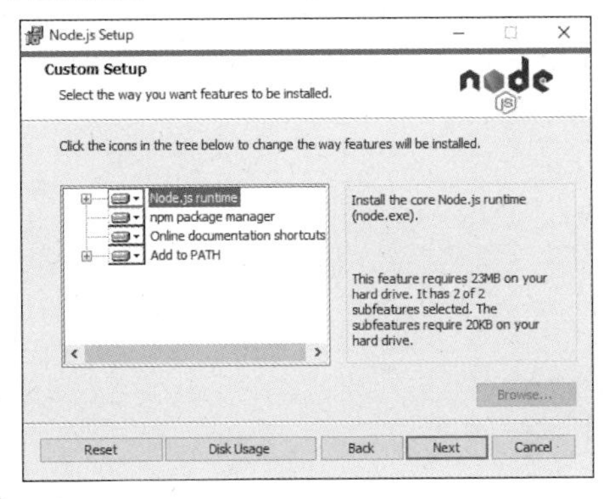

インストール先を変更したい場合はChangeで指定しよう

Node.jsのインストール先を変更したい場合は「Change…」ボタンでインストール先のディレクトリを指定します。インストール内容の選択画面はデフォルトのままで構いません。

▼画面4　インストールの開始画面と完了画面

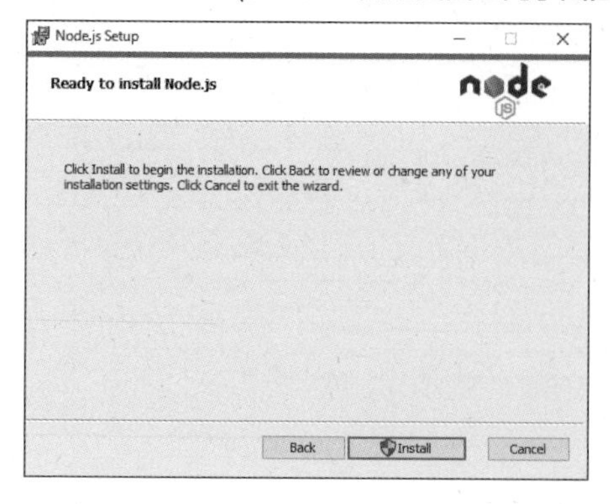

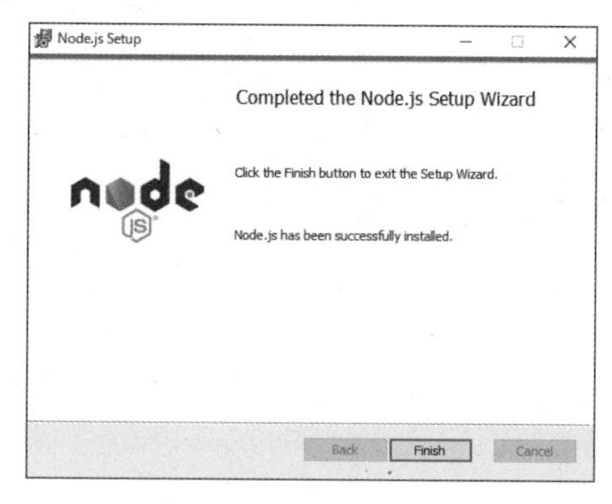

［Install］ボタンでNode.jsのインストールが開始します。インストールが終わると完了画面が表示されるので、［Finish］をクリックしてインストーラーを閉じます。

npmが正常にインストールできたかどうかを確認するために、コマンドラインから次のnpmコマンドを実行します。

書式

```
npm --version
```

正常にインストールされていれば、「8.1.2」のようにnpmのバージョンが表示されます。

すでにインストール済みのNode.jsを最新バージョンに更新したい場合は、次のコマンドを実行します。

書式

```
npm update -g
```

Node.jsのバージョンも確認しておきましょう。コマンドラインから次のnodeコマンドを実行します。

書式

```
node --version
```

「v16.13.2」のようにバージョンが表示されればインストール完了です。Vue CLIのインストールに進みましょう。

Vue CLIのインストール

Vue CLIのインストールは、コマンドラインから次のnpmコマンドを実行します。

書式

```
npm install -g @vue/cli
```

少し時間がかかりますが、インストール状況の表示が更新されていくので待ちましょう（画面5）。

▼画面5　Vue CLIのインストール

```
npm
C:¥>npm install -g @vue/cli
npm WARN deprecated cross-spawn-async@2.2.5: cross-spawn no longer requires a build
toolchain, use it instead
[..................] ¥ fetchMetadata: sill resolveWithNewModule snapdragon-node@2.1.
[..................] ¥ fetchMetadata: sill resolveWithNewModule hash.js@1.1.7 check
```

コマンドラインにインストールの
進行状況が更新されていくよ

正常にインストールできたかどうかを確認するために、コマンドラインから次のvueコマンドを実行します。

書式

```
vue --version
```

「@vue/cli 4.5.15」のようにVue CLIのバージョンが表示されればインストール完了です。

Vue CLIの基本的な使い方

アプリケーションの管理単位をプロジェクトと呼びます。Vue CLIにはGUI（画面を備えたインターフェース）のプロジェクト管理ツールが用意されており、ツールの画面からプロジェクトの作成やソースコードのビルドが行えます。

プロジェクト管理ツールの起動と初期画面

プロジェクト管理ツールを起動するには、コマンドラインから次のコマンドを実行します。

書式

```
vue ui
```

初めて起動したときは、次のような初期画面がブラウザで開きます（画面6）。

▼画面6　プロジェクト管理ツールの初期画面

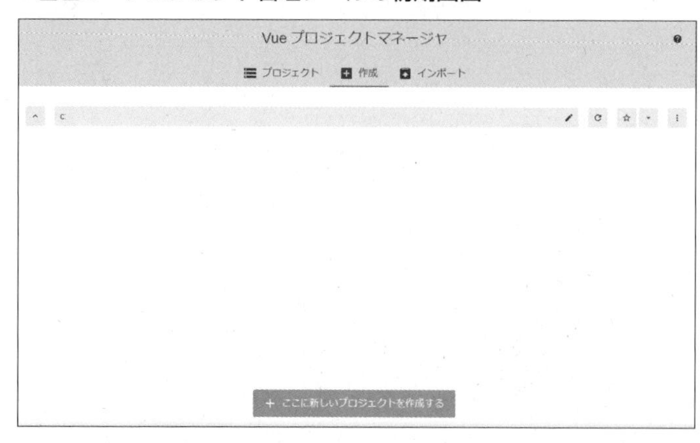

作成済みのプロジェクトを操作したいときは、「プロジェクト」タブから選択します(画面7)。

▼画面7　作成済みのプロジェクトを選択する

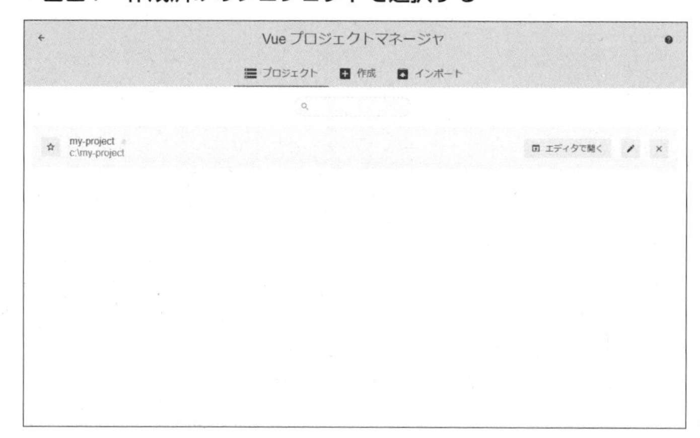

作成済みのプロジェクトの
一覧が表示されるよ

新しいプロジェクトの作成

画面6の「ここに新しいプロジェクトを作成する」ボタンをクリックして、プロジェクトの作成場所を指定します（画面8)。

▼**画面8　プロジェクトの作成場所を指定する**

新しいプロジェクトを作成する
詳細　プリセット　機能　設定
プロジェクトフォルダ
my-project
c:/my-project
パッケージマネージャ
デフォルト
追加オプション
存在する場合、対象フォルダを上書きする
初心者向けインストラクションなしでプロジェクトを構築する
× キャンセル　次へ →

プロジェクトフォルダの
作成場所を指定しよう

プロジェクトフォルダはアプリケーションのモジュールを保存する場所です。保存場所を指定したら「次へ」でプリセットの設定画面へ進みます（画面9）。

▼**画面9　プリセットの設定**

新しいプロジェクトを作成する
詳細　プリセット　機能　設定
プリセットはプラグインと設定の関連付けです。機能を選択した後に、必要に応じてプリセットとして保存することができます。これにより、すべてを再設定することなく、次のプロジェクトに再利用できるようになります。
プリセットを選択する
デフォルトプリセット
[Vue 2] babel, eslint
Default preset (Vue 3)
[Vue 3] babel, eslint
手動
手動で機能を選択する
リモートプリセット
git リポジトリからプリセットをフェッチ
← 前へ　✓ プロジェクトを作成する

最初はデフォルトプリセットを
使ってみよう

プリセットとは、プロジェクトの初期設定を保存しておいて、次にプロジェクトを作成する時に再利用できるようにしたものです。最初はデフォルトのプリセット（Vue 3）を選択するとよいでしょう。

「プロジェクトを作成する」をクリックすると、選択したプリセットに応じたプラグインのインストールが始まります（画面10）。

▼**画面10　プラグインのインストール**

プロジェクトを作成中...

プロジェクトが作成されない場合、ファイルやフォルダの書き込み権限が足りていない可能性があります。コマンドラインツールを管理者権限で起動してvue uiコマンドからやり直してみてください。プロジェクトの作成が終わると、作成したプロジェクトの管理画面が表示されます（画面11）。

▼画面11　プロジェクトの管理画面

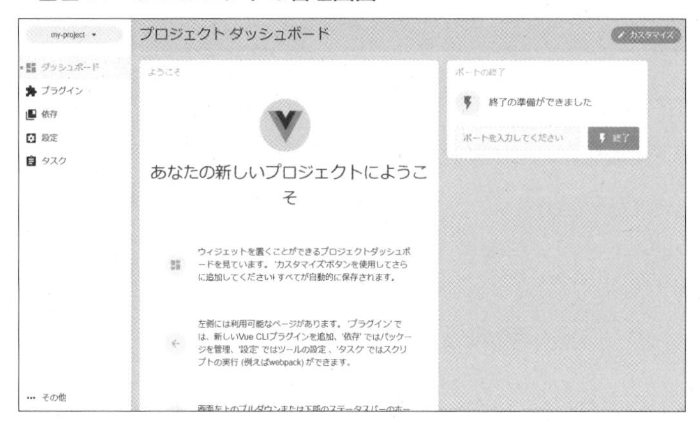

アプリケーションを動かす
ローカルサーバーの起動も
ここから行うよ

画面8で指定したプロジェクトフォルダの中に、プリセットに応じたプロジェクトの雛形が自動的に配置されます（図2）。

図2　プロジェクトフォルダ

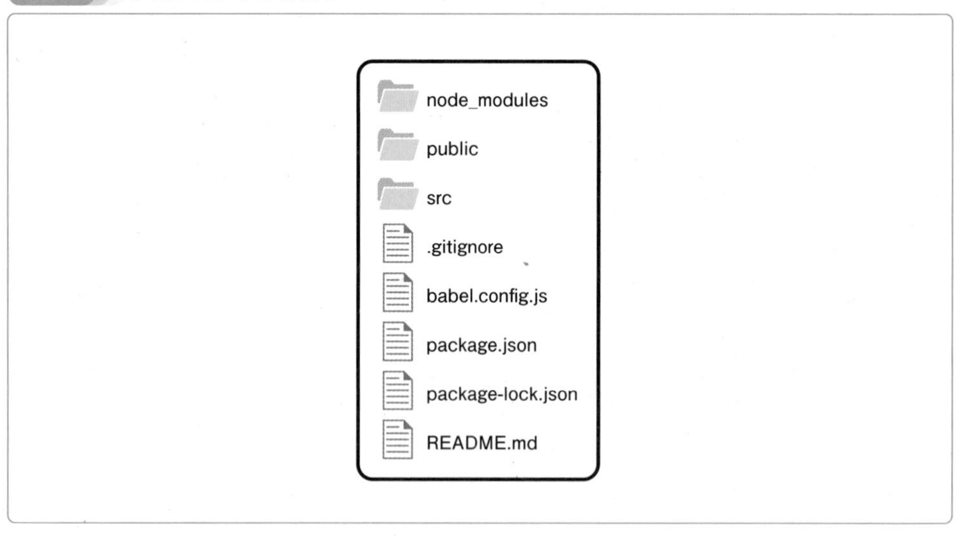

既にサンプルページのモジュールが配置されているので、ビルドしてすぐ実行することができます。次にビルドの方法を説明します。

開発環境（ローカル環境）向けのビルド

プロジェクト管理画面の左メニューから「タスク」を開き、タスクの一覧から「serve」を選択して「タスクの実行」をクリックします（画面12）。

▼画面12 「serve」タスクを実行する

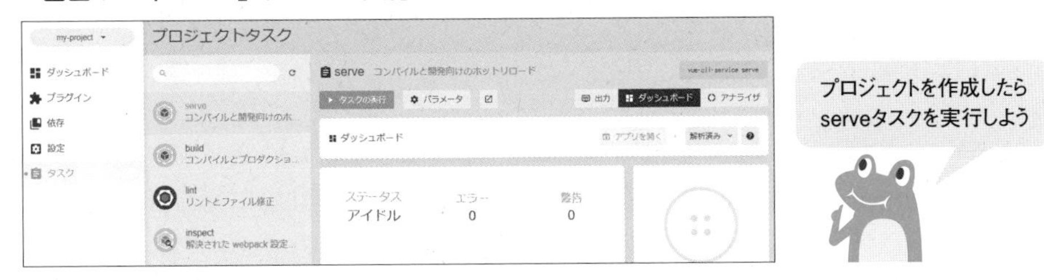

「serve」は、ローカルサーバーでアプリケーションが実行できるようにコンパイルを行うタスクで、その実体はコマンドラインから実行できるコマンドです。「出力」タブに切り替えてみましょう（画面13）。

▼画面13 「serve」タスクの正体はコマンド

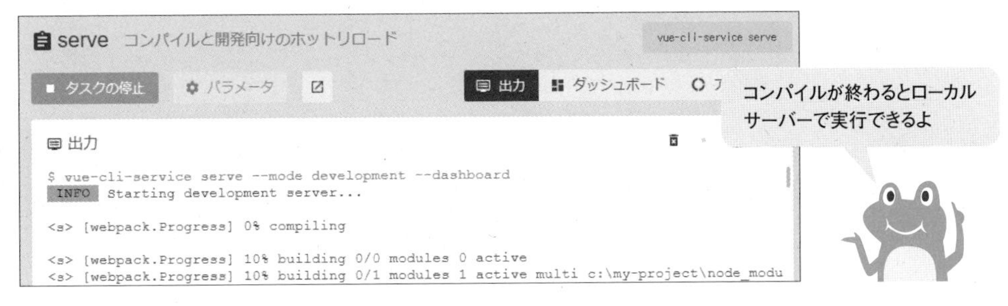

ご覧の通り、出力タブのコンソールを見ると、「vue-cli-service serve…」というコマンドが実行されていることがわかります。旧バージョンのVue CLI 2ではコマンドラインからコマンドを入力するインターフェースしかありませんでしたが、Vue CLI 3からはGUIの操作でコマンドが実行できるようになりました。コマンドが苦手な人も気軽に挑戦してみましょう。

コンソールの最後に注目しましょう。3つのことが記載されています（画面14）。

▼画面14 コンソールの最下部

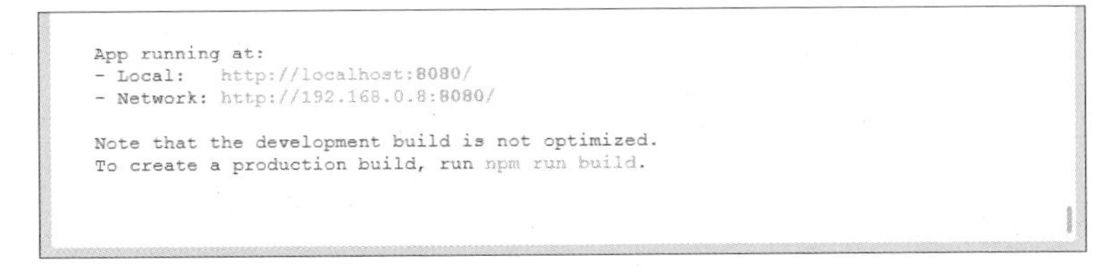

(1) http://localhost:8080/ でアプリケーションが起動しています
(2) 開発環境向けのビルドでは最適化が行われていません
(3) 運用環境向けのビルドはnpm run buildコマンドで行ってください

開発環境向けのビルドでは、実際に参照されていないプラグインやライブラリも含まれるため、そのまま運用環境に配布（デプロイ）するには向いていません。Vue CLI 2までは運用環境向けのビルドをnpmコマンドで行いますが、Vue CLI 3からは後述する「build」タスクの実行ボタンをクリックするだけで行えます。

では早速、ブラウザで「http://localhost:8080/」を開いてみましょう。図2のフォルダに配置されたアプリケーションがVue CLIのローカルサーバー上で起動し、初期画面が表示されます（画面15)。

▼画面15　ローカルサーバーでアプリケーションが起動する

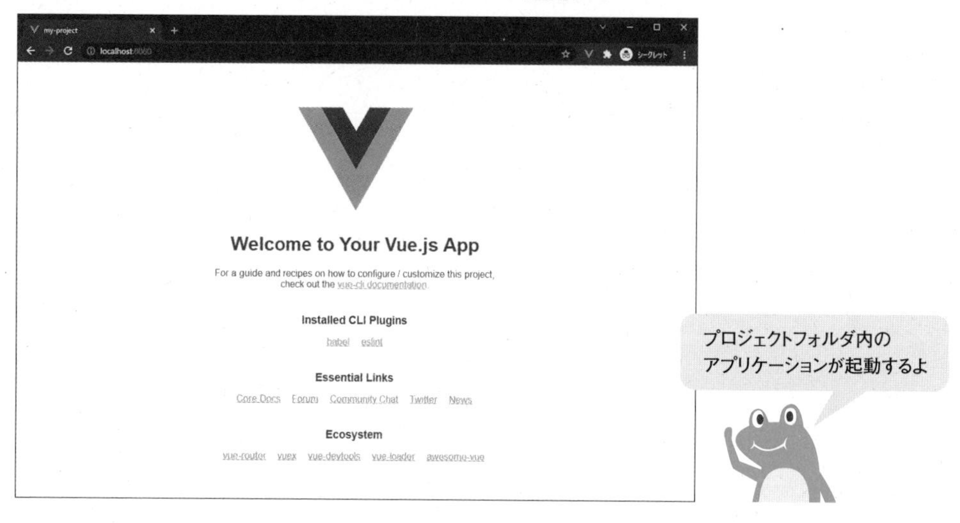

この状態でアプリケーションのソースコードを更新すると、自動的にブラウザにも反映されます。たとえば、プロジェクトフォルダ内のsrc/App.vueをテキストエディタで開いて、次のように書き換えて保存してみましょう（リスト1）。

リスト1　コンポーネントのテンプレート部分を編集する（src/App.vue）

変更前

```
<template>
  <img alt="Vue logo" src="./assets/logo.png">
  <HelloWorld msg="Welcome to Your Vue.js App"/>
</template>
```

変更後

```
<template>
  <img alt="Vue logo" src="./assets/logo.png">
  <HelloWorld msg="Vue CLIの世界へようこそ！ "/>
</template>
```

ここでは、親コンポーネント（App.vue）のテンプレート内に配置しているHelloWorldコンポーネントに渡すデータを変更してみました。すると、ブラウザをリロードしなくても描画が更新されます（画面16）。

▼画面16　開発に便利なホットリロード機能

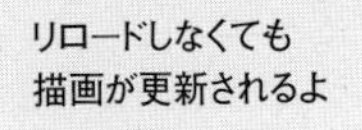

Vue CLIが起動してくれるローカルサーバー上では、ブラウザをリロードしなくてもモジュールの変更内容がリアルタイムに反映されます。この機能を**ホットリロード**と呼びます。

Vue.js devtoolsと併用すれば、アプリケーションをきめ細かくデバッグできるので、積極的に活用しましょう。

運用環境向けのビルド

プロジェクト管理画面の左メニューから「タスク」を開き、タスクの一覧から「build」を選択して「タスクの実行」をクリックすると、実際にアプリケーションを公開する環境（運用環境）向けのビルドが行われます（画面17）。

▼画面17　「build」タスクを実行する

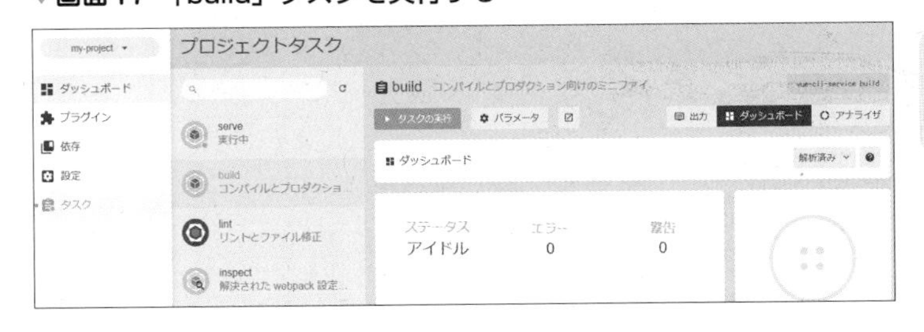

運用環境に配置する
モジュールはbuildタ
スクで作成するよ

「build」タスクの進行状況は「出力」タブで確認できます（画面18）。

▼画面18 「build」タスクの正体はコマンド

「build」タスクの正体は「vue-cli-service build…」コマンドです。デフォルトの設定では、運用環境向けのビルドを行うとプロジェクトフォルダの中にdistディレクトリが作成され、その中にビルド済みのモジュールが生成されます。

distディレクトリ

distディレクトリには、ブラウザで実行できる通常のHMTLファイルと、CSSファイル、JavaScriptファイル、その他ページの描画に必要な画像などが生成されます。**アプリケーションを公開するには、distディレクトリの中身をそのまま運用環境にアップロード**します（図3）。

図3 distディレクトリの中身

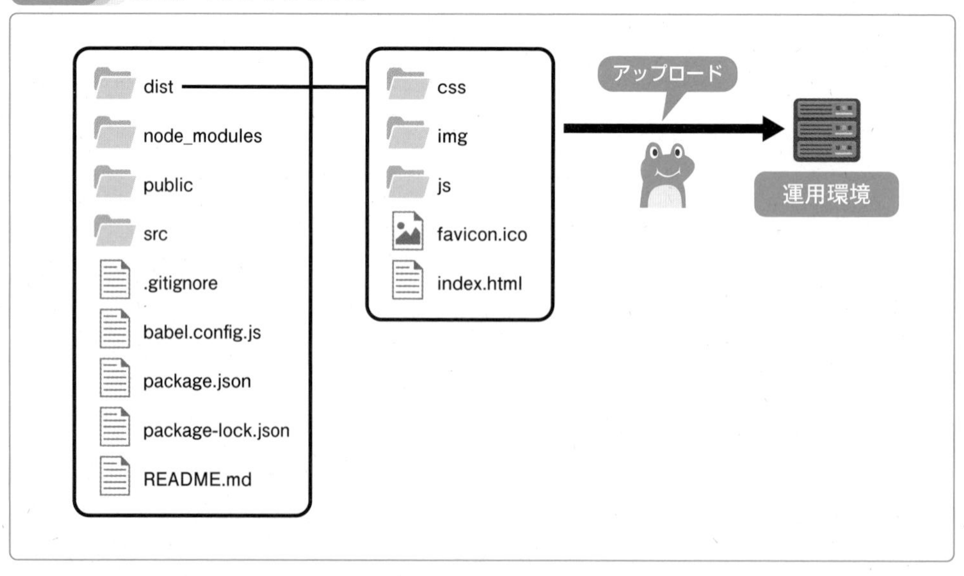

Vue CLIのバージョンアップで使い方が変わっても対応できるように、公式ガイドがあることを覚えておきましょう。

Vue CLI公式ガイド

```
https://cli.vuejs.org/guide/
```

デフォルトプリセットで作成したプロジェクトのモジュール構成

アプリケーションのモジュールをどのように管理するかは人によって考え方が異なるので、行き当たりばったりではなく、最初はデフォルトプリセットのモジュール構成を参考にするとよいでしょう。

デフォルトプリセットのプロジェクトフォルダにある「public」および「src」ディレクトリには、次のようにモジュールが配置されています（図4）。

図4 publicおよびsrcディレクトリの中身

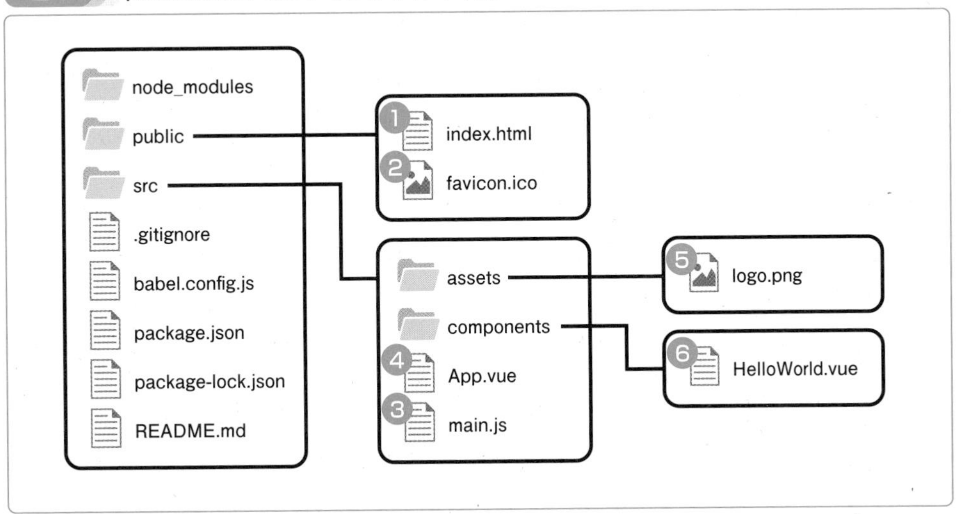

アプリケーションのルートコンポーネントはApp.vueです。App.vueは、必要に応じてcomponentsディレクトリ内の子コンポーネントを部品として利用します。デフォルトプリセットではHelloWorld.vueが唯一の子コンポーネントです。

assetsディレクトリは、App.vueをルートとする各コンポーネントの描画に使う画像ファイルや、動作に必要なライブラリなどを格納する場所です。asset（アセット）とは、システム用語で機器や資材という意味があります。Vue.js以外のフレームワークでもよく使われるディレクトリ名です。

開発環境でブラウザに読み込ませるのはindex.htmlです。本書で解説してきたサンプルコードではmain.htmlに相当します。index.htmlはmain.jsを読み込み、main.jsがindex.htmlにApp.vueをマウント（関連付け）する接着剤のような役目をしています。つまり、index.htmlはApp.vueとは直接的にはつながっておらず、互いに独立したモジュールになっています。そのおかげで、開発者はApp.vueをルートとするコンポーネントの開発に集中することができます。

これらのモジュール同士の関係を矢印で示すと、次のようになります（図5）。

図5 モジュール同士の関係

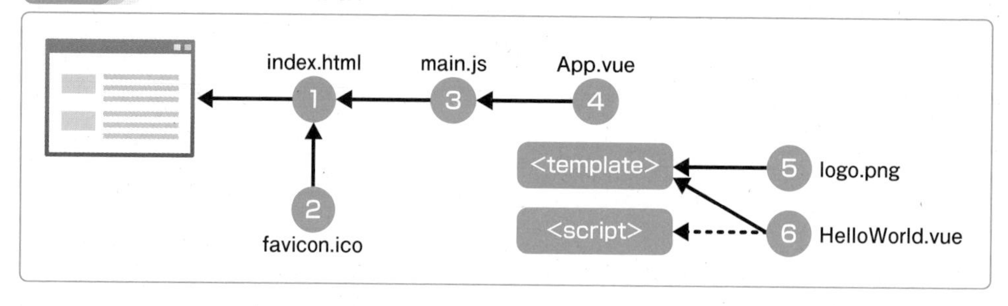

図5を念頭に置きながら❶❸❹❻の各モジュールのソースコードを見ていくと、プログラム的な関係がよりハッキリと理解できるでしょう（リスト2〜）。

リスト2 ❶public/index.htmlのソースコード

```
<!DOCTYPE html>
<html lang="">
  <head>
    <meta charset="utf-8">
    <meta http-equiv="X-UA-Compatible" content="IE=edge">
    <meta name="viewport" content="width=device-width,initial-scale=1.0">
    <link rel="icon" href="<%= BASE_URL %>favicon.ico">
    <title><%= htmlWebpackPlugin.options.title %></title>
  </head>
  <body>
    <noscript>
      <strong>We're sorry but <%= htmlWebpackPlugin.options.title %>
doesn't work properly without JavaScript enabled. Please enable it to
continue.</strong>
    </noscript>
    <div id="app"></div>
    <!-- built files will be auto injected -->
  </body>
</html>
```

index.htmlはビルドするとdist/index.htmlになります。id="app"の要素にアプリケーションのルートコンポーネントがマウントされます。また、<head>にはビルドで生成されたCSSファイルを読み込む<link>タグが挿入され、</body>の手前には、main.jsや各コンポーネントのスクリプトに加えて、アプリケーションにバンドルされる各種ライブラリやプラグインを統合・圧縮してファイルサイズを軽量化したJavaScriptファイルを読み込む<script>タグが挿入されます。

リスト3 ③src/main.jsのソースコード

```
import { createApp } from 'vue'
import App from './App.vue'

createApp(App).mount('#app')
```

main.jsは、createApp()でアプリケーションのインスタンスを生成してmount()でDOMにマウントしています。createApp()の定義はimport文でnode_modules/vueから読み込んでいます。

node_modulesディレクトリには、アプリケーションをビルドするために必要なモジュールが多数インストールされています。Vue.jsもその一つです。

また、これまでcreateApp({...})と記述してきたアプリケーションのオプションに相当するオブジェクト{...}は、src/App.vueからexportされたオブジェクトにAppという名前をつけてimport文で読み込んでいます。importとexportの意味と使い方は6-3節を参照してください。

Appに読み込まれるオブジェクトの内容を把握するために、src/App.vueを見ておきましょう（リスト4）。

リスト4 ④src/App.vueのソースコード

```
<template>
  <img alt="Vue logo" src="./assets/logo.png">
  <HelloWorld msg="Welcome to Your Vue.js App"/>
</template>

<script>
import HelloWorld from './components/HelloWorld.vue'

export default {
  name: 'App',
  components: {
    HelloWorld
  }
}
</script>

<style>
```

```
#app {
  font-family: Avenir, Helvetica, Arial, sans-serif;
  -webkit-font-smoothing: antialiased;
  -moz-osx-font-smoothing: grayscale;
  text-align: center;
  color: #2c3e50;
  margin-top: 60px;
}
</style>
```

App.vueはexport default{…}の{...}で表されるオブジェクトを外部に公開していることがわかります。このオブジェクトはcomponentsオプションにHelloWorldコンポーネントが登録されているので、結果的に全てのコンポーネントがmain.jsのcreateApp()に渡され、Vue.jsの管理下に置かれることになります。

さて、HelloWorldコンポーネントはApp.vueのテンプレート内でロゴ画像の真下に配置されています。リスト4のように、msg属性を介して親コンポーネントから文字列データを受け取ることが読み取れます。HelloWorld.vueを見てみましょう（リスト5）。

リスト5 ⑥src/HelloWorld.vueのソースコード

```
<template>
  <div class="hello">
    <h1>{{ msg }}</h1>
    ・・・中略・・・
  </div>
</template>

<script>
export default {
  name: 'HelloWorld',
  props: {
    msg: String
  }
}
</script>

<!-- Add "scoped" attribute to limit CSS to this component only -->
<style scoped>
h3 {
  margin: 40px 0 0;
```

```
}
ul {
  list-style-type: none;
  padding: 0;
}
li {
  display: inline-block;
  margin: 0 10px;
}
a {
  color: #42b983;
}
</style>
```

propsオプションで親から受け取った文字列データをテンプレートにバインドしていることを除けば、静的なHTMLを出力する単純なコンポーネントです。

propsオプションは250ページのような配列形式だけでなく、オブジェクト形式で{プロパティ名: データ型}と記述することによってデータ型を指定することもできます。

これでデフォルトプリセットのモジュール構成が把握できました。最初のうちは、デフォルトプリセットを元にして、HelloWorldコンポーネントのファイル名を変更してソースコードを書き換えたり、componentsディレクトリに新しくコンポーネントを追加してApp.vueに組み込んだりして、Vue CLIを利用するコンポーネント指向の開発スタイルに慣れていくと良いでしょう。

Point デフォルトプリセットに学ぶVue.jsアプリケーションのモジュール配置

- 開発対象のモジュールはsrcディレクトリに配置する。
- コンポーネントはcomponentsディレクトリに配置する。
- 画像やフォントデータなどはassetsディレクトリに配置する。

ところで、リスト3、4のimport文の最後にセミコロン「;」がついていないことに違和感を覚えたかもしれません。JavaScriptの言語仕様であるECMAScriptには自動セミコロン挿入というルールがあり、行末など特定の場面ではセミコロンを省略しても記述されているものとみなされます。学習段階にある初心者はセミコロンをきちんと記述することを身に着けるべきですが、フロントエンド開発においては生産効率やソースコードの短縮を優先するためにセミコロンを省略することが多いようです。

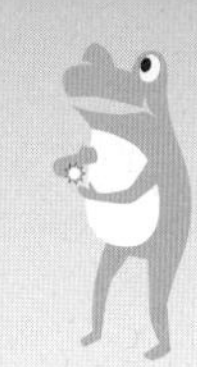

6-5 商品一覧を単一ファイルコンポーネントで再構築する

6-2節でコンポーネントに分割した商品一覧アプリケーションをVue CLIの開発環境に移して、単一ファイルコンポーネント（SFC）で再構築してみましょう。

新規プロジェクトの作成

Vue CLIのインストール（6-4節、284ページ）を済ませたら、管理者権限で起動したコマンドラインからvue uiコマンドを実行して、プロジェクト管理ツールを起動しましょう（画面1）。

▼画面1　プロジェクト管理ツールの起動

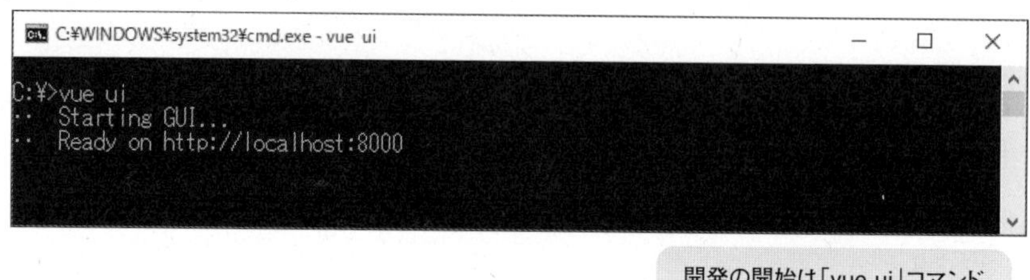

プロジェクト管理ツールが起動したら、プロジェクトフォルダの作成場所を決めて、新規プロジェクトを作成しましょう（画面2）。

▼画面2　プロジェクトの作成場所を指定する

プリセットはVue3のデフォルトを選択します（画面3）。

▼画面3　プリセットの選択

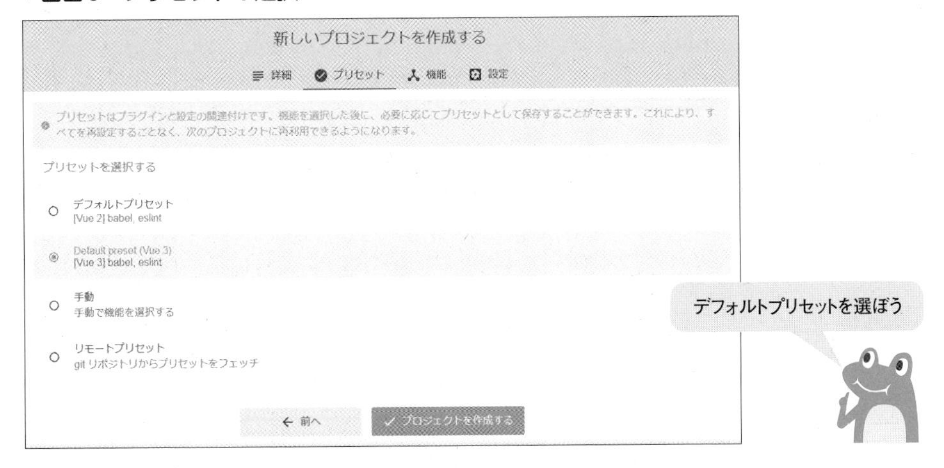

プロジェクトを作成したら、プロジェクト管理ツールの「タスク」からserveタスクを実行して、開発環境向けのビルドを行いましょう。ビルド完了後、localhost:8080 でアプリケーションの画面が表示されたら準備完了です（画面4）。

▼画面4　ローカルサーバーでアプリケーションが起動する

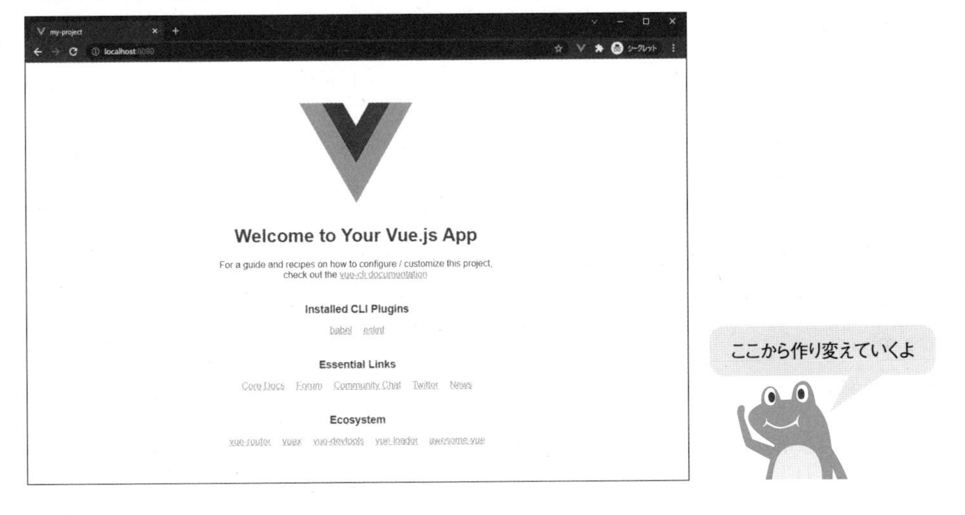

プロジェクトフォルダを開いて、6-4節の図4（297ページ）と同じモジュール構成になっていることを確認しておきましょう。

モジュール構成の決定

開発環境が変わるとモジュール構成のルールも変わります。6-2節の図2（265ページ）をVue CLIの開発環境に置き換えるとどうなるか考えてみましょう（図1）。

図1 Vue CLIを利用する開発環境におけるモジュール構成

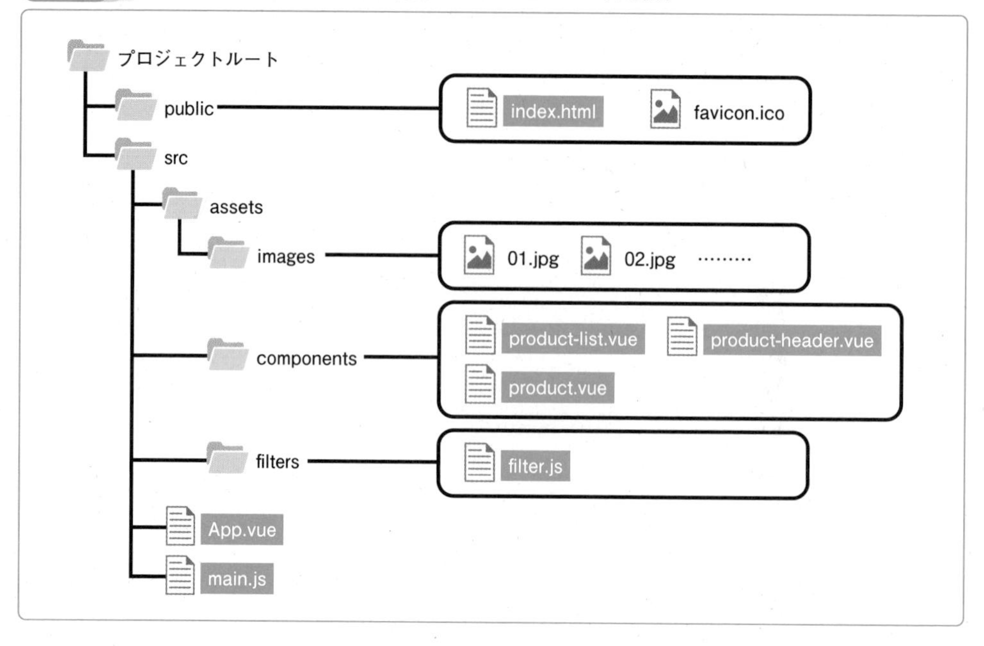

6-4節で確認したように、コンポーネントはcomponentsディレクトリに配置します。6-2節では各コンポーネントのCSSは別ファイルにしていましたが、Vue CLIの開発環境では「.vue」を使ってHTML、CSS、JavaScriptを1つのモジュールにまとめることができるので、コンポーネントごとに1つの「.vue」にします。

フィルターを実装したfilter.jsは、もともとスクリプトだけのモジュールなので、「.vue」にせず、「.js」のまま利用します。

画像ファイルはassetsディレクトリにimagesフォルダごと配置します。

モジュールの作成

では、モジュールを作成していきましょう。まずはアプリケーションの開始点（エントリーポイント）であるindex.htmlとmain.jsを作成し、それからApp.vueをルートとする各コンポーネントを作成していきます。

まずはindex.htmlを次のように書き換えましょう（リスト1）。

リスト1 public/index.htmlのソースコード

```
<!DOCTYPE html>
<html lang="ja">
  <head>
    <meta charset="utf-8">
    <meta http-equiv="X-UA-Compatible" content="IE=edge">
    <meta name="viewport" content="width=device-width,initial-scale=1.0">
```

```
    <link rel="icon" href="<%= BASE_URL %>favicon.ico">
    <link rel="stylesheet" href="https://cdnjs.cloudflare.com/ajax/libs/
normalize/8.0.1/normalize.min.css">
    <title>商品一覧</title>
  </head>
  <body>
    <noscript>
      <strong>We're sorry but <%= htmlWebpackPlugin.options.title %>
doesn't work properly without JavaScript enabled. Please enable it to
continue.</strong>
    </noscript>
    <div id="app"></div>
    <!-- built files will be auto injected -->
  </body>
</html>
```

もとのmain.htmlでは、各コンポーネントのCSSとJavaScriptファイルをすべて読み込んでいましたが、その役目はルートコンポーネントであるApp.vueが担当します。従って、index.htmlでは、特定のコンポーネントとは直接関係しないモジュールだけを読み込みます。ここではブラウザごとのデフォルトスタイルの違いを吸収するためのノーマライズCSS(normalize.min.css)の読み込みを追加しました。

main.jsは、アプリケーションにフィルターを登録してマウントします。6-4節で解説したとおり、main.jsはindex.htmlとApp.vueをつなぐ役目をするので、個々のコンポーネントに関する動作や描画スタイルなど具体的な実装は行いません(リスト2)。

リスト2 src/main.jsのソースコード

```
import { createApp } from 'vue'
import App from './App.vue'

// フィルターの定義を読み込む
import filter from './filters/filter.js'

// アプリケーションのインスタンスを生成する
const app = createApp(App)
// グローバルフィルターを登録する
app.config.globalProperties.$filters = filter
// アプリケーションをマウントする
app.mount('#app')
```

次にルートコンポーネントのApp.vueを書き換えましょう（リスト3）。

リスト3 src/App.vueのソースコード

```
<template>
  <product-list v-bind:list="list"></product-list>
</template>

<script>
import productList from './components/product-list.vue'

// アプリケーションのルートコンポーネント
export default {
  data() {
    return {
      // 商品リスト
      list: [
        { name: 'Michael<br>スマホケース', price: 1980, image: require('./
assets/images/01.jpg'), shipping: 0, isSale: true },
        { name: 'Raphael<br>スマホケース', price: 3980, image: require('./
assets/images/02.jpg'), shipping: 0, isSale: true },
        { name: 'Gabriel<br>スマホケース', price: 2980, image: require('./
assets/images/03.jpg'), shipping: 240, isSale: true },
        { name: 'Uriel<br>スマホケース', price: 1580, image: require('./assets/
images/04.jpg'), shipping: 0, isSale: true },
        { name: 'Ariel<br>スマホケース', price: 2580, image: require('./assets/
images/05.jpg'), shipping: 0, isSale: false },
        { name: 'Azrael<br>スマホケース', price: 1280, image: require('./
assets/images/06.jpg'), shipping: 0, isSale: false }
      ]
    }
  },
  // 子コンポーネントを登録する
  components: {
    'product-list': productList
  }
}
</script>

<style>
body {
  background: #000000;
```

```
  color: #ffffff;
}
</style>
```

App.vueの役割は、もとのmain.jsと同じくルートコンポーネントです。そのため、main.jsに実装していた商品データを<script>に、main.cssに実装していたスタイルを<style>に移植します。スタイルの内容はルートコンポーネントよりも外側の<body>に対するものなので、<style>にscoped属性はつけません。

そして、App.vueのテンプレートで商品一覧コンポーネントを使えるように、import文（282ページ）でproduct-list.vueを変数productListに読み込んでcomponentsオプションに登録します。

また、dataオプションに定義する商品データの画像パスをrequire()で囲むことに注意しましょう。Vue CLIは、実際に画像を配置したassets/imagesディレクトリから描画に必要な画像を選択して、実行中のローカルサーバーにコピーします。コピーされた画像ファイルには、他の画像と重ならない識別子がファイル名に付与され、localhost:8080/imgという仮想的なディレクトリに配置されます（画面5）。

▼画面5　Chromeのデベロッパーツールで画像のURLを確認する

ブラウザのキャッシュ対策やアプリケーションの軽量化など、最適化のための仕組みなんだね

このようなディレクトリの読み替えやファイル名の動的な変更は、Vue CLIがアプリケーションの実行パフォーマンスを最適化するために行っていることなので、require()を通して画像をVue CLIの管理下に置いてあげる必要があります。

Point　画像を正しく読み込むには？

- assets内に配置した画像のパスはsrcディレクトリからの相対パスをrequire()で囲む。
- public内に配置した画像のパスはpublicディレクトリからの相対パスで指定する。

ルートコンポーネントが実装できたので、子コンポーネントを実装していきましょう。プロジェクト作成時に自動生成されたcomponents/HelloWorld.vueをコピーして書き換えていくとよいでしょう。商品一覧コンポーネントは次のようになります（リスト4）。

リスト4 src/components/product-list.vueのソースコード

```
<template>
  <div class="container">
    <h1 class="title">商品一覧</h1>
    <!--検索欄-->
    <product-header
      v-bind:count="filteredList.length"
      v-bind:check1="check1"
      v-bind:check2="check2"
      v-bind:order="order"
      v-on:check1Changed="check1 =! check1"
      v-on:check2Changed="check2 =! check2"
      v-on:orderChanged="orderChanged"
    >
    </product-header>
    <!--商品一覧-->
    <div class="products">
      <product
        v-for="(item, index) in filteredList"
        v-bind:item="item"
        v-bind:id="(index + 1)"
        v-bind:key="index">
      </product>
    </div>
  </div>
</template>

<script>
import productHeader from './product-header.vue'
import product from './product.vue'

export default {
  // コンポーネントが親から受け取るデータ
  props: ['list'],
  // 子コンポーネントを登録する
  components: {
    'product-header': productHeader,
```

```
  'product': product
},
// コンポーネントが持つデータ
data() {
  return {
    // セール対象のチェック (true：有り、false：無し)
    check1: false,
    // 送料無料のチェック (true：有り、false：無し)
    check2: false,
    // ソート順 (0：未選択、1：標準、2：安い順)
    order: 0
  }
},
methods: {
  //「並び替え」の選択値が変わったとき呼び出されるメソッド
  orderChanged(order) {
    // 現在の選択値を新しい選択値で上書きする
    this.order = order;
  }
},
computed: {
  // 検索条件で絞り込んだリストを返す算出プロパティ
  filteredList() {
    // コンポーネントのインスタンスを取得
    const vm = this;
    // 商品の絞り込み
    const filteredList = this.list.filter(function(item){
      // 表示判定 (true：表示する、false：表示しない)
      let show = true;
      // 検索条件：セール対象チェックあり
      if (vm.check1) {
        // セール対象外の商品なら表示対象外
        if (!item.isSale) {
          show = false;
        }
      }
      // 検索条件：送料無料チェックあり
      if (vm.check2) {
        // 送料がかかる商品なら表示対象外
        if (item.shipping !== 0) {
          show = false;
```

```
          }
        }
        // 表示判定を返す
        return show;
      });
      // 商品の並べ替え
      filteredList.sort(function(a,b){
        //「標準」が選択されている場合
        if (vm.order === 1) {
          // 元のlistと同じ順番なので何もしない
          return 0;
        }
        //「安い順」が選択されている場合
        else if (vm.order === 2) {
          // 価格が安い順にソート
          return a.price - b.price;
        }
      });
      // 商品リストを返す
      return filteredList;
    }
  }
}
</script>

<style scoped>
.container {
  width: 960px;
  margin: 0 auto;
}

.title {
  font-weight: normal;
  border-bottom: 2px solid;
  margin: 15px 0;
}

.products {
  display: flex;
  flex-wrap: wrap;
  grid-gap: 30px 105px;
```

```
  margin-bottom: 30px;
}
</style>
```

product-list.jsのtemplateオプションをコピーして<template>に移します。<style>にはproduct-list.cssの内容を移します。CSSのスコープをコンポーネント内でのみ有効としたい場合は<style>にscoped属性をつけておきましょう。

<script>では2つの子コンポーネント（product-header.vue、product.vue）を読み込みます。propsオプションのlistは、親コンポーネントのApp.vueから商品データの配列を受け取るためのプロパティです。

次にヘッダー部分のコンポーネントを作成しましょう（リスト5）。

リスト5 src/components/product-header.vueのソースコード

```
<template>
  <div class="search">
    <div class="search__result">
      検索結果 <span class="search__count">{{count}}件</span>
    </div>
    <div class="search__condition">
      <input type="checkbox"
        v-bind:checked="check1"
        v-on:change="$emit('check1Changed')"> セール対象
      <input type="checkbox"
        v-bind:checked="check2"
        v-on:change="$emit('check2Changed')"> 送料無料
      <select class="search__order"
        v-bind:value="order"
        v-on:change="$emit('orderChanged', parseInt($event.target.
value))">
        <option value="0">---並べ替え---</option>
        <option value="1">標準</option>
        <option value="2">安い順</option>
      </select>
    </div>
  </div>
</template>

<script>
export default {
```

```
  // コンポーネントが親から受け取るデータ
  props: ['count', 'check1', 'check2', 'order']
}
</script>

<style scoped>
.title {
  font-weight: normal;
  border-bottom: 2px solid;
  margin: 15px 0;
}

.search {
  display: flex;
  justify-content: space-between;
  align-items: center;
  margin-bottom: 15px;
}

.search__condition {
  display: flex;
  align-items: center;
  grid-gap: 15px;
}
</style>
```

ここまでくれば、作り方は同じです。product-header.jsのtemplateオプションをコピーして<template>に移します。<style>にはproduct-header.cssの内容を移します。CSSのスコープをコンポーネント内でのみ有効としたい場合は<style>にscoped属性をつけておきましょう。<script>には、product-header.js のpropsオプションを移します。

もう一息です。商品コンポーネントを作成しましょう（リスト6）。

リスト6 src/components/product.vueのソースコード

```
<template>
  <div class="product">
    <div class="product__body">
      <template v-if="item.isSale">
        <div class="product__status">SALE</div>
      </template>
```

```
      <img class="product__image" v-bind:src="item.image" alt="">
    </div>
    <div class="product__detail">
      <div class="product__name" v-html="item.name"></div>
      <div class="product__price"><span>{{$filters.number_format(item.
price)}}</span>円（税込）</div>
      <template v-if="item.shipping === 0">
        <div class="product__shipping">送料無料</div>
      </template>
      <template v-else>
        <div class="product__shipping">+送料<span>{{$filters.number_
format(item.shipping)}}</span>円</div>
      </template>
    </div>
  </div>
</template>

<script>
export default {
  // コンポーネントが親から受け取るデータ
  props: ['item']
}
</script>

<style scoped>
.product {
  width: 250px;
}

.product__status {
  position: absolute;
  top: 0;
  left: 0;
  width: 4em;
  height: 4em;
  display: flex;
  align-items: center;
  justify-content: center;
  background: #bf0000;
  color: #ffffff;
}
```

```
.product__body {
  position: relative;
}

.product__image {
  display: block;
  width: 100%;
  height: auto;
}

.product__detail {
  text-align: center;
}

.product__name {
  margin: 0.5em 0;
}

.product__price {
  margin: 0.5em 0;
}

.product__shipping {
  background: #bf0000;
  color: #ffffff;
}
</style>
```

product.jsのtemplateオプションをコピーして<template>に移します。<style>にはproduct.cssの内容を移します。CSSのスコープをコンポーネント内でのみ有効としたい場合は<style>にscoped属性をつけておきましょう。<script>には、product.js のpropsオプションを移します。

最後にfilter.jsです（リスト7）。

リスト7 src/filters/filter.jsのソースコード

```
export default {
  // 数値を通貨書式「#,###,###」に変換するフィルター
  number_format(value) {
    return value.toLocaleString();
  }
}
```

これで全てのモジュールが作成できました。プロジェクト管理ツールからserveタスクを実行してlocalhost:8080にアクセスしてみましょう（画面6）。

▼画面6　完成したアプリケーションをローカルサーバーで実行する

6-2節と同じ動作になれば成功です。

アプリケーションを運用環境で公開する

ローカルサーバーではなく、インターネット上の公開サーバーにアプリケーションを配置してみましょう。プロジェクト管理ツールの「タスク」からbuildタスクを実行すると、distディレクトリに公開用のモジュールが生成されるので、FTPクライアントを使って公開サーバーにアップロードします（図2）。

図2 完成したアプリケーションを公開サーバーにアップロードする

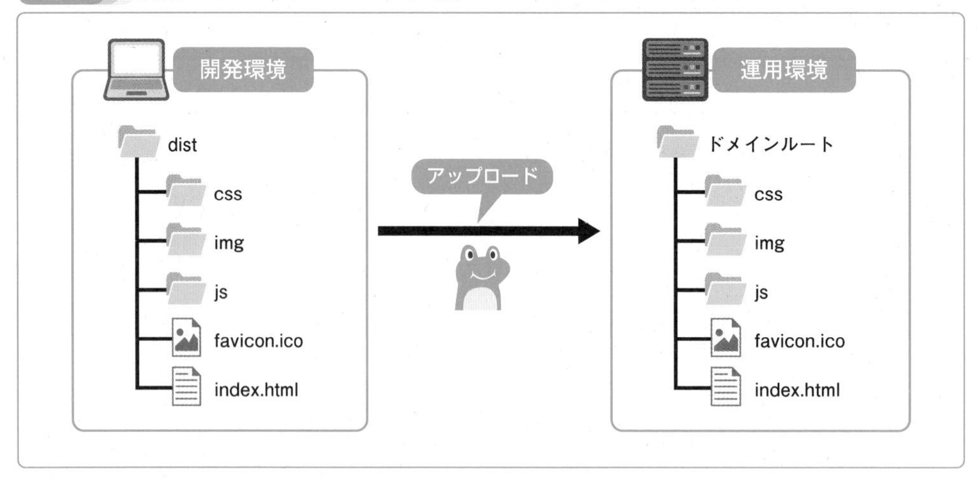

ブラウザでアクセスすると、開発環境と同じようにアプリケーションが実行されます（画面7）。

▼画面7 完成したアプリケーションを公開サーバーで実行する

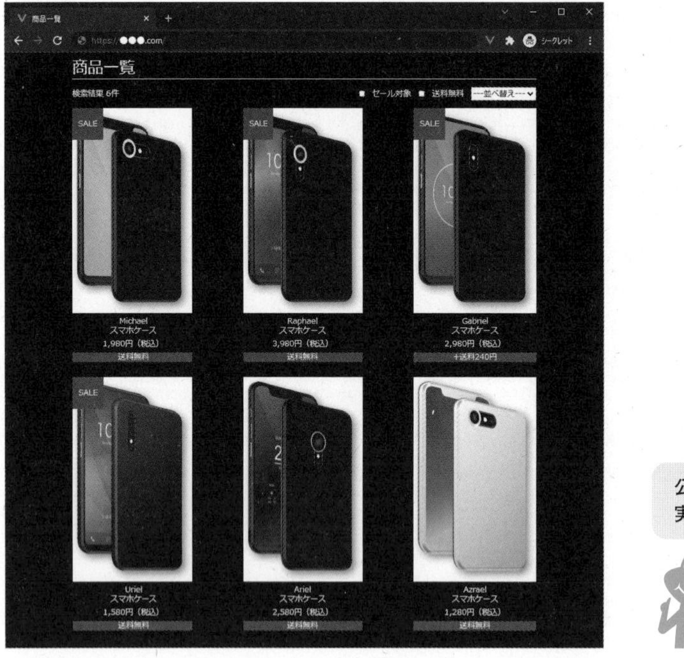

公開サーバーで
実行できた

いかがだったでしょうか？　読むと簡単そうに思えても、実際にソースコードを記述してみると、1回ではうまくいかないかもしれません。しかし、それがプログラミングの常です。経験豊富な開発者でも必ずどこかで間違いをしてしまうものです。文法の間違いや環境設定の不備など、いろんな原因が考えられますし、原因は1つだけとは限りません。でも、諦めないでください。考えられる可能性を丁寧に検証して1つずつ潰していけば、必ず原因にたどり着きます。そのためには、自分は間違っていないはずだという思い込みを持たず、徹底的にインターネット検索をして調べることが大切です。何度も調べるうちに適切な検索ワードが身に付き、自力で解決できることが増えていきます。

Column コンポーネント間でデータを共有する

本章では、propsと$emit()を使ってコンポーネント間でデータを受け渡す方法を解説しましたが、これはいわゆるバケツリレー方式です。コンポーネントの階層が深くなるほど、プログラムが複雑化してしまいます。

Vuexという拡張ライブラリを利用すると、この問題を解決できます。Vuexは**ストア**という特別なオブジェクトを提供し、ストアに保持したデータはアプリケーション内の全てのコンポーネントから共通で参照できるようになります。データの管理場所が特定のコンポーネントに依存しないので、データの状態を管理しやすくなります。

さらに、グローバル変数にデータを保持するのと違って、Vuexの管理下にあるデータはリアクティブです。そのため、あるコンポーネントからストア内のデータを更新すると、同じデータを共有している他のコンポーネントにもリアルタイムで反映されます（図）。

図 ストアを利用したデータ管理

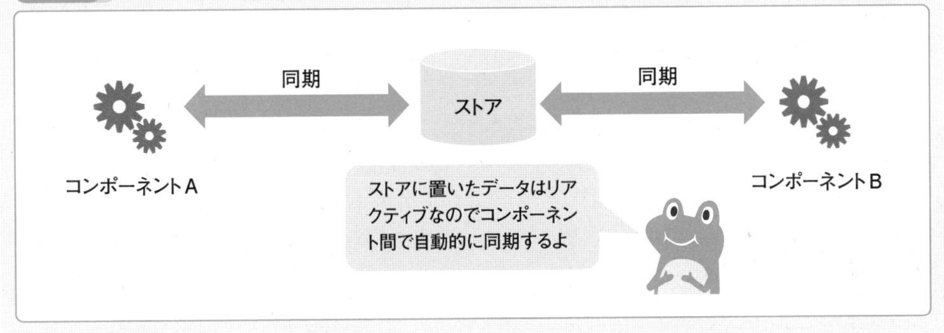

このように、ストアは簡易なデータベースのような役割を果たしてくれます。ストアは「商品データを保持するモジュール」「ログインユーザーの情報を保持するモジュール」といったように分割できるので、データベースのテーブルのように扱うことができます。

公式ガイドのサンプルコードをVue CLIの開発環境で試していけるようになったら、ぜひVuexに触れてみてください。

Vuex公式ガイド

https://next.vuex.vuejs.org/ja/

おわりに

本書を最後までお読みいただき、ありがとうございます。Vue.jsの描画機能を中心に、Vue CLIを利用したコンポーネント指向の開発スタイルの入り口までを解説してきましたが、本書で扱ったサンプルは、いずれも単独のページで動く小さなアプリケーションです。本格的なアプリケーションを開発したいときは、Vue CLIの利用を前提として、Vue RouterやVuexなどの拡張ライブラリを併用することをお勧めします。

Vue.js 公式サイト

https://v3.ja.vuejs.org/

Vuex 公式サイト

https://next.vuex.vuejs.org/ja/

Vue Router 公式サイト（2022年1月時点では日本語化されていません）

https://next.router.vuejs.org/

Vue CLI 公式サイト（2022年1月時点では日本語化されていません）

https://cli.vuejs.org/

Vue.jsや各ライブラリの公式サイトに載っている解説やサンプルはたいへん詳しく書かれているので、本書で解説していない機能の理解や、周辺知識の補強に役立つでしょう。

しかしながら、開発者向けの解説にはソースコードの一部分だけが掲載されていることが多いため、自分の開発環境に当てはめて理解するには、どのような場面を想定した解説なのかを正確に想像できる力を養うことが重要です。この力は経験によって得られるものですが、本書ではアプリケーションを純粋なJavaScriptから段階的にVue CLIベースの構成に作り変えていく過程で、モジュールの全体的な構成からソースコードの細部までを読者自身が視点を切り替えて学べるように工夫しました。これによって、読者が公式ガイドや中級者向けの書籍と向き合ったとき、自力で理解・習得していけることを願っています。

本書を通じて、一人でも多くの方に「Vue.jsって面白い」「JavaScriptには未来がある」と感じていただければ幸いです。

末筆ながら、本書サンプルのモチーフをご提供くださった株式会社D an様、株式会社Asset様に厚く御礼申し上げます。

索　引

な行

は行

ま行

や行

ら行

著者略歴

中田　亨（なかた　とおる）

ソフトウェア開発会社を経て独立後、WordPressを中心とするウェブサイト制作やプログラミングのオンラインレッスンを開始。リクルート社が運営する「おしえるまなべる」（2016年サービス終了）にて2015年PCジャンル人気講師1位に選ばれるなど、初心者にもわかりやすい教え方に定評がある。著書に「図解！ アルゴリズムのツボとコツがゼッタイにわかる本」「図解！ JavaScriptのツボとコツがゼッタイにわかる本 "超" 入門編」「図解！ HTML&CSSのツボとコツがゼッタイにわかる本」「WordPressのツボとコツがゼッタイにわかる本」（以上、当社刊）、「イラスト図解でよくわかるHTML&CSSの基礎知識」（技術評論社）などがある。

レッスンサイト

https://codemy-lesson.office-ing.net/

カバーデザイン・イラスト　mammoth.

Vue.js（ビュージェイエス）の
ツボとコツがゼッタイにわかる本（ほん）
[第2版（だいはん）]

発行日　2022年　4月　1日　　第1版第1刷

著　者　中田（なかた）　亨（とおる）

発行者　斉藤　和邦
発行所　株式会社　秀和システム
〒135-0016
東京都江東区東陽2-4-2　新宮ビル2F
Tel 03-6264-3105（販売）Fax 03-6264-3094
印刷所　三松堂印刷株式会社

ISBN978-4-7980-6660-8 C3055